国外电子与电气工程技术丛书

微带与印刷天线设计

（原书第3版）

[美] 兰迪·班克罗夫特（Randy Bancroft） 著

姜文 魏昆 洪涛 胡伟 译

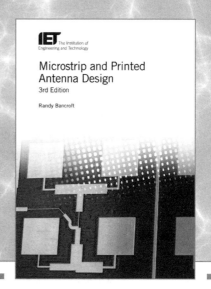

Microstrip and Printed

Antenna Design

Third Edition

机械工业出版社

CHINA MACHINE PRESS

Randy Bancroft：Microstrip and Printed Antenna Design，Third Edition (ISBN 978-1785618543）.

Original English Language Edition published by The IET，Copyright 2020， All Rights Reserved.

Simplified Chinese-language edition copyright © 2023 by China Machine Press，under license by The IET.

北京市版权局著作权合同登记　图字：01-2021-3375 号。

图书在版编目（CIP）数据

微带与印刷天线设计：原书第 3 版/（美）兰迪·班克罗夫特（Randy Bancroft）著；姜文等译 . —北京：机械工业出版社，2023.6
（国外电子与电气工程技术丛书）
书名原文：Microstrip and Printed Antenna Design，Third Edition
ISBN 978-7-111-73181-8

Ⅰ.①微…　Ⅱ.①兰…　②姜…　Ⅲ.①微波天线－天线设计　Ⅳ.①TN822

中国国家版本馆 CIP 数据核字（2023）第 087570 号

机械工业出版社（北京市百万庄大街 22 号　邮政编码 100037）
策划编辑：赵亮宇　　　　　　　责任编辑：赵亮宇
责任校对：丁梦卓　　卢志坚　　责任印制：李　昂
河北宝昌佳彩印刷有限公司印刷
2023 年 7 月第 1 版第 1 次印刷
185mm×260mm · 13.25 印张 · 309 千字
标准书号：ISBN 978-7-111-73181-8
定价：79.00 元

电话服务　　　　　　　　　　　网络服务
客服电话：010-88361066　　　机　工　官　网：www.cmpbook.com
　　　　　010-88379833　　　机　工　官　博：weibo.com/cmp1952
　　　　　010-68326294　　　金　书　网：www.golden-book.com
封底无防伪标均为盗版　　　机工教育服务网：www.cmpedu.com

译 者 序

本书是一本适合高年级本科生、研究生和科研人员使用的参考指南，近年来在世界各地相当流行。本书前两版也得到了读者的广泛关注，这一版在收集读者大量反馈信息的基础上进行了适当修改和更新。

在机械工业出版社的大力支持下，我们决定翻译此书，以供各高校和科研人员选用。本书各章的主要内容如下。

第 1 章介绍了微带辐射器的起源、微带天线的分析方法、优缺点和应用实例等。

第 2 章分析了矩形微带天线传输线模型和空腔模型，介绍了微带天线基本参数，以及圆极化微带天线设计方法等。

第 3 章介绍了圆形微带天线的特征和辐射模式，分析了环形微带天线和短路环形微带天线等。

第 4 章介绍了宽带微带天线的设计方法和应用实例。

第 5 章介绍了双频微带天线的设计方法和应用实例。

第 6 章介绍了微带阵列，以及微带阵列的不同馈电方式。

第 7 章介绍了全向微带天线、带状线系列开槽天线、倒 F 天线、对数周期巴伦偶极子和 CPW 柔性单极子等多种类型的印刷天线。

第 8 章介绍了毫米波微带天线的设计方法和应用实例。

本书全面囊括了微带和印刷天线发展各层面的技术，是天线工程师了解天线领域前沿技术的极佳参考。书中给出了详细的理论分析和设计实例，包含大量的天线图表和图解。

本书由 4 位译者合作翻译，不同译者在行文风格上难免存在差异，但在专业名词和术语方面力求统一规范。在翻译过程中，我们尽量使书中的概念术语与国内规范译名相对应，以免给读者造成不便。全书共分 8 章和 6 个附录，其中前言、第 1~3 章由姜文翻译，第 4 章和第 5 章由魏昆翻译，第 6 章和第 7 章由洪涛翻译，第 8 章和附录由胡伟翻译。魏昆负责全书的审校工作。

由于译者水平有限，疏漏和不当之处在所难免，希望广大读者批评指正。关于译文中的不妥之处，欢迎读者将相关内容发至邮箱 weikun@xidian.edu.cn。

前　言

本书的第 1 版和第 2 版是为平面微带天线设计人员编写的，第 3 版在前两版的基础上进行了扩展。第 3 版包含了一些在微带和印刷天线设计中有用的细节和主题，而这些在其他学术著作中通常是找不到的。由于许多印刷天线需要平衡馈电和阻抗匹配，因此附录中添加了有关巴伦设计和分析的内容。第 3 版在编写时考虑到了商业应用，但也可用于航空航天和其他领域。书中所选的设计对作者的整个职业生涯都非常有用，而且极具实用价值。

很多微带天线设计都非常复杂，但是本书侧重于简单和易于数学推导的设计，不涉及几何图形，并以特别的方式推导合理的谐振和特性。第 3 版包括微带和印刷天线领域的最新研究成果，简洁易懂，不但提供了一些简单实用、可制造的天线设计实例，还提供了一些参考资料，方便读者研究更复杂的设计。

第 3 版补充了大量新内容，让概念更清晰，并对矩形和圆形微带天线的效率分析进行了拓展。利用全波分析软件 HFSS（High Frequency Simulation Software）可以分离出辐射损耗、导体损耗、介电损耗和一种被认为是表面波损耗的额外损耗。为实现尽可能精确的建模，书中对铜导体内部的场进行了计算，对四分之一波长微带天线的阻抗带宽与相对介电常数之间的关系也进行了更彻底的研究。该版本还介绍了微带阵列中的串联/并联馈电结构，重写了 Vivaldi 天线部分，指出了常见教科书中设计的几何图形限制了天线固有阻抗带宽的问题，并且添加了许多有用的设计，以及对附录进行了扩展。

第 3 版尽量使用公制度量单位，并避免使用厘米这个单位。使用公制度量单位后，毫米成为日常的度量单位，这基本上消除了图纸上小数点的使用，大幅减少了错误的发生。房屋的宽度可以是 23 000mm，也可以写为 23m。在以米为单位的度量标准体系中禁止使用厘米。度量专家 Pat Noughtin 指出，在比较表中的数字时，选择一个能以整数表示数据的度量单位更容易对表中的数字进行比较。如微波工程师使用 2450MHz，而不是使用 2.450GHz。如果扫频范围是从 850MHz 到 2450MHz，那么用 GHz 来替换 1000MHz 会让认知不连续，这是没有意义的。在每个地方都用 1000 来替代公制单位量级是没有必要的。在日常工作中，毫米、克和毫升经常用来表示整数的长度、质量和体积。可能的话，介质基板的厚度可以用微米（μm）作单位，从而在电磁频谱的微波和毫米波频段上用整数来描述基板厚度。

密耳（mil）这个过时的术语也不是正式长度单位，因此书中不会使用。微米或纳米则是符合标准的公制单位。当天线设计以毫米为单位表示时，它的尺寸应全部以毫米为单位。微波基板的厚度最好以微米为单位，因为用此单位可以产生整数值。我已经在书中对这部分内容做了比较表，但是当设计中有基板厚度，且设计是以毫米为单位时，基板厚度仍以毫米表示。对于高频情况，微米则比毫米适用范围更广。

在描述插入损耗时，将不再使用单位 dB/in，而是使用单位 dB/100mm。用该单位表示的数值比以 dB/in 表示的更大，因此更实用。例如 4dB/100mm 的插入损耗，可以毫不费力地转换为 40dB/1000mm 或 40dB/m。而将 4dB/in 转换为以 dB/ft 或 dB/yd 为单位的数据，则没有这么直观、方便。

  在本书的第 2 版附录 A 的表 A-1 中，铜箔的厚度以每平方英尺的质量来表示。一些经典的教科书中表示 0.5oz 铜的厚度为 0.000 7in，或 0.017 78mm。通常来说，在美制度量单位中最小的长度单位是英寸[⊖]，所以会有一些不合理的单位量级，从而产生类似的小数位数。这就不如使用公制度量单位方便。在此版书中，表 A-1 用的是公制单位，它将克每平方米与铜箔厚度微米联系了起来。例如，$150g/m^2$ 相当于 $18\mu m$ 的铜箔厚度。这避免了度量单位中的英尺和英寸的混用带来的潜在混淆错误。因此制造商可以通过沉积量来衡量铜箔的数量，而不是测量其厚度。美制度量单位换算如表 A-2 所示。

  当我还是一名本科生时，我在 Kilomegacycle 中看到了一个带有校准图的定向耦合器。尽管我们已经取得了一些进展，但是在度量标准方面仍然有很大的改进空间。

 ⊖ 旧式最小的单位是巴利肯（barleycorn），相当于 1/3in，常用来定义鞋子的尺寸。

目 录

第 **1** 章

微带天线

1.1 微带辐射器的起源

使用同轴电缆和平行双导线(或"双引线")作为传输线至少可以追溯到 19 世纪。使用这些传输线实现射频(Radio Frequency,RF)和微波单元的构建需要相当大的机械投入。保罗·艾泽(Paul Eiser)在 20 世纪 30 年代就曾设想过用铜箔来连接电子单元。印制电路板(Printed Circuit Board,PCB)技术一直没有进展,直到 1941 年工程师们需要能够承受大约 20 000Gs 冲击的电子线路。相关的应用是近炸引信。近炸引信在炮弹顶部使用天线来探测其相对于目标的距离,在内部电路中使用了第一个 PCB[1]。

20 世纪中期,PCB 技术实现了商业化,这使人们认识到可以开发射频传输线的印制电路板。这使大规模生产微波单元变得更加简单。同轴电缆在印制电路中的模拟被称为带状线。由于地面映像提供了一个等效的第二导体,双引线("平行板")传输线在印制电路中的模拟被称为微带线。若不熟悉这种传输线,可在附录 C 中找到相关介绍。

辐射电磁波的微带线的几何形状最初是在 20 世纪 50 年代提出的。与微带传输线兼容的辐射器是 1952 年实现的。同年,Grieg 和 Englemann 发文介绍了微带[2]。已知最早将微带传输线和微带天线进行集成的是 Deschamps,他于 1953 年设计了采用微带传输线馈电的原始共形阵列[3-4](见图 1-1)。1955 年,Gutton 和 Baissinot 获得了微带天线设计的专利[5]。

图 1-1　Deschamps 于 1953 年设计的采用微带传输线馈电的原始共形阵列

早期的微带线和辐射器是实验室开发的专用设备。在此期间,没有开发出具有可控介电常数的商用 PCB。对微带谐振器的研究也使辐射器的研究受到冷落。微带传输线的理论基础一直是学术研究的对象[6]。

带状线作为平面传输线在当时受到了更多关注,由于其支持横向电磁波,并使得分析、设计和发展平面微波结构更加方便。带状线也被认为是同轴电缆的一种改进,微带线则被认为是双引线传输线的一种改进。R. M. Barrett 在 1955 年表示,带状线和微带线的优点就是它们各自前身(同轴电缆和双引线)的优点[7]。这些观点可能是微带线在 20 世纪

50 年代没有立即流行的部分原因。

在 20 世纪 60 年代中后期，Wheeler[8] 和 Purcel 等人改进了微带传输线分析和设计方法[9-10]。

1969 年，Denlinger 指出，矩形和圆形微带谐振器可以进行高效率辐射[11]。之前的研究人员已经意识到，在某些情况下，微带谐振器中 50％ 的功率会以辐射的形式逸出。Denlinger 将矩形微带谐振器的辐射机制描述为由截断微带传输线两端的不连续性引起的。这两个由波导半波长的倍数隔开的不连续点可以分别进行分析处理，然后组合起来描述整个辐射器。人们也已经注意到辐射功率占总输入功率的百分比随着微带谐振器基板厚度的增加而增加。

这些正确的观察结果将在第 2 章详细讨论。Denlinger 的结果只是探索了增加基板厚度的影响，直到大约 70％ 的输入功率辐射到空间。Denlinger 还研究了圆形微带谐振圆盘的辐射。他观察到至少 75％ 的功率是由一个正在研究的圆形谐振器辐射的。1969 年年末，Watkins 描述了圆形微带结构谐振模式的电场和电流[12]。

微带天线的概念最终在 20 世纪 70 年代初得到更深入的研究。当时的航天应用，如航天器和导弹，推动了研究人员研究共形天线设计的实用性。1972 年，Howell 在基本矩形微带辐射器的辐射边缘用微带传输线连接来馈电[13]。这个具有相当大辐射损耗的微带谐振器如今被称作微带天线。许多天线设计者非常谨慎地接受了这个设计。很难相信这种类型的谐振器能够以大于 90％ 的效率辐射。而微带天线狭窄的带宽似乎严重限制了该天线潜在应用的范围。直到 20 世纪 70 年代末，微带天线的许多缺陷也未曾被证明会阻碍微带天线在众多航空航天领域中的应用。到 1981 年，微带天线变得无处不在，并成为 IEEE Transactions on Antennas and Propagation 特刊的主题[14]。

如今大量微带天线相关的设计已经被研发出来，这些可能会使这个课题的初学者感到困扰。本书将试图解释其基本概念，并提出有用的设计。本书还为对其他微带天线设计进行研究的读者推荐了相关文献。

微带天线几何形状的规定如图 1-2 所示。导电贴片紧贴在介质基板的上表面。形成辐射单元的这个导体区域通常是矩形或圆形的，也可以是任意形状。介质基板的底面上是接地平面。

1.2 微带天线分析方法

众所周知，矩形微带天线在考虑基板有效介电常数时，其谐振长度约为二分之一波长。随着微带天线的引入，需要研究分析方法来确定基本矩形微带辐射器的近似谐振电阻。已知最早提出的用来得到微带天线边缘电阻近似值的有用模型来自 Munson[15]，即传输线模型。传输线模型提供了对最简单的微带天线设计的深入分

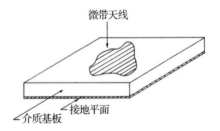

图 1-2　微带天线的几何形状

析，但是当存在一个以上的谐振模式时，它因不够完整而不能使用。在 20 世纪 70 年代后期，Lo 等人设计了一种矩形微带天线模型作为有损耗的谐振腔[16]。

尽管微带天线的几何形状很简单，但事实证明，用精确的方法进行分析是非常困难的。20 世纪 80 年代，矩量法成为第一种计算效率足够高的数值分析方法，使当代计算机可以提供足够的内存和 CPU 速度来实际分析微带天线[17-20]。

在 20 世纪 90 年代，个人计算机的计算能力和存储容量大大提高，这使得诸如时域有限差分法（Finite Difference Time Domain，FDTD）和有限元法（Finite Element Method，FEM）这样的比矩量法解决问题需要更多存储空间的数值方法可以满足设计者的日常使用。本书将使用 Ansoft HFSS 和 FDTD 作为全波分析方法[21-22]。

1.3　微带天线的优缺点

微带天线的主要优点是：

- 制造成本低。
- 更容易符合载体或产品的曲面。
- 抗冲击和振动（大多数故障发生在馈电探针焊点处）。
- 许多设计便于产生线极化或圆极化。
- 增益和方向图可调控区间大（2.5～10.0dBi）。
- 用微带线实现的其他微波器件可以与微带天线集成，而不需要额外的制造步骤（例如支路混合产生圆极化或微带天线阵列的联合馈电网络）。
- 天线厚度（剖面）较小。

微带天线的主要缺点是：

- 窄带宽（在没有特殊技术的情况下，典型值为 5%～10%（2:1 电压驻波比））。
- 对于薄贴片，电介质、导体和表面波损耗可能很大，导致天线效率很低。
- 对温度和湿度等环境因素敏感。

1.4　微带天线的应用

使用微带和印刷天线可以满足大量商业需求，包括无处不在的全球定位系统（Global Positioning System，GPS）、无线局域网、蓝牙、IEEE 802.16 标准（WiMax）、Wi-Fi 应用、802.11a/b/g 等。最主流的微带天线是矩形贴片（详见第 2 章）。全球定位系统的应用需要大量天线，如车辆资产跟踪和海洋用途。其中大多数是矩形贴片，经过修改后可以产生右旋圆极化（Right-Handed Circular Polarization，RHCP），工作频率为 1.575GHz。许多供应商提供相对介电常数很高的陶瓷材料设计的贴片（$\varepsilon_r = 6,20,36$），以便将给定应用中的矩形微带天线缩小到尽可能小的尺寸。一些制成的贴片与低噪声放大器集成在电路板上。RHCP 矩形贴片天线也用于汽车上的蓝牙设备（2.4GHz）。

近年来，卫星数字音频广播服务已成为汽车上调幅和调频商业广播的替代方案。该系统具有严格的辐射方向图要求，印刷单极子和 TM_{21} 模式环形微带天线的组合满足了这些要求，该天线被改为带有凹口，以在 2.338GHz 产生左旋圆极化波[23]。环形微带天线将在第 3 章讨论。

无线局域网（Wireless Local Area Network，WLAN）在移动设备（如笔记本电脑）和无线接入点之间提供短程高速数据连接。无线数据链路的典型范围是室内 30～90m（100～300 英尺），室外 600m（2000 英尺）。无线数据链路使用 IEEE 标准 802.11a/b/g。大多数无线局域网使用未授权的 2.4GHz 频带（802.11b 和 802.11g）。802.11a 标准使用 5GHz 未授权频带。集成到贴面板上的多频段印刷天线使用微带双工器（第 5 章），联通来自全球移动通信系统手机（860MHz 频段）、个人通信服务手机（1.92GHz 频段）和由两个集成微带偶极子提供的 802.11a 无线局域网服务（2.4GHz 频段）的信号[24]。

　　无线局域网系统有时需要在有无线接入点的建筑物之间建立链路。有时是用 5GHz 的微带相控阵来实现的(第 6 章)。

　　在仓库库存控制等其他应用中,需要一种具有全向模式的印刷天线(第 7 章)。全向微带天线也适用于许多 WiMax 应用(2.3GHz、2.5GHz、3.5GHz 和 5.8GHz 是 WiMax 应用目前适用的一些频率)和接入点。微带馈电印刷缝隙天线已被证实在提供垂直极化和集成于笔记本电脑(第 7 章)的无线局域网方面是很有用的。

　　在通信系统中使用天线的优势将继续促成使用天线的新应用。天线本就具有无须任何物理连接而实现移动通信的优势。这些设备让所有的"无线"系统变得无处不在成为可能。使用传输线,如同轴电缆或波导,在短距离的传输损耗方面可能有优势,但随着距离的增加,天线之间的传输损耗变得比任何传输线都低,且在某些应用中,在较短的距离上也优于电缆[25]。有线基础设施的材料成本也促成天线在许多现代通信系统中的应用。

参考文献

[1]　H. Schlesinger, The Battery, Harper, 2010, pp. 228-229.

[2]　Grieg, D. D., and Englemann, H. F., "Microstrip—A Transmission Technique for the Kilomegacycle Range," Proceedings of The IRE, 1952, Vol. 40, No. 10, pp. 1644-1650.

[3]　Deschamps, G. A., "Microstrip Microwave Antennas," The Third Symposium on The USAF Antenna Research and Development Program, University of Illinois, Monticello, Illinois, October 18-22, 1953.

[4]　Bernhard, J. T., Mayes, P. E., Schaubert, D., and Mailoux, R. J., "A Commemoration of Deschamps' and Sichak's 'Microstrip Microwave Antennas': 50 Years of Development, Divergence, and New Directions," Proceedings of the 2003 Antenna Applications Symposium, Monticello, Illinois, September 2003, pp. 189-230.

[5]　Gutton, H., and Baissinot, G., "Flat Aerial for Ultra High Frequencies," French Patent No. 703113, 1955.

[6]　Wu, T. T., "Theory of the Microstrip," Journal of Applied Physics, March 1957, Vol. 28, No. 3, pp. 299-302.

[7]　Barrett, R. M., "Microwave Printed Circuits—A Historical Survey," IEEE Transactions on Microwave Theory and Techniques, Vol. 3, No. 2, March 1955, pp. 1-9.

[8]　Wheeler, H. A., "Transmission Line Properties of Parallel Strips Separated by a Dielectric Sheet," IEEE Transactions on Microwave Theory of Techniques, Vol. MTT-13, March 1965, pp. 172-185.

[9]　Purcel, R. A., Massé, D. J., and Hartwig, C. P., "Losses in Microstrip," IEEE Transactions on Microwave Theory and Techniques, Vol. 16, No. 6, June 1968, pp. 342-350.

[10]　Purcel, R. A., Massé, D. J., and Hartwig, C. P., Errata: "Losses in Microstrip," IEEE Transactions on Microwave Theory and Techniques, Vol. 16, No. 12, December 1968, p. 1064.

[11]　Denlinger, E. J., "Radiation from Microstrip Radiators," IEEE Transactions on Microwave Theory of Techniques, Vol. 17, April 1969, pp. 235-236.

[12]　Watkins, J., "Circular Resonant Structures in Microstrip," Electronics Letters, October 1969, Vol. 5, No. 21, pp. 524-525.

[13]　Howell, J. Q., "Microstrip Antennas," IEEE International Symposium Digest on Antennas and Propagation, Williamsburg, Virginia, December 11-14, 1972, pp. 177-180.

[14]　IEEE Transactions on Antennas and Propagation, January 1981.

[15]　Munson, R. E., "Conformal Microstrip Antennas and Microstrip Phased Arrays," IEEE Transactions on Antennas and Propagation, January 1974, Vol. 22, No. 1, pp. 235-236.

[16] Lo，Y. T.，Solomon，D.，and Richards，W. F.，"Theory and Experiment on Microstrip Antennas," IEEE Transactions on Antennas and Propagations，1979，Vol. AP-27，pp. 137-149.

[17] Hildebrand，L. T.，and McNamara，D. A.，"A Guide to Implementational Aspects of the Spatial-Domain Integral Equation Analysis of Microstrip Antennas,"Applied Computational Electromagnetics Journal，March 1995，Vol. 10，No. 1，pp. 40-51，ISSN 1054-4887.

[18] Mosig，J. R.，and Gardiol，F. E.，"Analytical and Numerical Techniques in the Green's Function Treatment of Microstrip Antennas and Scatterers,"IEE Proceedings，March 1983，Vol. 130，Pt. H，No. 2，pp. 175-182.

[19] Mosig，J. R.，and Gardiol，F. E.，"General Integral Equation Formulation for Microstrip Antennas and Scatterers,"IEE Proceedings，Vol. 132，Pt. H，No. 7，December 1985，pp. 424-432.

[20] Mosig，J. R.，"Arbitrarily Shaped Microstrip Structures and Their Analysis with a Mixed Potential Integral Equation,"IEEE Transactions on Microwave Theory and Techniques，February 1988，Vol. 36，No. 2，pp. 314-323.

[21] Tavlov，A.，and Hagness，S. C.，Computational Electrodynamics：The Finite-Difference Time-Domain Method，Second Edition，Artech House，2000.

[22] Tavlov，A.，Ed.，Advances inComputational Electrodynamics：The Finite-Difference Time-Domain Method，Artech House，1998.

[23] Licul，S.，Petros，A.，and Zafar，I.，"Reviewing SDARS Antenna Requirements,"Microwaves & RF，September 2003.

[24] US Patent No. US 6，307，525 B1 2017-04-07.

[25] Milligan，T.，Modern Antenna Design，McGraw Hill，1985，pp. 8-9.

第 2 章

矩形微带天线

2.1 传输线模型

矩形贴片天线是设计者设计微带天线时最常采用的贴片形式。图 2-1 展示了这种天线的几何模型。介质基板的厚度为 h，将宽度 $W=a$ 且长度 $L=b$ 的矩形金属贴片与接地平面分隔开来。由于沿着宽边 $W(=a)$ 边界的边缘效应，天线的两端（分别位于 0 和 b）可以视为辐射边界，沿着长度方向 $L(=b)$ 的两边通常被当作非辐射边界。

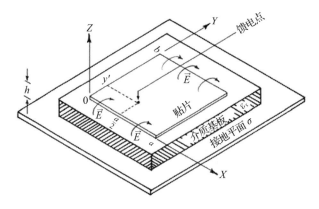

图 2-1　基于传输线理论的矩形微带贴片天线的几何模型。该贴片天线沿 X 轴方向在天线维度的中心线上（例如 $x=a/2$）被激励。馈电点在 Y 轴方向位置的选择是为了实现天线阻抗与期望阻抗的匹配。辐射效应源自天线两端的边缘电场效应。这两个边界也被叫作辐射边界，而另外两个边界（平行于 Y 轴方向）为非辐射边界

对于矩形微带天线，目前已经提出了全波分析方法[1-4]。通常，这些先进的方法需要投入大量的时间和精力来实现，不适合用计算机辅助设计（Computer Aided Design，CAD）来实现。

在计算机辅助设计中应用得最为广泛的矩形微带天线的两种分析方法是传输线模型和空腔模型。在本节中，我们将讨论最简单的传输线模型。传输线模型的常见程度可以通过已提出的基于该模型的进一步拓展研究数量来衡量[5-7]。

传输线模型为最简单的矩形微带天线设计提供了一个非常清晰的概念图。在这个模型中，矩形微带天线由微带传输线组成，传输线的两端都有一对负载[8-9]。

如图 2-2a 所示，在传输线两端的阻性负载表示由于辐射产生的损耗。在谐振频点，从馈电点处看进去的输入阻抗的虚部被抵消。因此，馈电点的阻抗为纯实数。

天线的馈电点表示的是为天线提供微波能量传输线的加载位置。在天线与传输线的连接处测量得到的阻抗称为馈电点阻抗或者输入阻抗。在矩形微带天线的中心线上任意一点

处的馈电阻抗 Z_{drv} 都可以通过传输线理论计算。传输线理论可以通过传输线公式的最简单导纳形式表示，如式(2-1)所示：

$$Y_{\mathrm{in}} = Y_0 \frac{Y_L + \mathrm{j}Y_0 \tan(\beta L)}{Y_0 + \mathrm{j}Y_L \tan(\beta L)} \tag{2-1}$$

其中，Y_{in} 是长度为 $L(=b)$ 的传输线末端的输入导纳，包含特性导纳 Y_0、相位常数 β 及复数负载导纳 Y_L。换句话说，微带天线被建模为一个宽度为 $W(=a)$ 的微带传输线，该宽度决定了特性导纳。而微带传输线的长度由微带天线的长度 $L(=b)$ 决定。在两端加载的边缘导纳 Y_{e} 表示的是辐射损耗。以上理论模型由图 2-2a 表示。

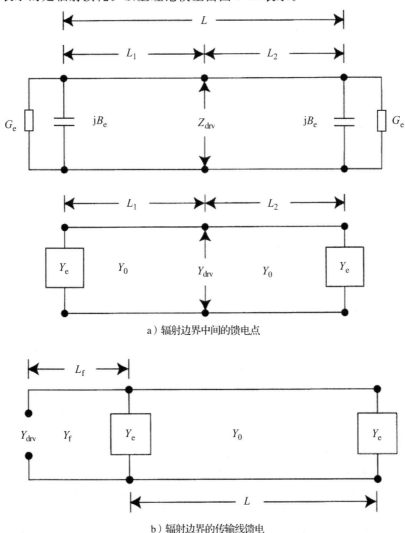

a）辐射边界中间的馈电点

b）辐射边界的传输线馈电

图 2-2　a)矩形微带天线的传输线模型是一条有两个终端负载的传输线。沿天线长度方向 L 选择一个馈电点，其中长度 L 可以表示为 L_1 和 L_2 的和。两段传输线共同构成馈电点的阻抗。通过被特性导纳为 Y_0 的两段传输线分隔的一对边缘导纳 Y_{e} 很容易分析天线。
　　b)在微带天线的辐射边缘使用传输线可以对天线进行馈电。在这种情况下，可以在传输线模型上增加一条连接到辐射边缘的特性导纳为 Y_{f} 且长度为 L_{f} 的馈线。此时，馈电点导纳 Y_{drv} 可以在这条馈线的末端计算得出

利用式(2-1)，位于两条辐射边界中间馈电点处的导纳 $Y_{drv} = 1/Z_{drv}$ 可以表示为

$$Y_{drv} = Y_0 \left[\frac{Y_e + jY_0\tan(\beta L_1)}{Y_0 + jY_e\tan(\beta L_1)} + \frac{Y_e + jY_0\tan(\beta L_2)}{Y_0 + jY_e\tan(\beta L_2)} \right] \tag{2-2}$$

其中，Y_e 表示在每条辐射边界处的复导纳，包含边缘电导 G_e 和边缘电纳 B_e，如式(2-3) 所示。特性导纳为 Y_0 的微带传输线将两个负载分隔开。

$$Y_e = G_e + jB_e \tag{2-3}$$

G_e 和 B_e 的近似值可以利用式(2-4)和式(2-5)计算得出[10]：

$$G_e = 0.008\,36\frac{W}{\lambda_0} \tag{2-4}$$

$$B_e = 0.016\,68\frac{\Delta l}{h}\frac{W}{\lambda_0}\varepsilon_e \tag{2-5}$$

有效相对介电常数($W/h \geqslant 1$)可以表示为

$$\varepsilon_e = \frac{\varepsilon_r + 1}{2} + \frac{\varepsilon_r + 1}{2}\left(1 + 12\frac{h}{W}\right)^{-\frac{1}{2}} \tag{2-6}$$

边缘场扩展长度关于介质基板厚度 h 的归一化值为

$$\frac{\Delta l}{h} = 0.412\frac{(\varepsilon_e + 0.3)(W/h + 0.264)}{(\varepsilon_e - 0.258)(W/h + 0.8)} \tag{2-7}$$

Δl 的值是在贴片天线边界处电场边缘效应导致的传输线等效延伸。如果不考虑矩形微带天线末端边缘的影响，谐振微带的物理尺寸将为 $\lambda_{\varepsilon_e}/2$。⊖ 我们可以利用式(2-7)去修正这种影响并计算在期望频率 f_r 处谐振的矩形微带贴片天线的物理尺寸。

第一种馈电方法称为同轴探针馈电⊖，如图 2-3a 所示。同轴传输线的外屏蔽层连接到微带天线的接地平面。接地平面上通常会移除与同轴的内部半径相同大小的金属圆。然后，同轴中心导体穿过贴片天线的电介质基板并连接到贴片。向天线中心馈电(如在 $a/2$ 处)将会抑制沿天线宽度方向的模式激励。这种通过单馈线直接馈电的馈电形式，由于其馈电的对称性，保证了沿贴片长度方向具有最纯净的线极化。

第二种馈电方法用沿着非辐射边方向的微带传输线激励天线，如图 2-3b 所示。当使用传输线模型时，这种馈电方法与同轴探针馈电建模相同。在实际应用中，当 $a \approx b$ 时，该馈电方式通常会激励沿贴片宽度的模式，使天线辐射为椭圆极化。这种馈电方式的优点在于，它允许用户使用 50Ω 微带传输线与一个阻抗也为 50Ω 的馈电点直接相连，避免了阻抗匹配的设计限制。

第三种馈电方法是用微带传输线激励天线的一个辐射边缘，如图 2-3c 所示。这种馈电方式扰乱了沿辐射边缘的场分布，会引起辐射方向图的轻微变化。典型的矩形谐振微带天线($a < 2b$)在辐射边缘处的阻抗约为 200Ω。这个边缘电阻 R_{in} 在谐振点处等于 $1/(2G_e)$。一般来说，对于这种馈电方式，必须提供一个阻抗变换器，将阻抗转化为 50Ω。这通常是在辐射边缘阻抗和 50Ω 微带馈线中加载四分之一波长阻抗变换器时实现。四分之一波长阻抗变换器的带宽比天线宽，因此不会限制天线的工作带宽。为了使谐振点处的边界阻抗为 50Ω，可能会拓宽矩形微带天线的尺寸($a > b$)。在这种特殊情况下，在辐射边界处利用

⊖ 这个边缘效应类似于偶极天线末端的边缘效应。在没有末端电容的情况下，由于额外电长度的存在，偶极子天线会在长度接近 0.48λ 时谐振，而不是在期望的谐振长度 0.5λ 处谐振。

⊖ 形状记忆合金(Shape Memory Alloy, SMA)或其他探针 PCB 连接器对微带或印刷天线的馈电点阻抗测量有显著影响。连接器本身应包含在全波模拟中(如 HFSS、三维电磁场仿真软件等)，以保证馈电点阻抗在测试与分析时的一致性。换言之，先对最终设计的模型中的所有部件进行建模分析，再依据模型进行制造。

50Ω 微带传输线对天线进行馈电不需要使用阻抗变换器。

第四种馈电方法是在辐射边缘切出一个狭窄的切口，切口需要足够深，以便定位 50Ω 馈电点阻抗，如图 2-3d 所示。去除的切口会干扰贴片的电场。Basilio 等人的研究表明，探针馈电贴片天线的馈电点电阻满足 $R_{in}\cos^2(\pi L_2/L)$，带有插入馈电的贴片的测量阻抗满足 $R_{in}\cos^4(\pi L_2/L)$，其中 $0<L_2<L/2^{[11]}$。一些文献还构建了更复杂的阻抗关系式[12]。我们可以通过增加贴片宽度来增加边缘电导，直到谐振点处的边缘阻抗为 50Ω。在插入点到贴片的距离为零这一特殊情况下，我们可以直接在辐射边缘使用 50Ω 微带线对贴片进行馈电。在这种情况下，贴片宽度足够大，因此可以显著增加天线增益。

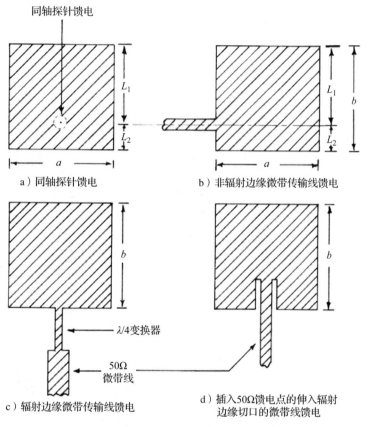

a）同轴探针馈电

b）非辐射边缘微带传输线馈电

c）辐射边缘微带传输线馈电

d）插入50Ω馈电点的伸入辐射边缘切口的微带线馈电

图 2-3　矩形微带天线常见馈电方法

利用式(2-8)可以计算矩形微带天线的谐振边长度 L。其中，等效长度差值 Δl 可以利用式(2-7)计算，而有效相对介电常数 ε_e 可以由式(2-6)计算。

$$L = \frac{c}{2f_r\sqrt{\varepsilon_e}} - 2\Delta l$$

$$= \frac{\lambda_{\varepsilon_e}}{2} - 2\Delta l \tag{2-8}$$

$$\lambda_{\varepsilon_e} = \frac{\lambda_0}{\sqrt{\varepsilon_e}} \tag{2-9}$$

式(2-2)给出了在期望的设计频率 f_r 下的预期输入阻抗。为了确定与预期输入阻抗值符合的 L_1 和 L_2 的值，可以使用数值计算方法来获得式(2-2)的根，如二分法（附录 B）。

最初的猜测是沿着 b 的 $b_1 = 0$ ($R_{in} = 1/2G_e$) 和 $b_2 = b/2$ ($R_{in} \approx 0$) 两条边辐射。只要电介质基板的厚度不大于 $0.1\lambda_0$，用于天线馈电的馈电点处理想阻抗的预期位置通常就接近于实际测量值。当凭经验确定馈电点位置时，初步猜测 50Ω 馈电点位置有一个很好的办法：从辐射边缘向内来看，馈电点应位于从天线中心到辐射边缘距离的 1/3 处。

Derneryd[13] 做过将矩形微带天线视为线性传输线谐振器的早期研究。Derneryd 调整了传输线模型的输入阻抗特性，使其考虑贴片天线辐射边缘之间的相互电导的影响。该模型进一步涵盖了高阶线性传输线模式。

1968 年，有学者提出了一种研究物体周围电场的实验方法。该方法使用了一个液晶片（Liquid Crystal Sheet，LCS），液晶片背面是一个电阻薄膜材料[14-15]。Derneryd 使用这种类型的液晶片探测器来绘制窄贴片微带天线的电场。图 2-4 给出了 Derneryd 的实验结果以及利用 FDTD 算法计算的热量分布图（表征电场幅度）。FDTD 算法分析的贴片尺寸为：$a = 10mm$，$b = 30.5mm$，$\varepsilon_r = 2.55$，$h = 1.587\ 5mm$ 及 $\tan\delta = 0.001$。馈电点沿贴片的中心线方向距贴片天线的中心 $5.58mm$，地平面的大小为 $20mm \times 42mm$。

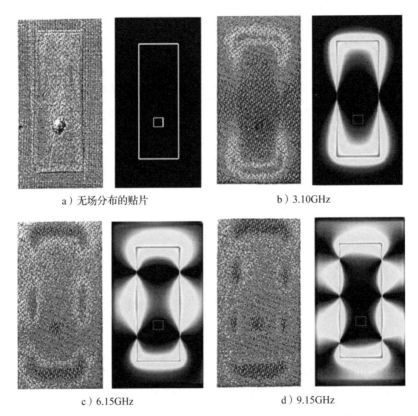

a）无场分布的贴片   b）3.10GHz

c）6.15GHz   d）9.15GHz

图 2-4   Derneryd 基于 FDTD 算法计算及利用液晶片测试的窄贴片微带天线周围电场分布结果

图 2-4a 是没有电场存在时的天线。图 2-4b 是用热 LCS 分析 Derneryd 单元的结果。它显示了该天线的一阶（最低阶）模式。据研究，第一种模式的频率为 3.10GHz。在 3.10GHz 处使用正弦源激励的 FDTD 对该天线进行建模。FDTD 结果图是天线平面内电场的总幅值。基于 FDTD 的仿真热分布图与实测 LCS 热分布图形状非常相似。我们看到在最低模式下天线的两端有两个辐射边缘，两侧有两个非辐射边缘。

图 2-4c 是 Derneryd 天线在 6.15GHz 处激励的 LCS 测量结果。LCS 的可视化结果显

示了传输线理论所期望的下一个高阶模式。贴片天线中心两侧沿非辐射边缘的电场对天线辐射的贡献仍然很小。在远场区域，非辐射边缘各边的辐射相互抵消。图 2-4c 中的 FDTD 热分布图与 Derneryd 在 6.15GHz 处的 LCS 热分布测量结果图十分相似。

根据 Derneryd 的研究，下一种谐振模式存在于 9.15GHz 处。图 2-4d 中实测 LCS 结果与理论 FDTD 热分布图具有良好的相关性。和之前的结果一样，非辐射边缘的辐射将在远场中抵消。

目前利用 LCS 测量微带天线近场分布的方法仍在使用，现在已经有了一些其他的基于图像和探针测量来实现微带天线周围场分布可视化的方法[16-19]。

2.2　空腔模型

传输线模型在概念上很简单，但有许多缺点。传输线模型在用于预估薄介质基板矩形微带天线的阻抗带宽时往往是不准确的，它没有考虑到可能存在的沿线性传输线方向以外的模式所产生的激励。传输线模型假定电流只沿传输线方向流动。在现实中，矩形微带天线中还存在与这些假定电流相垂直的横向电流。空腔模型解决了以上这些问题。

空腔模型起源于 20 世纪 70 年代末，Lo 等人将矩形微带天线视为电磁空腔，在接地平面和贴片处存在电壁，每个边缘处都存在磁壁[20-21]。贴片下的电场是该二维辐射体谐振模式的叠加。式(2-10)表示了贴片下位置$(x，y)$处的电场$\vec{E}_z$。该模型自提出以来经历了相当多的改进[22-23]。

我们假定有损空腔内的场与该薄空腔内的场相同。在这类构型($h \ll \lambda_0$)中假定只有沿着 $\hat{z}$ 方向恒定不变的垂直电场 $\vec{E}_z$ 和水平磁场分量 $\vec{H}_x$ 和 $\vec{H}_y$。如图 2-5 所示，磁场的方向与 Z 轴方向垂直且其模式可以用 TM_{mn} 表示(m 和 n 为整数)。还可以进一步假定矩形贴片天线上沿各边方向的电流为零。由于假定电场沿 $\hat{z}$ 方向是恒定不变的，贴片与接地平面间的电压差可以通过式(2-10)与 h 相乘得到。如图 2-5 所示，式(2-15)可以用于计算任意点 $(x'，y')$ 处的馈电点阻抗：

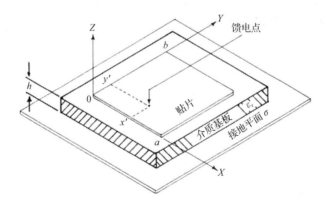

图 2-5　空腔模型分析的矩形微带天线结构

⊖　天线的远场是距离天线的一段距离，在该距离处，发射的(球形)电磁波在接收天线处可能被认为是平面的。对于大多数实际情况，通常认为该距离 R 满足以下条件：$R \geqslant 2d^2/\lambda$。d 是发射或接收天线的最大线性尺寸，而 λ 是自由空间波长。近场是非常靠近天线的距离，在该天线处，无功(非辐射)场非常大。

⊖　空腔模型是一个非常短的矩形波导对偶，该矩形波导的任一端都终止于磁性壁。

$$E_z = \sum_{m=0}^{\infty} \sum_{n=0}^{\infty} A_{mn} \, \varPhi_{mn}(x,y) \tag{2-10}$$

$$A_{mn} = \mathrm{j}\omega\mu \, \frac{\langle J_z, \varPhi_{mn} \rangle}{\langle \varPhi_{mn}, \varPhi_{mn} \rangle} \left(\frac{1}{k_c^2 - k_{mn}^2} \right) \tag{2-11}$$

$$\varPhi_{mn}(x,y) = \cos\left(\frac{m\pi x}{a_{\mathrm{eff}}} \right) \cos\left(\frac{n\pi y}{b_{\mathrm{eff}}} \right) \tag{2-12}$$

由于边界处的边缘场效应，空腔的等效电壁比其物理尺寸稍大。因此，我们向外扩展贴片的边界，在模式扩展中，新的维度变为 $a_{\mathrm{eff}} = a + 2\Delta$ 和 $b_{\mathrm{eff}} = b + 2\Delta$。如式(2-19)所示，使用介质基板损耗角正切表示辐射效应和其他损耗。

$$k_c^2 = \varepsilon_{\mathrm{r}}(1 - \mathrm{j}\delta_{\mathrm{eff}})k_0^2 \tag{2-13}$$

$$k_{mn}^2 = \left(\frac{m\pi}{a_{\mathrm{eff}}} \right) + \left(\frac{n\pi}{b_{\mathrm{eff}}} \right) \tag{2-14}$$

在 (x', y') 处的馈电点阻抗可以使用下式计算：

$$Z_{\mathrm{drv}} = \sum_{m=0}^{\infty} \sum_{n=0}^{\infty} \frac{\mathrm{j}\omega\alpha_{mn}}{\omega_{mn}^2 - (1 - \mathrm{j}\delta_{\mathrm{eff}})\,\omega^2} \tag{2-15}$$

$$\omega_{mn} = \frac{c_0 k_{mn}}{\sqrt{\varepsilon_{\mathrm{r}}}} \tag{2-16}$$

$$\alpha_{mn} = \frac{h\delta_m\delta_n}{a_{\mathrm{eff}} b_{\mathrm{eff}} \varepsilon_0 \varepsilon_{\mathrm{r}}} \cos^2\left(\frac{m\pi x'}{a_{\mathrm{eff}}} \right) \cos^2\left(\frac{n\pi y'}{b_{\mathrm{eff}}} \right) \mathrm{sinc}^2\left(\frac{m\pi w_{\mathrm{p}}}{2a_{\mathrm{eff}}} \right) \tag{2-17}$$

其中，w_{p} 为馈电探针的宽度。

$$\delta_i = \begin{cases} 1, & i = 0 \\ 2, & i \neq 0 \end{cases} \tag{2-18}$$

空腔的等效损耗角正切可以根据空腔的 Q 值计算：

$$\delta_{\mathrm{eff}} = \frac{1}{Q_{\mathrm{T}}} = \frac{1}{Q_{\mathrm{d}}} + \frac{1}{Q_{\mathrm{c}}} + \frac{1}{Q_{\mathrm{r}}} + \frac{1}{Q_{\mathrm{sw}}} \tag{2-19}$$

其中空腔的总品质因数 Q_{T} 包含四个部分：Q_{d} 表示介质基板损耗，Q_{c} 表示导体损耗，Q_{r} 表示辐射损耗，Q_{sw} 表示表面波损耗。

$$Q_{\mathrm{d}} = \frac{1}{\tan\delta} \tag{2-20}$$

$$Q_{\mathrm{c}} = \frac{1}{2} \eta_0 \, \mu_{\mathrm{r}} \left(\frac{k_0 h}{R_{\mathrm{s}}} \right) \tag{2-21}$$

$$R_{\mathrm{s}} = \sqrt{\frac{\omega\mu_0}{2\sigma}} \tag{2-22}$$

$$Q_{\mathrm{r}} = \frac{2\omega W_{\mathrm{es}}}{P_{\mathrm{r}}} \tag{2-23}$$

其中，W_{es} 为存储的能量：

$$W_{\mathrm{es}} = \frac{\varepsilon_0 \, \varepsilon_{\mathrm{r}} ab V_0^2}{8h} \tag{2-24}$$

辐射进入孔间的能量 P_{r} 为[24]：

$$P_{\mathrm{r}} = \frac{V_0^2 A \pi^4}{23\,040} \left[(1-B)\left(1 - \frac{A}{15} + \frac{A^2}{420} \right) + \frac{B^2}{5}\left(2 - \frac{A}{7} + \frac{A^2}{189} \right) \right] \tag{2-25}$$

$$A = \left(\frac{\pi a}{\lambda_0} \right)^2 \tag{2-26}$$

$$B = \left(\frac{2b}{\lambda_0}\right)^2 \tag{2-27}$$

其中，V_0 表示馈电点的输入电压。

表面波损耗 Q_{sw} 与辐射的品质因数 Q_r 有关[25]：

$$Q_{sw} = Q_r \left(\frac{e_r^{hed}}{1 - e_r^{hed}}\right) \tag{2-28}$$

$$e_r^{hed} = \frac{P_r^{hed}}{P_r^{hed} + P_{sw}^{hed}} \tag{2-29}$$

$$P_r^{hed} = \frac{(k_0 h)^2 (160\,\pi^2\,\mu_r^2\,c_1)}{\lambda_0^2} \tag{2-30}$$

$$c_1 = 1 - \frac{1}{n_1^2} + \frac{2}{5 n_1^4} \tag{2-31}$$

$$n_1 = \sqrt{\varepsilon_r\,\mu_r} \tag{2-32}$$

$$P_{sw}^{hed} = \frac{\eta_0 k_0^2}{8}\,\frac{\varepsilon_r\,(x_0^2 - 1)^{3/2}}{\varepsilon_r(1 + x_1) + k_0 h\,\sqrt{x_0^2 - 1}\,(1 + \varepsilon_r^2 x_1)} \tag{2-33}$$

$$x_1 = \frac{x_0^2 - 1}{\varepsilon_r - x_0^2} \tag{2-34}$$

$$x_0 = 1 + \frac{-\varepsilon_r^2 + \alpha_0 \alpha_1 + \varepsilon_r\,\sqrt{\varepsilon_r^2 - 2\alpha_0 \alpha_1 + \alpha_0^2}}{(\varepsilon_r^2 - \alpha_1^2)} \tag{2-35}$$

$$\alpha_0 = \sqrt{\varepsilon_r - 1}\,\tan\left(k_0 h\,\sqrt{\varepsilon_r - 1}\right) \tag{2-36}$$

$$\alpha_1 = -\left[\frac{\tan\left(k_0 h\,\sqrt{\varepsilon_r - 1}\right) + \dfrac{k_0 h\,\sqrt{\varepsilon_r - 1}}{\cos^2\left(k_0 h\,\sqrt{\varepsilon_r - 1}\right)}}{\sqrt{\varepsilon_r - 1}}\right] \tag{2-37}$$

空腔模型的概念易于理解和实现，但其精度受到各种假设和近似的限制，因此仅在介质基板的电尺寸很薄时是可靠的。用于矩形微带天线馈电的同轴探针的自感在该模型中并未考虑。在介质基板厚度为 $0.02\lambda_0$ 或者更薄时，空腔模型对于其阻抗的预测是精准的，其预测值与测量值的误差在 3% 以内。当介质基板的厚度更厚时，将会出现反常结果[26]。

TM$_{10}$ 和 TM$_{01}$ 模式

当矩形微带天线的尺寸 a 比尺寸 b 更宽且其馈电沿着 b 方向的中心线传导时，仅有 TM$_{10}$ 模式被激励。当其馈电沿着尺寸 a 的中心线传导时，仅有模式 TM$_{01}$ 被激励。

当几何尺寸满足 $a > b$ 时，TM$_{10}$ 模式为最低阶模式，这导致了所有谐振模式中的最低谐振频率的产生。TM$_{01}$ 是次低阶模式，导致了次低阶谐振频率（见图 2-6）。

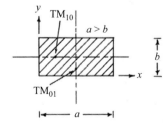

图 2-6 当 $a > b$ 时，TM$_{10}$ 模式是矩形微带天线的最低阶模式（最低谐振频率），TM$_{01}$ 模式具有次低的谐振频率

当几何尺寸满足 $b>a$ 时，TM_{01} 为最低谐振频率对应的谐振模式，而 TM_{10} 导致次低阶谐振频率。

如果满足 $a=b$，则 TM_{10} 模式和 TM_{01} 模式保持正交的性质，但具有完全相同的谐振频率。

整数模式 TM_{mn} 中的指数 m 与电场沿着矩形贴片的 a 方向的半周期变化数有关。模式指数 n 与电场沿着 b 方向的半周期变化数有关。在 TM_{10} 模式下，电场在沿着 b 方向（例如 y 轴方向）上是恒定不变的，而在 a 方向（如 x 轴方向）上为一个半周期变化。图 2-4 表示了在空腔模型中，TM_{01}、TM_{02} 和 TM_{03} 模式激励下的窄贴片天线。

有人注意到，在 TM_{10} 和 TM_{01} 模式下，矩形贴片中心的电场均为零。因此，设计者可以选择在矩形贴片的中心放置一个短路引脚，而不会影响两种最低阶模式的产生。这种增加的短路引脚或通孔将使得接地平面和矩形贴片保持相同的等效直流电势。在很多情况下，从静电释放（Electro Static Discharge，ESD）的角度来看，我们不希望贴片天线上存在静电荷聚集。可以通过在矩形贴片的中心放置通孔来解决这一问题。

图 2-7a 给出了用来表示矩形微带天线的一般网络模型。TM_{00} 模式是级联的静态（直流）项[27]。如前所述，TM_{10} 和 TM_{01} 模式是在大多数应用中激励的两种最低阶模式。在这种情况下，其他高阶模态低于截止频点，因此可以用与馈电点阻抗串联的无限多个小电感表示。这些小电感简化为一个串联电感，代表了高阶模式对馈电点阻抗的影响。随着微带贴片的介质基板厚度 h 的增加，表征高阶模式的等效串联电感对馈电点阻抗的影响变得越来越大。这种影响将会不断加剧天线的阻抗失配，直到贴片天线不能通过简单地选择一个合适的馈电位置实现匹配。空腔模型未考虑由同轴馈电探针引入的少量自感[26]。增加介质基板的厚度也会增加天线的阻抗带宽。设计者可能需要在设计中权衡这两个特性（阻抗带宽和匹配）。

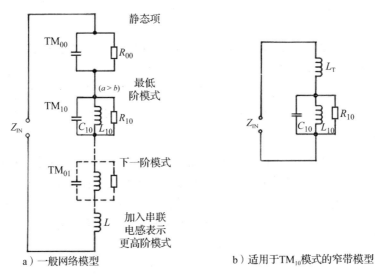

a）一般网络模型　　　　　　　　b）适用于 TM_{10} 模式的窄带模型

图 2-7　矩形微带天线的网络模型

对于工程设计而言，空腔模型具有足够的准确性。其优点在于使用封闭方程表示矩形微带天线，计算效率高且易于实现。它的缺点在于准确性不如其他更严谨的方法。

上文所示的空腔模型的方程是以 $a=34.29\text{mm}$，$b=30.658\text{mm}$ 的矩形贴片天线建立的

（TM$_{01}$）。馈电点距离贴片中心 7.595mm，$x'=a/2$，$y'=7.734$mm。介质基板厚度 $h=$
3.048mm（0.120 英寸），$\varepsilon_r=3.38$，$\tan\delta=0.002\ 7$（数值见表 2-1）。用该尺寸设计的微带
天线测得的最大回波损耗出现在 2.442GHz 处，最大值为 30.99dB。对该贴片天线进行分
析后，可得出空腔模型、FDTD 和测量的阻抗结果，如图 2-8 所示。空腔模型预测的最大
回波损耗出现在 2.492GHz 处，与测量值相比误差约为 2%。FDTD 预测的值为
2.434GHz，误差为 0.33%。这些谐振频点的数值见表 2-2。空腔模型预测的第一个谐振
的带宽比实际测量的要大，它很好地预测了下一个更高的共振频率，但随后会有明显的偏
差。用于 FDTD 分析的天线样机的接地平面尺寸也为 63.5mm×63.5mm，电介质与每个
接地平面边缘平齐。

表 2-1　工作在 2.5GHz 的微带天线（接地平面尺寸：63.5mm×63.5mm）

a	b	h	ε_r	$\tan\delta$	x'	y'
34.29mm	30.658mm	3.048mm	3.38	0.002 7	$a/2$	7.733mm

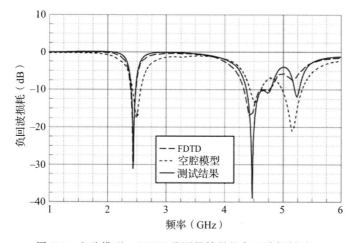

图 2-8　空腔模型、FDTD 及测量结果的负回波损耗对比

表 2-2　微带天线谐振频点值

分析方法	谐振频率
空腔模型	2.492GHz
测量值	2.442GHz
FDTD	2.434GHz

2.3　线性矩形微带天线的辐射方向图

　　结合实测和计算的电场能量分布图，传输线模型给出了一个计算 TM$_{01}$ 模式下矩形微
带贴片天线辐射方向图的方法。微带天线的边缘场、辐射场的方向图和以同向激励贴片边
缘为中心的一对辐射槽的方向图是相似的。如图 2-9a 所示，这些槽可以看作等效于均匀
的电场穿过的接地平面上的槽。图 2-9b 是基于 FDTD 算法计算的正交于 x'-y' 平面的微带
天线的电场幅度能量分布图。我们可以看到，两个辐射边和辐射场围绕每条边形成一个半
圆。电场沿介质基板的每条边向外延伸，其延伸长度与介质基板的厚度大致相同。

　　辐射槽的长度为 b，并且其预估长度为 h（介质基板厚度）。这两个槽构成一个阵列。

当介质为空气($\varepsilon_r = 1$)时，其谐振长度 a 接近 $\lambda_0/2$。当一对辐射源在自由空间中的间距满足该条件时，阵列具有最佳的方向性。随着介电常数的增大，贴片沿 a 方向的谐振长度减小，导致了辐射槽之间的间距减小。该窄缝不再是矩形微带天线的最佳宽边，因此导致了方向性的恶化，进而导致了方向图波瓣宽度的增加。

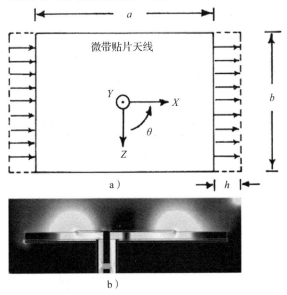

图 2-9　a)为具有一对相等间距 a 的辐射槽的矩形微带天线俯视图。电场横穿辐射槽同相激励。

b)为图 2-8 所示贴片天线在方形同轴线缆激励下 FDTD 电场热量分布图的侧视图。这幅图表明，辐射电场在贴片的每个辐射边缘近似恒定不变，并延伸到接近介质基板厚度的距离(值得注意的是，在贴片中心的下方，虚拟短路线是清晰可见的)

对于槽上电压为 V_0 的槽缝，其电场可以用式(2-38)表示[28]：

$$E_\phi = -\mathrm{j}2V_0 bk_0 \frac{\mathrm{e}^{-\mathrm{j}k_0 r}}{4\pi r} F(\theta, \phi) \qquad (2\text{-}38)$$

$$E_\theta = 0 \qquad (2\text{-}39)$$

$$F(\theta, \phi) = \frac{\sin(k_0(h/2)\sin\theta\cos\phi)}{k_0(h/2)\sin\theta\cos\phi} \cdot \frac{\sin(k_0(b/2)\cos\theta)}{k_0(b/2)\cos\theta}\sin\theta \qquad (2\text{-}40)$$

$$k_0 = \frac{2\pi}{\lambda_0} \qquad (2\text{-}41)$$

对于相距为 a 的两个槽缝来说，其 E 面的方向图可以表示为

$$F_E(\phi) = \frac{\sin(k_0(h/2)\cos\phi)}{k_0(h/2)\cos\phi}\cos(k_0 b/2\cos\phi) \qquad (2\text{-}42)$$

H 面的方向图与槽缝间距 a 无关，可由下式表示：

$$F_H(\theta) = \frac{\sin(k_0 b\cos\theta)}{k_0 b\cos\theta}\sin\theta \qquad (2\text{-}43)$$

其中，θ 为与 Z 轴间的夹角，而 ϕ 为与 X 轴间的夹角。

微带天线的方向性可以通过单个槽缝的方向性来大概预估[10]：

$$D = \frac{4b^2\pi^2}{I_1\lambda_0^2} \qquad (2\text{-}44)$$

$$I_1 = \int_0^\pi \sin^2\left(\frac{k_0 b\cos\theta}{2}\right)\tan^2\theta\sin\theta\mathrm{d}\theta \qquad (2\text{-}45)$$

对于具有一对辐射槽的微带天线，其方向性 D_S 可以表示为

$$D_S = \frac{2D}{1 + g_{12}} \tag{2-46}$$

$$g_{12} = \frac{1}{120\pi^2} \int_0^\pi \frac{\sin^2\left(\dfrac{\pi b \cos\theta}{\lambda_0}\right) \tan^2\theta \sin\theta J_0\left(\dfrac{2\pi a}{\lambda_0}\sin\theta\right)}{G} \, d\theta \tag{2-47}$$

其中，$J_0(x)$ 中的参数 x 为零阶贝塞尔函数。

$$G = \frac{1}{R_r} \tag{2-48}$$

其中，R_r 为辐射距离：

$$R_r = \frac{120\pi^2}{I_1} \tag{2-49}$$

式(2-45)和式(2-47)的积分可以用高斯积分法精确地进行数值计算(附录 B)。由于没有考虑到地平面的效应，因此方向性函数和方向图函数的预估值往往低于测量值。这些方程对于估计矩形微带天线的方向性和辐射方向图是非常有用的。使用 FDTD 或 FEM 等强有力的算法来修正对方向图的预测值往往是非常有效的。

图 2-10 给出了表 2-1 所对应的微带天线在 2.45GHz 处的 E 面和 H 面方向图的实测结果、辐射槽模型结果及 FDTD 计算结果。FDTD 计算的结果利用方形单频同轴馈源得到，而方向图的计算结果利用的是表面等效定理。可以看出，在 E 面和 H 面中，测量结果和 FDTD 计算结果在上半圆面是非常相似的[29-30]。用式(2-46)计算槽缝模型的方向性。槽缝模型 E 面结果在 ±45°角域内是十分接近测量结果的，但在 ±45°角域外其结果开始出现偏移。H 面结果在 ±60°角域内接近测量结果。尽管槽缝模型没有考虑到地平面的影响，但考虑到测试模型的简单性，这样的计算结果已经十分准确了。

决定微带天线方向性的重要参数是介质基板的相对介电常数 ε_r。当介质基板为空气 ($\varepsilon_r = 1$) 时，两个天线边缘的间距约为自由空间波长的一半 ($\lambda_0/2$)。这种间距为槽缝模型产生最佳指向性的阵列间距。利用空气作为介质基板的矩形微带贴片天线，可以实现近 10dB 的指向性。当介质基板的介电常数增加时，缝隙的间距在自由空间的波长范围内变得更近，并且其他阵列的方向性不会比空气加载的阵列更好。

随着矩形微带天线介质基板介电常数的增加，贴片天线的方向性会下降。表 2-3 给出了基于槽缝模型和 FDTD 模型计算的方形微带天线的方向性结果对比。当相对介电常数较小时($\varepsilon_r < 4$)，槽缝模型的误差在 1dB 以内。当相对介电常数 $\varepsilon_r > 4$ 时，槽缝模型的方向性预测误差仍在 1.5dB 以内。因此，槽缝模型在估计方向性时是十分有效的。

表 2-3　相对介电常数为 ε_r 的方形微带天线方向性(dB)(2.45GHz，$h = 3.048$mm，$\tan\delta = 0.005$)(用于 FDTD 计算的方形金属地尺寸 $= 63.5$mm×63.5mm(以天线为中心))

基于槽缝模型与 FDTD 模型计算的方向性结果对比		
ε_r	槽缝模型	FDTD
1.0	8.83	8.00
2.6	6.56	7.11
4.1	5.93	6.82
10.2	5.24	6.54
20.0	5.01	6.45

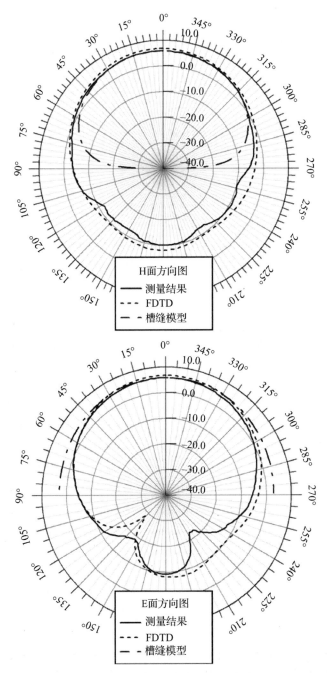

图 2-10　测量结果、基于 FDTD 算法计算表 2-1 尺寸下线性微带天线在 2.45GHz 处方向图实
测结果及 TM_{01} 模式下槽缝模型预测结果的对比

2.4　四分之一波长微带天线

　　了解矩形微带天线下的电场分布，有助于我们对原始的 $\lambda/2$ 矩形微带天线设计进行优化。如果微带天线的馈电仅能单独激发 TM_{01} 模式，那么在天线中心，位于两个辐射边缘之间，存在一个平行于 x 轴的虚拟短路平面。这个虚拟的短路平面可以用一个金属短路平面物理结构来代替，从而形成一个矩形微带天线。该天线长度是原来长度的一半（大约为

$\lambda_{\text{eff}}/4$），如图 2-11 所示。与半波长贴片相比，该设计仅存在一个辐射边缘，降低了辐射方向图的方向性。利用这种方法设计的矩形微带贴片天线称为四分之一波长微带贴片或半贴片天线。Sanford 和 Klein 在 1978 年[31] 首次提出了利用单个短路平面来设计四分之一波长贴片天线的方法。后来，Post 和 Stephenson[32] 提出了一种用来预测 $\lambda/4$ 微带天线的馈电点阻抗传输线模型。

当谐振频率 f_{r} 给定时，四分之一波长贴片天线的长度为

$$L = \frac{c}{4f_{\text{r}}\sqrt{\varepsilon_{\text{e}}}} - \Delta l \tag{2-50}$$

$$= \frac{\lambda_{\varepsilon_{\text{e}}}}{4} - \Delta l \tag{2-51}$$

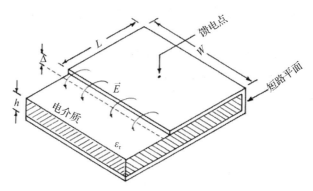

图 2-11 使用短路平面代替半波长微带天线短路层的四分之一波长微带天线

Δl 可由式(2-7)计算，有效相对介电常数 ε_{e} 可以通过式(2-6)计算：

$$Y_{\text{drv}} = Y_0 \frac{Y_{\text{e}} + jY_0 \tan(\beta L_2)}{Y_0 + jY_{\text{e}} \tan(\beta L_2)} - jY_0 \cot(\beta L_1) \tag{2-52}$$

图 2-12 给出了四分之一波长微带天线的传输线模型。式(2-52)表示沿着 L 方向的馈电点导纳，其中 $L = L_1 + L_2$。由于传输线被短路，式(2-52)最终为在馈电点处的纯电纳。由沿着传输线长度 L_2 的边缘导纳所表示的一部分传输线来看，馈电点处的导纳在其电纳与短路线的电纳相抵消的时候谐振。采用合适的求根方法，如二分法(附录 B)可以确定 50Ω 输入阻抗合适的加载位置。50Ω 馈电点阻抗距短路中心的位置与半波长贴片距其虚拟短路平面的距离不完全一样。这是因为在半波长贴片的情况下存在两个辐射边界，它们之间存在耦合效应，而在四分之一波长的情况下没有耦合。式(2-52)并未考虑到这种差异，但其仍为工程设计提供了很好的初始点位置。

计算和实验验证表明，使用泡沫结构设计的四分之一波微带天线（见附录 A 的 A.3.7 节），当相对介电常数接近 1 时，其阻抗带宽明显大于半波长天线。当 ε_{r} 的值大于 2.3 时，四分之一波长贴片天线的带宽比

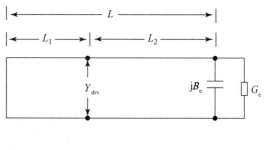

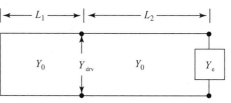

图 2-12 四分之一波长微带天线的传输线模型

等效的半波长天线的带宽要小[33]。四分之一波长天线和半波长天线之间的带宽差与James等人在文献[34]中所描述的辐射边缘耦合的变化是一致的。

四分之一波长贴片天线的设计关键是短路结构。要维持中心短路，必须在其内部存在相当大的电流。当阻抗向较小值偏离时，短路将导致天线谐振频率发生显著变化，并改变文献[35]中提出的辐射特性。这种类型的设计通常使用一块宽度均匀的金属片，冲压成形，并利用空气作为介质基板。

当 $a=b$ 时，TM_{01} 和 TM_{10} 模式具有相同的谐振频率（方形微带贴片）。如果贴片沿对角线馈电，两种模式都能被激发，振幅相等，相位相同。这就导致所有的四条边都变成了辐射边。这两个模式是相互正交的，因此相互独立。由于它们是同相的，因此贴片的电场辐射的合场方向沿着贴片的对角线呈线性倾斜。

当一个正方形微带贴片以相同的 TM_{01} 和 TM_{10} 模式工作时，在每一对辐射槽之间存在一对短平面（见图 2-13）。我们可以用实际的物理短路平面代替虚拟短路平面，这也将贴片分成四部分。由于模式的对称性，我们可以去掉一个部分（例如原天线的四分之一）并单独激励它（见图 2-14）。这样设计的天线的面积是正方形贴片天线的四分之一[36]。这为受空间限制的应用场景提供了一种设计选项。

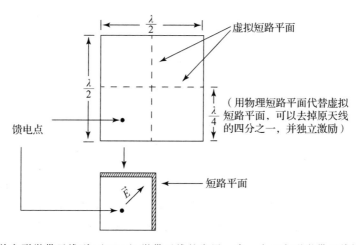

图 2-13　从方形微带天线到 $\lambda/4 \times \lambda/4$ 微带天线的发展。当一个正方形微带天线沿对角线被激励时，会出现两个虚拟短路平面

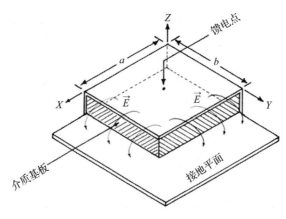

图 2-14　$\lambda/4 \times \lambda/4$ 微带天线

2.5 圆极化设计

2.5.1 单馈圆极化

一般来说，设计圆极化矩形微带天线有两种方法。第一种方法是单点馈电，并微扰其边界或内部，使两种正交模式在同一频率下存在，它们具有相同的大小，相位相差 90°。第二种方法是直接使用具有相同幅度，90°相位差的微波器件（如 90°分支定向耦合器）激励两种正交模式。本节重点介绍第一种设计方法。

在图 2-15 中，我们可以看到四种常见的利用单点馈电实现矩形微带天线圆极化辐射特性的方法。如图 2-15a 所示，方法 Ⅰ 是选择横纵比为 a/b 的矩形贴片，此时 TM_{01} 和 TM_{10} 模式都能够在相同的频率激励且其幅度相同，相位相差 90°。两种模式相互独立辐射，辐射场的合场在远场区具有圆极化特性。

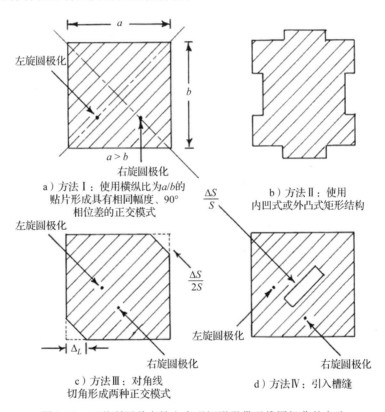

a）方法 Ⅰ：使用横纵比为a/b的贴片形成具有相同幅度、90°相位差的正交模式

b）方法 Ⅱ：使用内凹式或外凸式矩形结构

c）方法 Ⅲ：对角线切角形成两种正交模式

d）方法 Ⅳ：引入槽缝

图 2-15　四种利用单点馈电实现矩形微带天线圆极化的方法

如图 2-15b 所示，方法 Ⅱ 在本质上与方法 Ⅰ 相同，但使用两个向内凹陷的矩形槽和两个向外凸出的矩形结构干扰谐振模式以产生 90°相位差。这是此类圆极化贴片天线设计中最常见的几何结构。我们可以使用单个凹陷矩形槽、单个凸出矩形结构、一对凹陷矩形槽或一对凸出矩形结构来微扰矩形微带天线并产生圆极化特性。

方法 Ⅲ 是在微带天线的对角线上切角，如图 2-15c 所示。这形成了一对对角线模式（由于矩形贴片形状的改变，因此不再是 TM_{01} 和 TM_{10} 模式），该模式可以调整到具有相同的幅度，以及 90°相位差。

方法 Ⅳ 如图 2-15d 所示，是在贴片上对角引入槽缝。这个槽缝不会干扰流经它的电流，而延长了流经它的电流的路径长度。通过对槽缝的控制可以实现圆极化特性。该设计中重要的是要保持槽缝狭窄，以使缝隙的辐射最小。因为我们只希望利用该缝隙在模式之间产生相移，而不是引入一个次级辐射结构。或者，也可以将槽缝放在贴片上并沿着对角线馈电[37]。

图 2-16 说明了如何设计一个方法 I 中的贴片。图 2-16a 所示为一个理想的方形贴片天线，馈电探针在左下角，沿着对角线馈电。这个贴片将以相同的振幅和相位激励 TM_{01} 和 TM_{10} 模式。对应于每一模式的两个辐射边，具有位于贴片中心的相同相位中心。因此，TM_{01} 和 TM_{10} 模式辐射的相位中心重合，位于贴片的中心。当 $a=b$，即贴片为正方形时，这两种模式将会在远场相加，产生沿对角线的线极化。如果改变贴片的长宽比为 $a>b$，则每个模式的谐振频率都会发生偏移。与倾斜线性贴片的原始谐振频率相比，TM_{10} 模式的谐振频率下降，TM_{01} 谐振频率上升。两种模式在原谐振点均不谐振。这种轻微的非共振状态导致每个模式的边缘阻抗具有相移。当一个边阻抗的相移为 $+45°$，另一个边阻抗的相移为 $-45°$ 时，两种模式的相位总差为 $90°$。在史密斯图上绘制阻抗与贴片谐振频率的关系，能够清楚地显示它们之间的关系。在史密斯圆图中 V 形弯曲线的顶点对应最佳的圆极化谐振点。

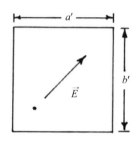

a）沿对角线馈电的方形贴片产生
TM_{01} 和 TM_{10} 两种模式，这两种模式的大小相等，相位相同。这两种模式叠加在一起，沿着贴片天线的对角线产生线极化

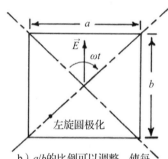

b）a/b 的比例可以调整，使每个模式稍微失谐，以使得在同一谐振频点，每个模式的幅度相等，相位相差 $90°$，从而产生一个旋转的电场相量

图 2-16 从正方形的贴片上发展出具有圆极化的矩形贴片

图 2-17 给出了采用适当 a/b 值的具有 LHCP 辐射特性矩形微带天线的空腔模型分析结果。该天线在 2.2GHz 处谐振，其介质基板的厚度为 1.574 8mm，$\varepsilon_r=2.5$，$\tan\delta=0.001\ 9$，$a=40.945$mm，$b=42.25$mm。馈电点的位置为 $x'=13.5$mm，$y'=14.5$mm，$W_p=1.3$mm。经过反复试验得出了 a/b 比率的估计值。

由于矩形圆极化贴片对物理尺寸和介电常数的敏感性，其设计十分困难。一种方法是从倾斜线性贴片的情况开始。倾斜的线性贴片满足 $a=b$，因此是正方形的。根据我们期望的谐振频点选择其具体的尺寸。利用微扰技术推导了调控方形贴片长宽比以产生圆极化特性时的 a/b 的比值[21]：

$$\frac{a}{b} = 1 + \frac{1}{Q_0} \tag{2-53}$$

未经干扰的线性贴片的 Q 值(Q_0)可以利下式计算⊖：

⊖ 一个正方形矩形微带天线的 Q 与一个倾斜的线性贴片或一个线性贴片在作为激励时本质上是相同的。当贴片为正方形时，TM_{01} 和 TM_{10} 模式是一组简并模，TM_{01} 和 TM_{10} 模式能量存储量与倾斜线性情况下各模式的能量损失量相同。如果所有能量都存储在单一的 TM_{01} 或 TM_{10} 模式中，其损失的能量总量与倾斜线性情况下相同，正如贴片线性激励下那样。在这两种情况下，每个周期存储的能量和损失的能量是一样的，因此 Q 也是一样的。

$$\frac{1}{Q_0} = \frac{1}{Q_d} + \frac{1}{Q_c} + \frac{1}{Q_r} + \frac{1}{Q_{sw}} \qquad (2\text{-}54)$$

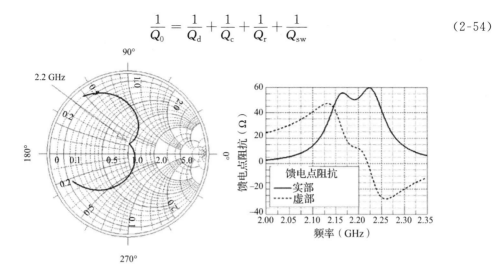

图 2-17 史密斯图表明,当调整宽高比 a/b 以适当产生圆极化时,会形成阻抗弯折线。坐标图将阻抗分为实数和虚数。组合产生圆极化的 TM_{01} 和 TM_{10} 共振峰值清晰可见

如果倾斜线性贴片的尺寸为 $a'(=b')$,则圆极化贴片的新尺寸为

$$a = a' + \Delta_L \qquad (2\text{-}55)$$
$$b = a' - \Delta_L \qquad (2\text{-}56)$$

我们可以写作:

$$\Delta_L = \frac{a'}{2Q_0 + 1} \qquad (2\text{-}57)$$

式(2-57)可以通过表 2-4 的圆极化贴片例子来说明,该天线具有合适的阻抗关系来产生 LHCP。这个例子的设计值是通过反复实验来调整贴片的长宽比,直到出现圆极化而得到的。LHCP 工作的中心频率为 2.2GHz。

表 2-4　基于反复实验的工作在 2.2GHz 处的 LHCP 微带天线的设计参数($W_p = 1.3mm$)

a	b	h	ε_r	$\tan\delta$	x'	y'
40.945mm	42.25mm	1.574 8mm	2.5	0.001 9	13.5mm	14.5mm

通过对表 2-4 中用于设计圆极化贴片的值取平均值,得到了一个倾斜线性贴片的设计值:$(a+b)/2 = (42.250mm + 40.945mm)/2 \approx 41.6mm$。这个平均值为我们提供了一个倾斜的线性贴片的设计值,我们可以用该数值代入式(2-57)来计算产生圆极化的长宽比。新贴片的谐振频率为 2.2GHz,电阻为 88Ω。基于空腔模型计算的 2.2GHz 处,该天线的总 Q 值为 29.3。我们可以使用式(2-57)计算产生圆极化所需长度的变化量:

$$\Delta_L = \frac{41.6mm}{(2 \times 29.3) + 1} = 0.698mm \qquad (2\text{-}58)$$

现在我们可以得到 a 和 b 的数值:

$$a = 41.6mm + 0.698mm = 42.298mm \qquad (2\text{-}59)$$
$$b = 41.6mm - 0.698mm = 40.902mm \qquad (2\text{-}60)$$

图 2-18 绘制了倾斜线性贴片和用式(2-55)和式(2-56)计算修正 a 和 b 的值后产生的圆极化的贴片的馈电点阻抗,馈电点阻抗的计算仍采用空腔模型。从这个例子中可以看出,产生圆极化的修正值设计的贴片与反复实验得到的原始贴片相比,具有更好的阻抗匹配特

性。为产生圆极化而修正的贴片在 2.2GHz 处的输入阻抗为 $46.6+j1.75\Omega$，这大约是倾斜线性贴片输入阻抗的一半。从这个计算值中也能看出馈电点位置的选择对于贴片的物理参数的敏感性。

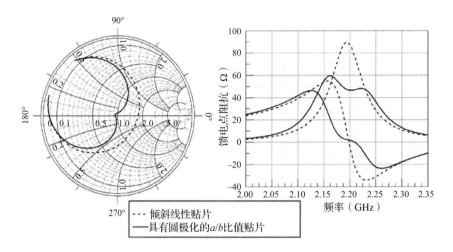

图 2-18　利用图 2-17 中的矩形贴片天线的平均尺寸设计了一个基于空腔的模型（虚线），分析在 2.2GHz 处谐振的倾斜线性贴片。然后，利用式（2-55）和式（2-56）计算在 2.2GHz 产生圆极化所需的 a 和 b 的值，再用空腔模型（实线）进行分析

该模型可用于计算圆极化矩形贴片的轴比[38]。电场与轴比的关系为[39]

$$AR = \sqrt{\frac{1 + \left|\dfrac{E_x}{E_y}\right|^2 + T}{1 + \left|\dfrac{E_x}{E_y}\right|^2 - T}} \qquad (2\text{-}61)$$

其中，AR 表示轴比。

$$T = \sqrt{1 + \left|\frac{E_x}{E_y}\right|^4 + 2\left|\frac{E_x}{E_y}\right|^2 \cos(2\psi)} \qquad (2\text{-}62)$$

其中，ψ 表示 E_x/E_y 的相位。

空腔模型的电场分量的比值 E_x/E_y 可以利用下式近似：

$$\frac{E_x}{E_y} \approx \frac{b(k_c^2 - k_{01}^2)}{a(k_c^2 - k_{10}^2)} \frac{\cos(\pi x'/a)}{\cos(\pi y'/b)} \mathrm{sinc}(\frac{\pi W_p}{2a}) \qquad (2\text{-}63)$$

表 2-5　工作频点为 2.2GHz 的 LHCP 微带天线（$W_p = 1.3\text{mm}$）

a	b	h	ε_r	$\tan\delta$	x'	y'
42.298mm	40.902mm	1.574 8mm	2.5	0.001 9	13.5mm	14.5mm

$$\frac{E_x}{E_y} = \begin{cases} j & \text{RHCP} \\ -j & \text{LHCP} \end{cases} \qquad (2\text{-}64)$$

利用空腔模型，根据表 2-4 的值计算出输入阻抗，绘制轴比随频率变化的函数，如图 2-19 所示。我们可以看到，在共振峰值处和虚部值变化平稳处具有最小轴比。表 2-5 说明，通常产生最佳轴比性能的馈电点位置和馈电匹配时的馈电点位置并不完全沿着贴片对角线方向。

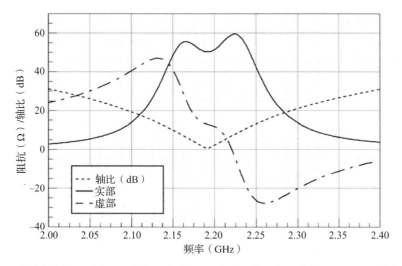

图 2-19　采用空腔模型对表 2-4 中的圆极化矩形贴片天线进行了分析。以 dB 为单位绘制馈
电点阻抗的实部分量和虚部分量及计算的轴比

由于这类结构的敏感性，我们需要精确的 Q 值，以获得尽可能精确的 Δ_L 值。空腔模型通常不会像时域有限差分法或直接测量法那样给出倾斜线性贴片准确 Q 值的预测值。当天线由单一的 RLC 型阻抗模式匹配并激励时，由 3dB 工作带宽区分的回波损耗值最大频点为 f_0，在使用测量结果或 HFSS 仿真结果时，将会为贴片天线的设计提供较好的 Q 的预估值。式(2-57)与空腔模型吻合较好，但经验结果表明：

$$\Delta_L = \frac{a'}{3.395Q_0 + 1} \tag{2-65}$$

在使用倾斜线性贴片的测量或计算(如 FDTD 算法)的 S_{11}(dB)结果设计圆极化单元时，式(2-65)更加合适。

由式(2-57)也可以看出，随着天线 Q 的增大，Δ_L 变小。当使用高介电常数材料作为基板时，天线的 Q 变大，这意味着阻抗带宽变窄。高介电常数减小了贴片的尺寸，从而降低了 Δ_L 的值，进而大大减小了制造误差。

Lumini 等人提出了一种更为复杂的迭代方法，即利用空腔模型计算单馈圆极化矩形贴片的设计。另一种设计方法是利用遗传算法优化空腔模型，实现圆极化矩形微带天线设计[40]。该方法的优点是能同时对馈电点匹配和轴比进行优化。这避免了首先设计一个倾斜线性贴片，然后使用式(2-55)和式(2-56)来计算产生圆极化天线尺寸的设计思路。遗传算法的经验结果表明，利用该方法进行设计并不会比上文描述的直接法更好。

图 2-15b 使用内凹或外凸结构产生圆极化。这种设计是在实验的基础上进行的。

图 2-15c 利用一对斜切角产生圆极化。这导致了一对对角线模式(由于贴片形状的改变而不再是 TM_{01} 和 TM_{10} 模式)，这一对模式可以调整到具有相同的幅度和 $90°$ 相位差。在这种情况下，天线是沿中线馈电的，因此它将以相等的振幅激励每一个对角线模式。在图 2-15中，我们看到如果有右上角切角和左下角切角，那么可以把这种情况看作减少沿对角线方向的电容，使其阻抗呈感性。从右下角到左上角的对角线保持不变，相比之下电容更大。切割区域的大小可以调整，以实现切角对角线的相位是 $45°$，未切角对角线的相位是 $-45°$。这种情况产生了 RHCP。保持馈电点的位置不变，去掉对角，相位就会反转，极化方式也会反转(见图 2-20)。

我们定义移除对角以干扰贴片电流产生圆极化的总面积为 ΔS（见图 2-15c）。为产生圆极化而去除对角之前的未修形的方形贴片的总面积为 $S = a \cdot b = a'^2 (a = b = a')$（见图 2-20）。据研究，面积的变化 ΔS 与圆贴片的面积 S 的比值与原天线由式（2-54）计算的 Q 值 Q_0 有关[41]：

$$\frac{\Delta S}{S} = \frac{1}{2Q_0} \qquad (2\text{-}66)$$

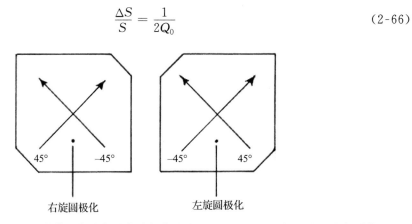

右旋圆极化　　　　　　　　　　左旋圆极化

图 2-20　我们可以对矩形微带天线进行对角线切角来产生圆极化。可以把切掉一个角看作减小了对角线模式的电容。这将在两个切角处产生更多的感性阻抗，从而导致电场的相位为 45°，而未切角处的容性阻抗相位为 −45°。反转切角的位置会导致圆极化的方向也发生反转

如图 2-15c 所示，从无微扰的贴片的每个角切下的面积是使用式（2-66）或 $\Delta S/2S$ 计算的面积 S 的一半。通过下式可以计算每条被切掉的边的长度：

$$\Delta_L = \frac{a'}{\sqrt{Q_0}} \qquad (2\text{-}67)$$

图 2-15d 使用对角线斜槽来产生圆极化。对于槽缝加载位置区域选择的方法是使其等于 $\Delta S/S$。

2.5.2　双馈圆极化微带天线设计

图 2-21 中使用 90°分支定向耦合器给微带天线馈电以产生圆极化电磁波。在这种方法中，首先从一个微带贴片天线开始设计，TM_{01} 和 TM_{10} 模式的谐振频率相同，且模式正交。用分支定向耦合器分别对两个模式进行馈电，且振幅相等，相位相差 90°，从而在分支定向耦合器的中心频率处产生圆极化波。图 2-21 显示了分支定向耦合器输入端口的状态，两个输入端分别输入 LHCP 和 RHCP。在实际设计过程中，如果输入端输入 RHCP，则输入 LHCP 的端口需要接匹配负载，反之，如果输入端输入 LHCP，则输入 RHCP 的端口需要接匹配负载。

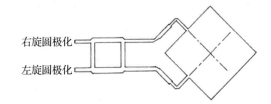

右旋圆极化

左旋圆极化

图 2-21　90°分支定向耦合器合成圆极化电磁波情况

分支定向耦合器能在很宽的带宽上使幅度恒定且相位一致，但由于辐射贴片边缘阻抗与频率不匹配，部分功率被反射回终端，与单馈设计相比，这种设计方法能保持良好的圆极化特性，但会损失部分功率；此外，双馈时的输入阻抗带宽和轴比带宽优于单馈设计的情况。如果考虑到天线辐射效率，耦合器负载上的功率损失量与单馈圆极化天线设计中因阻抗和极化不匹配造成的功率损失大致相同。双馈圆极化天线也可以用一对探针和同轴线来实现，一个探针用于激发 TM_{10} 模式，另一个探针用于激发 TM_{01} 模式，同轴线实现 $90°$ 相位差。

2.5.3　正交($90°$)耦合器

分支定向耦合器又称正交耦合器，由 2.5.2 节可知，它可以使矩形贴片天线产生圆极化波。分支定向耦合器可以在一对输出端口提供 3dB 的功率分配，两端口的输出相位相差 $90°$。图 2-22a 为分支定向耦合器，通常使用微带或带状线实现，并联支路的特征阻抗为 Z_s，串联支路的特征阻抗为 Z_t。

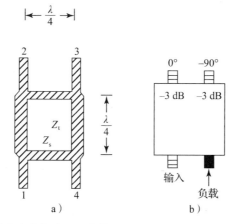

图 2-22　$90°$分支定向耦合器通常使用微带或带状线实现，且多为商业封装

在分支定向耦合器的工作频率处，S 参数如下[42]：

$$S_{21} = -j\frac{Z_t}{Z_0} \tag{2-68}$$

$$S_{31} = -\frac{Z_t}{Z_s} \tag{2-69}$$

$$S_{11} = 0.0 \tag{2-70}$$

$$S_{41} = 0.0 \tag{2-71}$$

图 2-22b 是一个商用分支定向耦合器外接同轴线的封装模型。耦合器的一个端口上有一个内置负载，其他端口则接外接负载，这就允许一个输入端产生 RHCP，另一个输出端产生 LHCP，如图 2-21 所示。由此，该分支定向耦合器可以在 RHCP 和 LHCP 之间切换。

当参考阻抗 Z_0 为 50Ω，在输出端口之间进行 3dB 功率分配时，并联分支的 $Z_s = Z_0$，串联分支的 $Z_t = Z_0/\sqrt{2}$，对于 50Ω 的系统而言，$Z_t = 35.4\Omega$，分支的波长为 $\lambda/4$。当端口 1 作为输入端口时，端口 2 接收一半的输入功率，以端口 2 的相位作为参考值，端口 3 将接收一半的输入端口功率，其相位比端口 2 落后 $90°$。各端口反射的波在端口 4 处抵消，故该端口也称隔离端。一般在这个端口上放置一个负载，吸收反射波，从而使端口 2 和端口 3 之间的相位差恒定。

如果端口 4 为输入端口，那么端口 1 就成为隔离端口，端口 3 接收一半的输入功率，以端口 3 为 0°相位参考值，端口 2 将接收一半的输入端口功率，输出相位为 $-90°$。

在实际应用中，端口 2 和端口 3 的功率并不完全相同。我们注意到，式(2-69)的分母是 Z_s，通过改变并联分支的特征阻抗，可以获得更均匀的功率分配。

由于分支定向耦合器的分支波长为 $\lambda/4$，故其带宽被限制在 $10\%\sim20\%$。考虑到分支连接处的不连续性，可以设计一种更加理想的工作方案。通过多级串联可以增加耦合器的带宽[43]。2004 年，Qing 通过额外增加一个分支制作了三分支定向耦合器，对微带天线进行馈电，天线的 2∶1 电压驻波比(Voltage Standing Wave Ratio，VSWR)带宽为 32.3%，3dB 轴向比带宽为 42.6%[44]。

此外，正交耦合器可以使端口具有不同的输出功率，也可以使每个端口具有不同的特征阻抗[45]。

2.5.4 阻抗带宽和轴比带宽

在空腔模型中，矩形微带天线的阻抗带宽由品质因数 Q 决定。对于单馈的线极化矩形微带天线，归一化阻抗带宽和品质因数一般具有如下关系[46]：

$$BW_{linear} = \frac{S-1}{Q_T\sqrt{S}}(S∶1VSWR) \tag{2-72}$$

当一个线极化微带天线模型接近目标阻抗带宽时，通过将谐振频率处的馈电点阻抗设计为 65Ω，可以稍微扩展阻抗带宽。而输入阻抗为 50Ω 时，天线具有较大的 2∶1VSWR 带宽[47]。当增加矩形微带天线的宽边时，阻抗带宽也会略有增加。当基板相对介电常数 ε_r 减小或基板厚度增加时，带宽将大幅增加。在腔膜理论中，基板厚度和介电常数对线极化贴片微带天线的阻抗带宽的影响如图 2-23 所示。

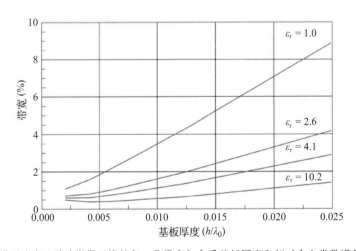

图 2-23 腔膜理论中，贴片微带天线的归一化带宽与介质基板厚度和相对介电常数满足的函数关系

通过前面的学习我们知道，随着基板厚度的增加，高次模对等效串联电感的贡献越来越大，导致馈电点逐渐失配，因此，获得理想的馈电点阻抗是以牺牲阻抗带宽为代价的。

圆极化矩形贴片天线的品质因数 Q 和轴比带宽与阻抗带宽满足的关系如式(2-73)和式(2-74)所示。S 为圆极化与线极化带宽之比，代入 $S=2$，即圆极化微带天线的阻抗带宽比线极化天线的阻抗带宽大两倍。两个非谐振叠加形成圆极化，同时增加了总阻抗带宽。

$$\mathrm{BW}_{\mathrm{circular}} = \frac{\sqrt{2(S-1)}}{Q_{\mathrm{T}}} \tag{2-73}$$

$$\mathrm{BW}_{\mathrm{axialratio}} = \frac{\mathrm{AR}-1}{Q_{\mathrm{T}}} \frac{1}{\sqrt{\mathrm{AR}}} \tag{2-74}$$

辐射贴片的接收功率带宽与极化无关，且由式(2-75)给出：

$$\mathrm{BW}_{P_R} = \frac{2}{Q_{\mathrm{T}}} \sqrt{\frac{1-p_{\min}}{p_{\min}}} \tag{2-75}$$

其中，p 是匹配负载接收到的功率和天线在谐振频率处接收到的功率之比(在谐振频率处，负载电阻等于馈电点电阻)，故 $0<p<1$，当 $p=1$ 时接收功率达到最大，$p=0$ 时接收功率为 0。在式(2-75)中，$p_{\min}$ 是给定设计的最小可接收功率系数。

Langston 和 Jackson 曾将上述表达式化为归一化频率变量进行比较[48]。对于单馈圆极化贴片天线，接收功率带宽比轴比带宽和阻抗带宽大，轴比带宽最小。

2.6　效率

天线效率 e 与增益和方向性的关系如式(2-76)所示：

$$G = eD \tag{2-76}$$

其中，G 为天线增益；D 为天线方向性。

在空腔模型中，矩形微带天线的辐射效率可以通过品质因数 Q 计算[49]。效率为辐射功率除以总功率，而总功率为辐射波、表面波、导体损耗和介电损耗之和。所有腔体存储的能量是相同的，从而有

$$e = \frac{Q_{\mathrm{T}}}{Q_{\mathrm{r}}} \tag{2-77}$$

展开有

$$e = \frac{Q_{\mathrm{d}} Q_{\mathrm{c}} Q_{\mathrm{sw}}}{Q_{\mathrm{sw}} Q_{\mathrm{c}} Q_{\mathrm{d}} + Q_{\mathrm{sw}} Q_{\mathrm{c}} Q_{\mathrm{r}} + Q_{\mathrm{r}} Q_{\mathrm{d}} Q_{\mathrm{c}}} \tag{2-78}$$

式(2-77)右端乘以 100％ 即为天线效率(百分比形式)。从式(2-78)中可以看到，当 Q_{sw}、Q_{c} 和 Q_{d} 相比 Q_{r} 越大时，天线的效率越接近 100％。因此，要想最大化辐射效率，应使 Q_{r} 尽可能小，Q_{sw}、Q_{c} 和 Q_{d} 尽可能大。

分析每种损耗机制对理解天线效率是很有意义的，通过计算可以得出辐射效率 $\eta_{\mathrm{r}} = Q_{\mathrm{T}}/Q_{\mathrm{r}}$，表面波损耗效率 $\eta_{\mathrm{sw}} = Q_{\mathrm{T}}/Q_{\mathrm{sw}}$，导体损耗效率 $\eta_{\mathrm{c}} = Q_{\mathrm{T}}/Q_{\mathrm{c}}$，介质基板损耗效率 $\eta_{\mathrm{d}} = Q_{\mathrm{T}}/Q_{\mathrm{d}}$，这些相加即为天线的总效率 100％。

接下来详细分析上述几种损耗机制，为了对矩形微带天线的每种损耗机制的贡献有一定的了解，假设基板厚度为 h，相对介电常数为 ε_{r}，我们计算了三种典型介电常数($\varepsilon_{\mathrm{r}} = 1.1, 2.6, 10.2$)下的损耗。

首先，根据空腔模型的表面波分析方法来计算各种损耗。表 2-6 列出了线极化贴片微带天线工作在 2.45GHz 时的各种损耗的效率占比：η_{r}(辐射)、η_{sw}(表面波损耗)、η_{c}(导体损耗)、η_{d}(介质损耗)，介质基板介电常数 $\varepsilon_{\mathrm{r}} = 1.1$。我们注意到在这种情况下，第二大损耗是介质损耗，然后是导体损耗，表面波损耗很小。随着基板厚度 h 的增加，辐射效率增加。

表 2-6 线极化微带天线的空腔模型损耗随 h 变化的关系（2.45GHz，$a = b = 56.46$mm），$\tan\delta = 0.0025$，$\varepsilon_r = 1.1$（泡沫介质）

泡沫介质在空腔模型损耗中的效率					
	h	η_r	η_{sw}	η_c	η_d
(0.030″)	762μm	83.41%	0.01%	6.86%	9.71%
(0.060″)	1524μm	92.67%	0.03%	1.91%	5.39%
(0.090″)	2286μm	95.38%	0.05%	0.87%	3.70%
(0.030″)	3048μm	96.63%	0.06%	0.50%	2.81%

现代全波分析工具可以更直接地计算这些损耗，所用方法见附录 B-5，当使用 HFSS 迭代时（见表 2-7），表面波对天线整体的非辐射损耗有较大贡献。在空腔模型中，对表面波损耗的分析通常假设 TM_0 表面波沿着短路的介质基板传播[25]，就像延伸到矩形微带天线边缘之外的介质基板一样，这种类型的表面波只有在基板相对介电常数大于 1 时才能传播[50]。

表 2-7 HFSS Q 损耗随线极化微带天线（MicroStrip Antenna, MSA）的基板厚度与铜厚变化的情况——基板无损连接（2.45GHz），$\tan\delta = 0.0025$，$\varepsilon_r = 1.1$（泡沫介质），铜厚 17μm（100mm×100mm 接地平面）

全波模型泡沫介电效率 $\varepsilon_r = 1.1$					
	h	η_r	η_{sw}	η_c	η_d
(0.030″)	762μm	72.98%	12.21%	5.69%	9.12%
(0.060″)	1524μm	87.68%	5.35%	1.69%	5.28%
(0.090″)	2286μm	92.37%	3.24%	0.82%	3.56%
(0.120″)	3048μm	94.95%	2.13%	0.42%	2.50%

假设矩形微带天线工作在 2450MHz，具有真空介质基板（$\varepsilon_r = 1.1$，$\tan\delta = 0$），它的表面波损耗接近表 2-7 中的数值，显然，表面波损耗并非 TM_0 模产生的，而是由邻近效应造成的，可能是沿着地板-基板分界面的 Zenneck 表面波[51-52]导致的。Zenneck 表面波有损且无辐射，特性复杂，可能由完全不同的损耗机制产生[53]。

第二个分析案例是 $\varepsilon_r = 2.6$ 的情形（见表 2-8）。与 $\varepsilon_r = 1.1$ 的情形（见表 2-8）相比，可以看出，当 $\varepsilon_r = 2.6$ 时，表面波损耗对非辐射损耗的贡献略有增加（见表 2-7）；导体损耗、介电损耗和表面波损耗都随基板厚度的减小而成比例地减小。因此增加介质基板厚度，可以使空间波带来的影响最大化。

表 2-8 HFSS Q 损耗随覆铜线极化贴片 MSA 中对基板厚度变化的关系——基板无损连接（2.45GHz），$\tan\delta = 0.0025$，$\varepsilon_r = 2.6$（泡沫介质），铜厚 17μm（100mm×100mm 接地平面）

全波模型泡沫介电效率 $\varepsilon_r = 2.6$					
	h	η_r	η_{sw}	η_c	η_d
(0.030″)	762μm	67.88%	15.43%	6.00%	10.69%
(0.060″)	1524μm	84.71%	6.97%	1.96%	6.37%
(0.090″)	2286μm	90.44%	4.29%	0.93%	4.34%
(0.120″)	3048μm	93.21%	3.19%	0.55%	3.06%

当相对介电常数增加到 $\varepsilon_r = 10.2$ 时（见表 2-9），与表 2-8 中 $\varepsilon_r = 2.6$ 的情况相比，我们可以看出表面波贡献的损耗明显增加，基板厚度最小时只辐射了总输入功率的 47.78%。

当 h 从 $762\,\mu\text{m}$ 增加到 $1524\,\mu\text{m}$ 时，表面波和介电损耗导致的功率损失几乎相等。如之前所述，在失配不严重的情况下，增加基板厚度，能使整体的非辐射损耗最小化，辐射功率最大化。这是一个很好的设计思路，因为在做实验时，效率是很难测量的[54]。

表 2-9　HFSS Q 损耗随覆铜线极化贴片 MSA 中对基板厚度变化的关系——基板无损连接(2.45GHz)，$\tan\delta = 0.002\,5$，$\varepsilon_r = 10.2$(泡沫介质)，铜厚 $17\,\mu\text{m}$($100\text{mm} \times 100\text{mm}$ 接地平面)

	全波模型泡沫介电效率 $\varepsilon_r = 10.2$				
	h	η_r	η_{sw}	η_c	η_d
(0.030″)	$762\,\mu\text{m}$	47.78%	22.26%	9.05%	20.91%
(0.060″)	$1524\,\mu\text{m}$	70.13%	11.38%	3.433%	15.06%
(0.090″)	$2286\,\mu\text{m}$	80.74%	7.57%	1.69%	9.99%
(0.120″)	$3048\,\mu\text{m}$	86.48%	5.53%	0.83%	7.15%

2.7　介质基板覆盖的微带天线设计

微带天线通常封装在绝缘罩(即天线罩)中，以保护其免受恶劣环境的影响。介质罩的加工方法包括从真空成型或注塑成型的塑料外壳(在辐射贴片和天线罩之间留有气隙)到将塑料材料直接黏合到天线上等。

将介电材料直接黏合到天线可以提供高度的气密密封。当基板采用基于聚四氟乙烯材料时，可以在工艺上进行黏合以产生良好的黏合性。在一些商业应用中，已经实现了围绕天线单元并对其进行密封的塑料天线罩的注塑成型技术。在这些情况下，使用全波仿真器(例如 Ansoft HFSS)可以在制作样机之前完善设计，并用快速准静态分析搭建样机初始几何结构，而且该软件还支持对模型的灵敏度分析。

已经提出许多方法来分析带有介质基板的微带天线[55-58]。在这里，我们将利用传输线模型来分析带有介质基板的矩形微带天线。带有介质基板的微带传输线的准静态分析构成了该分析的基础[59]。式(2-79)定义了图 2-24 中所示微带天线介质材料的有效相对介电常数，式(2-80)定义了特征阻抗：

$$\varepsilon_e = \frac{C_{\varepsilon_r}}{C_0} \tag{2-79}$$

$$Z_0 = \frac{Z_{air}}{\sqrt{\varepsilon_e}} \tag{2-80}$$

$$Z_{air} = \frac{1}{cC_0} \tag{2-81}$$

其中 ε_e 是微带线的有效相对介电常数，Z_0 是微带线的特征阻抗，Z_{air} 是不带介质基板的微带线的特征阻抗，C_{ε_r} 是存在电介质的每单位长度的电容，C_0 是每单位长度的电容(仅存在自由空间中)，c 是真空中的光速。

根据文献[60]，Bahl 等人使用 $\alpha = \beta h_1$，可以将电容表达式写为

$$\frac{1}{C} = \frac{1}{\pi\varepsilon_0} \int_0^\infty \Big(1.6 \frac{\sin(\alpha W/2h_1)}{(\alpha W/2h_1)} + 2.4\,(\alpha W/2h_1)^{-2} \cdot$$

$$\Big[\cos(\alpha W/2h_1) - \frac{2\sin(\alpha W/2h_1)}{(\alpha W/2h_1)} + \sin^2(\alpha W/4h_1) \cdot (\alpha W/4h_1)^{-2} \Big]^2 \cdot$$

$$\Big(\Big[\varepsilon_{r_2} \frac{\varepsilon_{r_2}\tanh(\alpha h_2/h_1)+1}{\varepsilon_{r_2}+\tanh(\alpha h_2/h_1)} + \varepsilon_{r_1}\coth(\alpha) \Big] \alpha \Big)^{-1} \text{d}\alpha \tag{2-82}$$

其中，W 是微带传输线的宽度（贴片宽度），h_1 是介质基板的厚度，ε_{r_1} 是基板的相对介电常数，h_2 是介质覆盖层的厚度（介电覆盖层），而 ε_{r_2} 是介质覆盖层的相对介电常数。

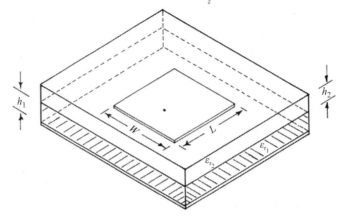

图 2-24   用传输线模型分析介电覆盖的矩形微带贴片天线几何形状（贴片天线沿天线宽边（即 $W/2$）的中心线馈电，反馈点由黑点表示）

如附录 B 所示，使用高斯积分法可以有效地计算式（2-82）的积分。当将电介质覆盖层添加到矩形微带天线设计中时，会改变缝隙导纳。与更复杂的替代方法的准确性相比，导纳改变是微小的，最好使用式（2-4）进行计算[61-62]。边缘电纳可以写成

$$B_e = j\omega C_{slot} \tag{2-83}$$

具有覆盖层的矩形微带天线的辐射槽的电容可以通过式（2-84）计算：

$$C_{slot} = \frac{W}{2}\left[\frac{\varepsilon_e(L)}{cZ_{air}(L)} - \varepsilon_0\varepsilon_r\frac{L}{h_1}\right] \tag{2-84}$$

其中，$\varepsilon_e(L)$ 和 $Z_{air}(L)$ 分别是存在介质时的有效介电常数，以及仅存在空气时宽度为 L 的微带线的特征阻抗。式（2-83）给出了介电覆盖层宽度为 L 而不是 W 的微带传输线的边缘电容。式（2-84）内部的左项为传输线电容，右项为宽度为 L 的平行平板电容器的每单位长度的电容。边缘电场电容由该差值计算，用作缝隙电容的近似值。

实际上，当微带天线被电介质基板覆盖时，可能会存在气隙。该气隙对贴片的有效介电常数有很大影响，进而影响天线的特征阻抗和谐振频率。

具有介电层的微带天线的谐振频率可通过以下式（2-85）和式（2-86）计算：

$$f = \frac{c}{2(L + \Delta l)\sqrt{\varepsilon_e}} \tag{2-85}$$

$$\Delta l = 0.412h_1\frac{(\varepsilon_e + 0.3)(W/h_1 + 0.264)}{(\varepsilon_e - 0.258)(W/h_1 + 0.8)} \tag{2-86}$$

2.8   矩形微带天线的设计过程

在设计线性矩形微带天线[63]时，需要在基板介电常数和厚度方面进行许多天线性能的权衡。显然，如果需要使用同轴传输线来对贴片馈电，那么探针馈电是一个不错的选择。如果设计要求使用微带馈电，则可以采用无辐射的边缘馈电，但是贴片必须足够窄，以减少低阶模的激发。与较宽的贴片相比，较窄的贴片的带宽稍有下降。如果要求阻抗带宽大于窄贴片所能提供的范围，则可以选择沿着辐射边缘馈电。辐射边缘上，四分之一波长阻抗变换器馈电产生的贴片辐射微扰最少，但是如果设计约束条件不允许有足够的面积

来安装阻抗变换器，则可以使用嵌入式馈电。在任何一种情况下，如果沿激励最低阶模式的中心线给贴片馈电，则下一个主导模式所呈现的馈电点阻抗会沿着该模式在短路平面内变化，并且即使贴片是正方形，也会失配(不激励)。

线极化微带天线的初始贴片宽度是

$$W = \frac{c}{2f_r} \left(\frac{\varepsilon_r + 1}{2}\right)^{-1/2} \tag{2-87}$$

贴片厚度是要考虑的重要参数。如果贴片厚度太薄，效率和阻抗带宽将降低。当贴片太厚时，它会在高阶腔模的馈电点处产生一系列电感失配。

在更高的频率下，Gopinath 提出了一项分析，该分析允许人们选择一种基板厚度，该厚度可以在给定的频率下最大化微带线的 Q 值[64]。

计算矩形微带天线的贴片长度的公式为

$$L = \frac{c}{2f_r \sqrt{\varepsilon_e}} - 2\Delta L \tag{2-88}$$

设计方形微带贴片时，可以使用式(2-89)计算初始长度 L_0。然后，令该值等于天线的宽度 W，使用式(2-88)，式(2-6)和式(2-7)计算新的谐振长度 L_1。继续此过程，直到该值变得固定为止。通常通过第五次迭代[L_5](见附录 B 中 B.3 节)来确定解决方案。

$$L_0 = \frac{c}{2f_r \sqrt{\varepsilon_r}} \tag{2-89}$$

如果要考虑 ESD，则可以使用通孔或焊接的短路针将短路线置于贴片的中央。可以用镀金的方法来保护铜元素免受许多环境危害。浸锡是另一种替代方法，在某些情况下可用于防止铜降解。

在某些设计中，矩形微带的较高频率谐振可能与出于系统设计原因而要隔离的频带重合。有时可以通过使用圆形微带贴片来解决此问题，该贴片的共振频率间隔与矩形贴片不同。

可以使用带有寻根算法的传输线模型(例如对分法，见附录 B 中 B.4 节)来确定馈电点阻抗。经验表明，当相对介电常数在 $2.2 < \varepsilon_r < 3.8$ 之间时，式(2-4)和式(2-5)预测了馈电点位置的准确值，这在实践中经常遇到，迄今未发现比其更准确的替代表达式。在其他情况下，馈电点将需要仿真确定。人们还可以使用空腔模型来预测所需馈电点阻抗的位置，但是其结果对计算中使用的有效探针直径有些敏感。

使用式(2-46)估算线极化矩形微带天线的方向性，对于大多数接地平面尺寸，该方向性通常在 $1\sim2dB$ 的测量范围内。可以使用更强大的技术(例如 FDTD 或 FEM)来计算更准确的方向性。利用式(2-77)可以计算天线效率，并将其用于计算天线增益。

如上所述，线极化矩形微带天线的方向性取决于基板的相对介电常数，方向性随介电常数的减小而增加，并且随介电常数的增加以渐近方式减小(见表 2-3)。

在某些设计条件下，微带天线必须承受较大的冲击和振动。探针与其连接微带顶部的焊点很容易发生故障。在较大的振动冲击下，探针可能刺穿上部的焊点，从而在焊点和探针之间留下微小的环形间隙。通常，这种环形间隙太小，无法在没有显微镜的情况下看到，但会导致天线故障。解决该问题的一种方法是使用一对沿探针焊接的薄金属条，其末端弯曲成直角且具有轻微弯曲，并焊接到贴片上。两侧带有焊条的销穿过一个孔，该孔足够大，可以使销轴向移动而不会产生干扰。少量多余的弯曲会在移动之前，在其直角弯曲处留下很小的半径，并留在条带的直角弯曲处，如图 2-25 所示。

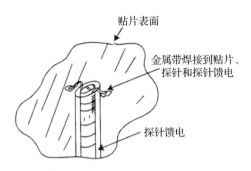

图 2-25 可以通过使用两个(或更多)小金属条来减轻探针进给的冲击和振动的脆弱性。每个条带都焊接到进料针上,沿着进料针延伸一个微小的间隙,该间隙比介电基板中的所需孔稍大。然后将条带以较小的松弛半径焊接到补片上。该松弛度允许进料针上下移动而不会发生焊接故障

交叉极化是由于贴片上存在更高阶模而产生的。在 2.12 节和第 3 章中对此进行了详细说明。

对于线极化的矩形微带天线,我们通常沿中心线($x = 0$)馈电。这将激发 TM$_{01}$ 模式,理论上不会激发不匹配的 TM$_{10}$ 模式。

当使用正方形贴片通过两个正交(微带或探针)馈源产生圆极化时,将馈源沿 Y 轴和 X 轴居中的任何误差都会增加交叉极化。方形微带天线具有以下特性:TM$_{01}$ 和 TM$_{10}$ 模式具有相同的谐振频率,不希望的模式很容易因馈电点位置误差而被激发。减轻这种交叉极化的一种方法是使用多个探针馈电产生圆极化[65]。

谐振空腔模型可用于估计探针放置误差产生的交叉极化量[66],由 Mishra 和 Milligan [67] 计算。为了使方形贴片具有不小于 25dB 的交叉极化,馈电探针的变化不得超过天线宽度(a)的 0.75%。设计在相对介电常数为 2.32,工作频率为 3.0GHz,约 30mm 宽度的基板上的方形贴片探针放置误差必须在 0.22mm 之内,以实现 25dB 的交叉极化。

当只需要线极化时,可以通过使用矩形贴片($a > b$)来增加 25dB 交叉极化馈电点位置公差。通过将 TM$_{10}$ 共振移至 2:1 VSWR 的频带边缘位置的两倍频率,探针位置容差将从贴片宽度(a)的 0.75% 增加到 2%。

这些示例表明,在向贴片馈入探针时,低交叉极化的馈电点位置公差非常严格,较小的定位误差将迅速增加交叉极化水平。

2.9 圆极化微带天线的设计指南

具有一定长宽比的矩形贴片圆极化微带天线的设计始于方形微带天线的设计。可以迭代式(2-8)和式(2-7)(见附录 B 中 B.4 节)以创建一个正方形贴片。当使用迭代的收敛值时,谐振频率略低。空腔模型可用于完善贴片尺寸并使其更精确。可以通过测量确定方形贴片的单模 TM$_{01}$ 或 TM$_{10}$ 的 Q 值,或使用空腔模型计算 Q 来确定 Q_T。然后可以使用空腔模型计算出一个馈电点位置,该位置的输入电阻约为 88Ω。然后,使用式(2-55)和式(2-56)计算产生圆极化的贴片尺寸。

通常需要进行仿真优化以完成圆极化矩形贴片天线的设计。图 2-18 的史密斯圆图说明了实现圆极化所需的阻抗轨迹。在史密斯圆图阻抗的扭结顶点处的频率(形成 90°角)是产生最佳圆极化的点。天线的极化方向可以通过参考图 2-15a 来确定。通常,阻抗走线扭

结处的阻抗值无法很好地匹配，并且通常具有电容成分。对于探针馈电的圆极化矩形微带天线，可以将馈电点位置移出贴片对角线，并且通常根据圆极化频率实现天线匹配。

当介电覆层(天线罩)覆盖圆极化微带天线(见图 2-24)时，轴比带宽将保持不变[68]。

许多制造商提供了多种 GPS RHCP 矩形微带天线设计，这些设计使用高介电常数陶瓷材料作为介质基板。常见的 GPS 天线设计具有 $25\text{mm} \times 25\text{mm} \times 4\text{mm}$ 的基板尺寸，$\varepsilon_r = 20$，该尺寸经过优化可以在 $70\text{mm} \times 70\text{mm}$ 的地平面上工作。这种天线设计在 1.575GHz 的频率上，并且其性能会受到较小的接地平面尺寸的强烈影响。接地平面尺寸会对谐振频率和辐射方向图产生不利影响，在天线设计中必须考虑这些影响。小型天线的局限性将在 7.6.1 节中讨论。

2.10 基于电磁耦合的矩形微带天线

一种通过微带传输线电磁耦合来馈电的矩形微带贴片的几何形状如图 2-26 所示。这种馈电的微带天线很难直接进行分析，大多数设计都是经验性的，或者是通过全波模拟器的反复试验来设计的[69]。可以使用式(2-79)～式(2-82)来计算嵌入在两个介电常数 ε_{r_1} 和 ε_{r_2} 之间的 50Ω 微带馈线。另外，许多全波电磁仿真程序允许人们计算嵌入式微带传输线的特征阻抗。改变贴片的宽度通常可以使天线与传输线匹配，而贴片的长度决定了天线谐振频率。

设计以 2.45GHz 频率工作的 EMC 贴片天线示例的基板高度为 $h_1 = h_2 = 1.524\text{mm}$。这两层的介电常数分别为 ε_{r_1} 和 $\varepsilon_{r_2} = 2.6$，$\tan\delta$ 为 0.002 5。贴片宽度为 $W = 44.0\text{mm}$，谐振长度为 $L = 34.0\text{mm}$。50Ω 微带馈线的宽度为 $W_m = 4.0\text{mm}$。接地平面的宽度和长度分别为 128mm 和 130mm。贴片在基板上居中，馈线在贴片下方延伸至贴片中心。该天线的阻抗带宽约为 3.2%，增益为 7.3dBi。

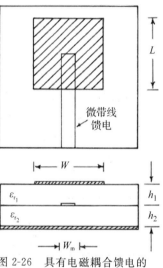

图 2-26 具有电磁耦合馈电的矩形微带贴片

2.11 超宽带矩形微带天线

在第 4 章中，我们将研究如何使用匹配网络来提高微带天线的带宽。使用的示例中需要边缘电阻为 92.5Ω 的微带天线。该天线是通过增加贴片宽度到通常建议的宽度之外而实现的[70]。馈电的对称性使得当以 TM_{01} 的频率激励时，不会选择沿着贴片的长度激励模式。与谐振长度相比非常宽的矩形微带天线称为超宽带矩形微带天线(Ultra-Wide Rectangular MicroStrip Antennas，UWMSA)。

UWMSA 50Ω 贴片的几何形状如图 2-27 所示。天线的宽度为 W_{50}，长度为 L。通过 50Ω 微带传输线向贴片馈电，其宽度指定为 W_M。正如之前所讨论的，微带天线的增益取决于介质基板的相对介电常数。我们将研究 UWMSA 的辐射方向图和带宽，其中 $\varepsilon_r = 1.0, 2.6$，以及 50Ω 的特殊情况。基板厚度为 2.286mm(0.090in)，工作频率为 5.25GHz。当 $\varepsilon_r = 1.0$ 时，$W_{50} = 68.0\text{mm}$，$L = 24.76\text{mm}$，$W_M = 11.0\text{mm}$，当 $\varepsilon_r = 2.6$ 时，$W_{50} = 54.0\text{mm}$，$L = 15.10\text{mm}$，$W_M = 6.2\text{mm}$。

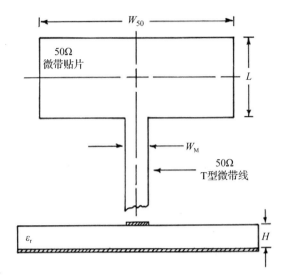

图 2-27   UWMSA 50Ω 贴片的几何形状

图 2-28 所示为超宽微带天线的计算辐射方向图。顶部极坐标图是带有空气电介质($\varepsilon_r=$ 1.0)的贴片。底部贴片具有 $\varepsilon_r=2.6$ 的电介质基板。表 2-10 给出了 UWMSA 示例的单元素增益。空气加载的 UWMSA 的增益与介电基板上的典型 2×2 矩形贴片阵列相同。有文献指出，在它们的非辐射边缘馈电，具有 $\varepsilon_r=2.08$ 的两贴片阵列与单个超宽微带天线具有相同的增益[71]。

表 2-10   UWMSA 示例的单元素增益

ε_r	增益(dBi)
1.00	12.84
2.60	10.29

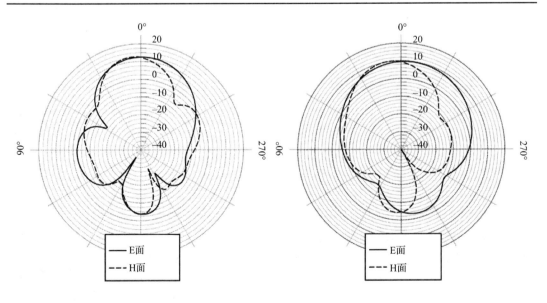

图 2-28   使用 FDTD 分析得出的表 2-10 的 2.45GHz 50ΩUWMSA 的辐射方向图针对 $\varepsilon_r=1.0$ （上层）和 $\varepsilon_r=2.6$（下层）

2.12　矩形微带天线交叉极化

矩形微带天线的交叉极化特性已被详细研究[72]。了解半波矩形微带天线的交叉极化机制的一种方法是围绕其外围的等效磁流进行分析。图 2-29 给出了微带天线周围处于主导模式的磁电流。空腔模型用于确定周围的电场，等效磁通量为

$$\vec{M} = 2HE_z(x,y)\,\hat{z} \times \hat{n} \tag{2-90}$$

其中 H 是基板厚度，E_z 是沿矩形贴片天线边缘 $\hat{z}$ 方向的定向电场。可以看出，在贴片的任一辐射边缘的两个磁流 $\vec{M}_1$ 和 $\vec{M}_2$ 是同相的，并且产生宽边辐射。贴片的右侧有一对相反的电流 $\vec{M}_{NR1}$ 和 $\vec{M}_{NR2}$，在远场中抵消。左边缘还具有一对相反的电流，即 $\vec{M}_{NR3}$ 和 $\vec{M}_{NR4}$，它们与右边缘上的电流同相。

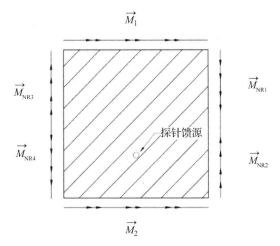

图 2-29　以最低阶模式驱动的矩形微带天线周围的等效磁电流

假设电流的大小全部相等。$\vec{M}_{NR1}$、$\vec{M}_{NR2}$、$\vec{M}_{NR3}$、$\vec{M}_{NR4}$ 不相同，因为探针馈源在贴片上不对称并且激励场不对称。$\vec{M}_{NR1}$ 和 $\vec{M}_{NR3}$ 往往小于 $\vec{M}_{NR2}$ 和 $\vec{M}_{NR4}$。交叉极化沿贴片天线的对角线最大。

人们还可以从电场分量 $\vec{E}_x$ 和 $\vec{E}_y$ 的角度观察共极化和交叉极化，它们与辐射电流的方向相同。在这种情况下，所需的电场沿 $\hat{x}$ 轴，而不需要的电场沿 $\hat{y}$ 轴[73-74]。理想的情况是将"余分量"减小为零，而保留辐射的主偏振。

减少矩形微带天线中交叉极化的常用方法是使用差分馈电[75]。引入第二个探针，其插入量与第一个探针相同，但从相反边缘插入。第二个探针馈电的电流与第一探针馈电的幅度相同，但相位相反。两种非对称模式的叠加产生了一个对称模式，沿着非辐射边缘具有相等振幅的磁电流，并且适当的相位值将大大降低交叉极化。随着从单探针到双探针再到四位置探针的变化，GPS 定位精度会提高[65]。

贴片的长宽比对交叉极化有重大影响。在一项研究中，发现当矩形贴片通过微带传输线沿着不辐射的边缘馈电时，当宽长比为 1.5 时，共极化与交叉极化的比率最大[76]。对于沿非辐射边缘之间的中心线驱动探针馈电贴片，最佳比例为 1.37[77]。图 2-30 是工作在 2.45GHz、SMA 探针馈电的微带天线计算出的 E 和 H 面共极化和交叉极化图。基板厚度为 1.542mm，$\varepsilon_r = 2.33$，$\tan\delta = 0.0012$。我们注意到，H 面的交叉极化随着贴片纵横比的增加而增加。对于最窄的贴片 $a/b = 0.50$，交叉极化较低。这是可以估计的，因为沿着

非辐射边缘的磁电流更近，并且在远场中更有效地抵消。当电流相距最远时，最大的宽高比 $a/b=1.5$ 时会发生最坏的交叉极化。E 面的交叉极化很低，因为该平面沿着产生交叉极化辐射的磁流 $\vec{M}_{NR1}$，$\vec{M}_{NR2}$，$\vec{M}_{NR3}$ 和 $\vec{M}_{NR4}$ 之间的中心线，交叉极化在沿 E 面的远场中最大程度地抵消。

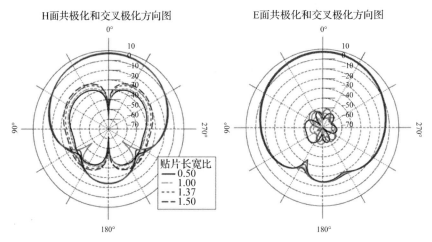

图 2-30　HFSS 仿真得到由 SMA 探针馈电的 2.45GHz 矩形微带天线共极化和交叉极化方向图
（贴片长宽比分别为 0.5、1.0、1.37 和 1.5）

最近有文献指出，探针馈电的微带天线在其自然谐振工作条件下，可在其工作带宽范围内将交叉极化降低约 7dB[78]。交叉极化随着介质基板的相对介电常数增加而减小，并且随着介质基板厚度的减小而减小。

插入式矩形贴片的交叉极化随着贴片中的插入片长度的增加而增加[79]。探针馈电的贴片天线似乎也是如此。空腔模型分析表明，对于低介电常数的介质基板，交叉极化随厚度的增加而增加。对于高介电常数的介质基板，交叉极化随着厚度的增加而减小[80]。交叉极化也取决于天线的工作频率。

MSA 具有短的非辐射边缘

已经证明，矩形微带天线沿着其非辐射边缘短接，可以设计出交叉极化大大降低的天线[81]（见图 2-31）。具有短边的改进型空腔模型（Modified Cavity Model，MCM）用于分析该天线的几何形状。该模型不允许存在 TM_{10} 或 TM_{01} 模式。按顺序最低阶模式是 TM_{11}。该模式的谐振频率 f_r 为

$$f_r = \frac{c}{2\sqrt{\varepsilon_e}}\sqrt{\left(\frac{1}{L+\Delta L}\right)^2 + \left(\frac{1}{W}\right)^2} \tag{2-91}$$

式中 c 是光速，ε_e 是由公式（2-6）给出的有效介电常数，L 是贴片的谐振长度（b），W 是宽度（a），ΔL 是从由式（2-7）给出的贴片辐射边缘的边缘场。

短边在无辐射的边缘产生最小的电场，无辐射的边缘是有助于天线交叉极化的磁电流源。尽管常规的矩形微带天线与边缘短的矩形微带天线之间的模式有所不同，但从主模发出的辐射仍然在天线的最大宽边方向上。

为了进行比较，HFSS 分析中使用了 2.12 节中的相同电介质基板。谐振频率为 2.45GHz。SNRE 贴片的长宽比选择 1.5，因为在 2.12 节中分析的矩形微带天线中，它具有最坏的交

叉极化。天线内部宽度为 70.275mm，谐振长度为 46.85mm。使用半径为 0.5mm 的通孔沿非辐射边缘形成短路壁。

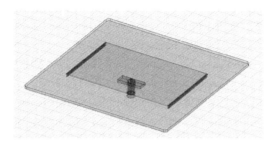

图 2-31 短非辐射边缘（Shorted Non-Radiating Edge，SNRE）矩形贴片天线几何形状。短路
壁由通孔实现

图 2-32 给出了常规矩形贴片和 SNRE 矩形贴片的共极化和交叉极化模式。在 H 面上 SNRE 矩形贴片的交叉极化至少减小 20dB，而在 E 面上两种矩形贴片的交叉极化相似。

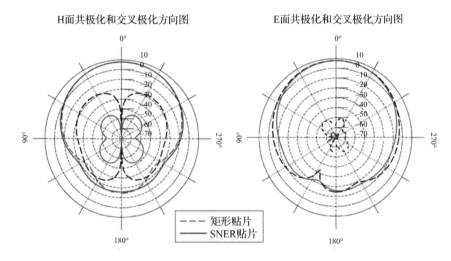

图 2-32 常规矩形微带贴片和短非辐射边缘矩形天线共极化和交叉极化的比较。两个天线的
长宽比均为 1.5

常规贴片和 SNRE 贴片的 2∶1VSWR 阻抗带宽分为 39.6MHz(1.62%) 和 32.3MHz (1.32%)，因此提高交叉极化性能几乎没有造成带宽损失。常规贴片的预测效率为 91.64%，SNRE 贴片的预测效率为 87.94%。矩形贴片的增益为 7.81dBi，SNRE 贴片的为 7.56dBi。

给定 $\varepsilon_e = 2.23$ 和 $\Delta L = 0.796$mm，使用传统的微带参数预测公式 (2-91)，得到谐振频率为 2.518GHz，而 HFSS 仿真结果为 2.450GHz。

参考文献

[1] Hildebrand, L. T., and McNamara, D. A., "A Guide to Implementational Aspects of the Spatial-Domain Integral Equation Analysis of Microstrip Antennas," Applied Computational Electromagnetics Journal, March 1995, Vol. 10, No. 1, pp. 40-51, ISSN 1054-4887.

[2] IEEE Transactions on Antennas and Propagation, January 1981.

[3]　Mosig, J. R., and Gardiol, F. E., "General Integral Equation Formulation for Microstrip Antennas and Scatterers,"IEE Proceedings, Vol. 132, Pt. H, No. 7, December 1985, pp. 424-432.

[4]　Mosig, J. R., "Arbitrarily Shaped Microstrip Structures and Their Analysis with a Mixed Potential Integral Equation,"IEEE Transactions on Microwave Theory and Techniques, February 1988, Vol. 36, No. 2, pp. 314-323. Rectangular microstrip antennas 59.

[5]　Pues, H., and Van de Capelle, A., "Accurate Transmission-Line Model for the Rectangular Microstrip Antenna,"IEE Proceedings, December 1984, Vol. 131, Pt. H, No. 6.

[6]　Dearnley, R. W., and Barel, A. R. F., "A Broad-Band Transmission Line Model for a Rectangular Microstrip Antenna,"IEEE Transactions on Antennas and Propagations, January 1989, Vol. 37, No. 1.

[7]　Bhattacharyya, A. K., and Garg, R., "Generalized Transmission Line Model for Microstrip Patches," IEE Proceedings, 1985, Vol. 132, Pt. H, pp. 93-98.

[8]　Derneryd, A. G., "Linearly Polarized Microstrip Antennas,"IEEE Transactions on Antennas and Propagations, November 1976, Vol. AP-24, pp. 846-851.

[9]　Munsen, R. E., "Conformal Microstrip Antennas and Microstrip Phased Arrays," IEEE Transactions on Antennas and Propagations, January 1974, Vol. AP-22, pp. 74-78.

[10]　Bahl, I. J., and Bhartia, P., Microstrip Antennas, Artech House, 1980, 2nd Printing 1982, p. 46.

[11]　Basilio, L., Khayat, M., Williams, J., and Long S., "The Dependence of the Input Impedance on Feed Position of Probe and Microstrip Line-Fed Patch Antennas,"IEEE Transactions on Antennas and Propagation, January 2001, Vol. 49, No. 1, pp. 45-47.

[12]　Hu, Y., Jackson, D. R., Williams, J. T., Long, S. A., and Komanduri, V. R., "Characterization of the Input Impedance of the Inset-Fed Rectangular Microstrip Antenna," IEEE Transactions on Antennas and Propagation, October 2008, Vol. 56, No. 10, pp. 3314-3317.

[13]　Derneryd, A. G., "A Theoretical Investigation of the Rectangular Microstrip Antenna Element," IEEE Transactions on Antennas and Propagations, July 1978, Vol. AP-26, pp. 532-535.

[14]　Augustine, C. F., "Field Detector Works in Real Time,"Electronics, June 1968, pp. 118-122.

[15]　Fergason, J. L., "Liquid Crystals,"Scientific American, 1964, pp. 77-85.

[16]　Yang, K., Gerhard, D., Yook, J. G., Papapolymerou, I., Katehi, L. P. B., and Whitaker, J. F., "Electrooptic Mapping and Finite-Element Modeling of the Near-Field Pattern of a Microstrip Patch Antenna,"IEEE Transactions on Microwave Theory and Techniques, February 2000, pp. 288-294.

[17]　Bokhari, S. A., Zücher, J. F., Mosig, J. R., and Gardiol, F. E., "Near Fields of Microstrip Antennas,"IEEE Transactions on Antennas and Propagation, 1995, Vol. 43, No. 2, pp. 188-197.

[18]　Levine, E., "Special Measurement Techniques for Printed Antennas," Handbook of Microstrip Antennas, James, J. R., and Hall, P. S. (eds.), 1989, Chapter 16.

[19]　Frayne, P. G., "Microstrip Field Diagnostics,"Handbook of Microstrip Antennas, James, J. R., and Hall, P. S. (eds.), 1989, Chapter 21.

[20]　Lo, Y. T., Solomon, D., and Richards, W. F., "Theory and Experiment on Microstrip Antennas," IEEE Transactions on Antennas and Propagations, 1979, Vol. AP-27, No. 2, pp. 137-149.

[21]　Richards, W. F., Lo, Y. T., and Harrison, D. D., "An Improved Theory for Microstrip Antennas and Applications," IEEE Transactions on Antennas and Propagations, 1981, Vol. AP-29, pp. 38-46.

[22]　Lee, H. F., and Chen, W. (eds.), Advances in Microstrip and Printed Antennas, John Wiley and Sons, 1997, pp. 223-242.

[23]　Gan, Y.-B., Chua, C.-P., and Li, L.-W., "An Enhanced Cavity Model for Microstrip Antennas," Microwave and Optical Technology Letters, March 2004, Vol. 40, No. 6, pp. 520-523.

［24］ Thouroude, D. , Himdi, M. , and Daniel, J. P. , "CAD-Oriented Cavity Model for Rectangular Patches,"Electronics Letters, June 1990, Vol. 26, No. 13, pp. 842-844.

［25］ Pozar, D. M. , "Rigorous Closed-Form Expressions for the Surface Wave Loss,"Electronics Letters, June 1990, Vol. 26, No. 13, pp. 954-956.

［26］ Schaubert, D. H. , Pozar, D. M. , and Adrian, A. , "Effect of Microstrip Antenna Substrate Thickness and Permittivity: Comparison of Theories with Experiment,"IEEE Transactions on Antennas and Propagation, June 1989, Vol. 37, No. 6, pp. 677-682.

［27］ Cabedo-Fabres, M. , Antonino-Daviu, E. , Valero-Nogueira, A. , and Bataller, M. F. , "The Theory of Characteristic Modes Revisited: A Contribution to the Design of Antennas for Modern Applications,"IEEE Antennas and Propagation Magazine, October 2007, Vol. 49, No. 5, pp. 52-67.

［28］ Bahl, I. J. , and Bhartia, P. , Microstrip Antennas, Artech House, 1980, 2nd Printing 1982, p. 48-50.

［29］ Tavlov, A. , Computational Electrodynamics The Finite-Difference Time-Domain Method, Artech House, 1995, pp. 213-218.

［30］ Kunz, K. S. , and Luebbers, R. J. , The Finite Difference Time Domain Method for Electromagnetics, CRC, 1993, p. 109.

［31］ Sanford, G. E. , and Klein, L. , "Recent Developments in the Design of Conformal Microstrip Phased Arrays,"IEE Conference on Maritime and Aeronautical Satellites for Communication and Navigation, IEE Conference Publication 160, London, pp. 105-108.

［32］ Post, R. E. , and Stephenson, D. T. , "The Design of Microstrip Antenna Array for A UHF Space Telemetry Link," IEEE Transactions on Antennas and Propagations, January 1981, Vol. AP-29, pp. 129-134.

［33］ Lee, K. F. , Guo, Y. X. , Hawkins, J. A. , and Luk K. M. , "Theory and Experiment on Microstrip Patch Antennas with Shorting Walls,"IEEE Transactions on Antennas and Propagation, December 2000, Vol. 147, No. 6, pp. 521-525.

［34］ James, J. R. , Hall, P. S. , and Wood, C. , Microstrip Antenna Theory and Design, Peter Peregrinus Ltd. , 1981, p. 106.

［35］ Milligan, T. , Modern Antenna Design, McGraw Hill, 1985, p. 118.

［36］ Bancroft, R. , Unpublished Witnessed/Notarized Engineering Notebook, October 23, 1998.

［37］ Lu, J.-H. , and Y ang, K.-P. , "A Simple Design for Single-Feed Circularly-Polarized Microstrip Antennas,"Proceedings of National Science Council ROC(A), 2000, Vol. 24, No. 2, pp. 130-133.

［38］ Lumini, F. , Cividanes, L. , and Lacava, J. C. da S. , "Computer Aided Design Algorithmfor Singly Fed Circularly Polarized Rectangular Microstrip Patch Antennas," International Journal of RF & Microwave Computer Aided Engineering, Vol. 9, 1999, pp. 32-41.

［39］ Balanis, C. A. , Antenna Theory Analysis and Design, Harper & Row, New York, 1982, p. 51.

［40］ Lee, D. , and Lee, S. , "Design of a Coaxially Fed Circularly Polarized Rectangular Microstrip Antenna Using a Genetic Algorithm,"Microwave and Optical Technology Letters, September 2000, Vol. 26, No. 5, pp. 288-291.

［41］ Suzuki, Y. , Analysis, Design, and Measurement of Small and Low-Profile Antennas, Hirasawa, K. , and Haneishi, M. (eds.), Artech House, 1992, pp. 144-145.

［42］ Mongia, R. , Bahl, I. , and Bhartia, P. , RF and Microwave Coupled-Line Circuits, Artech House, 1999, pp. 244-247.

［43］ Malherbe, J. A. G. , Microwave Transmission Line Coupler, Artech House, 1988.

[44] Qing, X. M. , "Broadband Aperture-Coupled Circularly Polarized Microstrip Antenna Fed By A Three-Stub Hybrid Coupler,"Microwave and Optical Technology Letters, January 2004, Vol. 40, No. 1, pp. 38-41.

[45] Sainati, R. A. , CAD of Microstrip Antennas for Wireless Applications, Artech House, 1996, pp. 124-129.

[46] Langston, W. L. , and Jackson, D. R. , "Impedance, Axial Ratio, and Receive-Power Bandwidths of Microstrip Antennas,"IEEE International Symposium, June 16-21, 2002, San Antonio, TX, pp. 882-885.

[47] Milligan, T. , Modern Antenna Design, McGraw Hill, 1985, p. 104.

[48] Langston, W. L. , and Jackson, D. R. , "Impedance, Axial Ratio, and Receive-Power Bandwidths of Microstrip Antennas,"IEEE Transactions on Antennas and Propagation, October 2004, Vol. 52, No. 10, pp. 2769-2773.

[49] Sainati, R. A. , CAD of Microstrip Antennas for Wireless Applications, Artech House, 1996, pp. 54.

[50] Schelkunoff, S. A. , "Anatomy of Surface Waves,"IRE Transactions on Antennas and Propagation, December 1959, pp. S133-S139.

[51] Hill, D. A. , and Wait, J. R. , "Excitation of the Zenneck Surface Wave by a Vertical Aperture," Radio Science, November-December 1978, Vol. 13, No. 6, pp. 969-977.

[52] Wait, J. R. , "The Ancient and Modern History of EM Ground-Wave Propagation,"IEEE Antennas and Propagation Magazine, October 1998, Vol. 40, No. 5, pp. 7-24.

[53] Sarkar, T. K. , Abdallah, M. N. , Salazar-Palma, M. , and Dyab, W. M. , "Surface Plasmons/Polaritons, Surface Waves, and Zenneck Waves,"IEEE Antennas & Propagation Magazine, June 2017, pp. 77-93.

[54] Pozar, D. , "Comparison of Three Methods for the Measurement of Printed Antenna Efficiency," IEEE Transactions on Antennas and Propagation, January 1988, Vol. 36, No. 1, pp. 136-139.

[55] Roudot, B. , Mosig, J. R. , and Gardiol, F. E. , "Radome Effects on Microstrip Antenna Parameters,"17th European Microwave Conference, Rome, Italy, September 1987, pp. 771-777.

[56] V erma, A. K. , Bhupal, A. , Rostamy, Z. , and Srivastava, G. P. , "Analysis of Rectangular Patch Antenna with Dielectric Cover," IEICE Transactions, May 1991, Vol. E 74, No. 5, pp. 1270-1276.

[57] Bernhard, J. T. , and Tousignant, C. J. , "Resonant Frequencies of Rectangular Microstrip Antennas with Flush and Spaced Dielectric Substrates," IEEE Transactions on Antennas and Propagation, February 1999, Vol. 47, No. 2, pp. 302-308.

[58] Zhong, S. Z. , Liu, G. , and Qasim, G. , "Closed Form Expressions for Resonantfrequency of Rectangular Patch Antennas With Multidielectric Layers," IEEE Transactions on Antennas and Propagation, September 1994, Vol. 42, No. 9, pp. 1360-1363.

[59] Bahl, I. J. , and Stuchly, S. S. , "Variational Method for the Analysis of Microstrip-Like Transmission Lines,"IEEE Transactions on Microwave Theory and Techniques, August 1968, Vol. MTT -16, No. 8, pp. 529-535.

[60] Bahl, I. J. , and Stuchly, S. S. , "Analysis of a Microstrip Covered with a Lossy Dielectric,"IEEE Transactions on Microwave Theory and Techniques, February 1980, Vol. MTT -28, No. 2, pp. 104-109.

[61] Shavit, R. , "Dielectric Cover Effect on Rectangular Microstrip Antenna Array,"IEEE Transactions on Antennas and Propagation, August 1994, Vol. 42, No. 8, pp. 1180-1184.

[62] Sainati, R. A., CAD of Microstrip Antennas for Wireless Applications, Artech House, 1996, pp. 70-71.

[63] James, J. R., Henderson, A., and Hall, P. S., "Microstrip Antenna Performance is determined by Substrate Constraints,"Microwave System News (MSN), August 1982, pp. 73-84.

[64] Gopinath, A., "Maximum Q-Factor of Microstrip Resonators,"IEEE Transactions on Microwave Theory and Techniques, February 1981, Vol. MTT -29, No. 2, pp. 128-131.

[65] Caizzone, S., Circiu, M. -S., Elmarissi, W., Enneking, C., Felux, M., and Yinusa, K. A., "Antenna Pattern Uniformity—Effects on Pseudorange Tracking Error," GPS World, February 2018, pp. 18-32.

[66] Benalia, A., and Gupta, K. C., "Faster Computation of Z-matrices for Rectangular Segments in Planar Microstrip Circuits,"IEEE Transactions on Microwave Theory and Techniques, June 1986, Vol. MTT-34, pp. 733-736.

[67] Mishra, R. K., and Milligan, T., "Cross-Polarization Tolerance Requirements of Square Microstrip Patches," IEEE Antennas and Propagation Magazine, April 1996, Vol. 38, No. 2, pp. 56-58.

[68] Chen, W., Wong, K., and Row, J., "Superstrate Loading Effects on the Circular Polarization and Cross polarization Characteristics of a Rectangular Microstrip Antenna," IEEE Transactions on Antennas and Propagation, February 1994, Vol. 42, No. 2, pp. 260-264.

[69] Waterhouse, R. B. (ed.), Microstrip Antennas a Designer's Guide, Kluwer Academic Publishers, 2003, pp. 52-54.

[70] Bahl, I. J., and Bhartia, P., Microstrip Antennas, Artech House, 1980, 1982 printing, pp. 57.

[71] Mahabub Alam, M., Rifat Ahmmed Aoni, M., and Islam, T., "Gain Improvement of Micro Strip Antenna Using Dual Patch Array Micro Strip Antenna," Journal of Emerging Trends in Computing and Information Sciences, December 2012, Vol. 3, No. 12, pp. 1642-1648.

[72] Bhardwaj, S., and Rahmat-Samii, Y., "Revisiting the Generation of Cross-Polarization in Rectangular Patch Antennas: A Near-Field Approach,"IEEE Antennas and Propagation Magazine, February 2014, Vol. 56, No. 1, pp. 14-38.

[73] Ludwig, A. C., "The Definition of Cross Polarization,"IEEE Transactions on Antennas and Propagation, January 1973, Vol. AP-21, No. 1, pp. 116-119.

[74] Knittel, G. H., "Comments on The Definition of Cross Polarization" (and authors reply), IEEE Transactions on Antennas and Propagation, November 1973, pp. 917-918.

[75] Petosa, A., Ittipiboon, A., and Gagnon, N., "Suppression of Unwanted Probe Radiation in Wideband Probe-Fed Microstrip Patches,"Electronics Letters, March 1999, Vol. 35, No. 5, pp. 355-357.

[76] Yang, S. L. S., Lee, K. F., Kishk, A. K., and Luk, K. M., "Cross Polarization Studies of Rectangular Patch Antenna," Microwave and Optical Technology Letters, August 2008, Vol. 50, No. 8, pp. 2099-2103.

[77] Abbas, D. M. S., Paul, S., Sen, J., et al., "Aspect Ratio: A Major Controlling Factor of Radiation Characteristics of Microstrip Antenna,"Journal of Electromagnetic Analysis and Applications, 2011, Vol. 3, pp. 452-457.

[78] Sarkar, C., Guha, D., Kumar, C., and Antar, Y. M. M., "New Insight and Design Strategy to Optimize Cross-Polarized Radiations of Microstrip Patch Over Full Bandwidth by Probe Current Control," IEEE Transactions on Antennas and Propagation, August 2018, Vol. 66, No. 8, pp. 3902-3909.

[79]　Hu，Y.，Jackson，J. T.，Williams，S. A.，and Komanduri，V. R.，"Characterization of the Input Impedance of the Inset-Fed Rectangular Microstrip Antenna,"IEEE Transactions on Antennas and Propagation，October 2008，Vol. AP-56，No. 10，pp. 3314-3318.

[80]　Lee，R. Q.，Huynh，T.，and Lee，K. F.，"Cross Polarization Characteristics of Rectangular Patch Antennas," IEEE International Symposium on Antennas and Propagation，2，San Jose，June 1989，pp. 636-639.

[81]　Ghosh，D.，Ghosh，S. K.，Chattopadhyay，S.，et al.，"Physical and Quantitative Analysis of Compact Rectangular Microstrip Antenna with Shorted Non-Radiating Edges for Reduced Cross-Polarized Radiation Using Modified Cavity Model," IEEE Antennas and Propagation Magazine，August 2014，Vol. 56，No. 4，pp. 61-72.

第 3 章
圆形微带天线

3.1 圆形微带天线的特征

第 2 章给出了许多实用的矩形微带天线。圆形微带天线为设计矩形微带天线无法实现的辐射方向图提供了可能。圆形微带天线的基模是 TM_{11} 模，该模式的辐射方向图非常类似于矩形微带天线的最低阶模式的辐射方向图。紧邻的高阶模式是 TM_{21} 模，其可以被激励以产生圆极化的单极子型方向图。在频率上，紧接着是 TM_{02} 模，其能够辐射线极化的单极子型方向图。在 20 世纪 70 年代末，液晶被用于实验性地描绘圆形微带天线在不同模式下的电场分布情况[1]。

圆形微带天线的几何结构如图 3-1 所示。圆形金属贴片的半径为 a，馈电点位于与 x 轴夹角为 ϕ、距离为 r 的位置。与矩形微带天线相同，贴片与接地平面的间距为 h，采用介电常数为 ε_r 的介质基板来隔离贴片和地板。

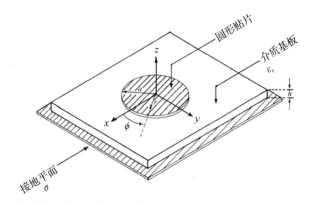

图 3-1　圆形微带天线的几何结构。圆形微带天线是半径为 a 的圆形金属贴片，馈电点位于与 x 轴夹角为 ϕ 的 r 上。基板的相对介电常数为 ε_r，厚度为 h，其中 $h \ll \lambda_0$

Derneryd 对工程上非常实用的圆形微带天线进行了详细分析[2]。贴片和接地平面之间的电场 $\vec{E}_z$ 可以表示为

$$\vec{E}_z = E_0 J_n(kr)\cos(n\phi) \tag{3-1}$$

磁场分量可以表示为

$$H_r = -\frac{\mathrm{j}\omega\varepsilon n}{k^2 r} E_0 J_n(kr)\sin(n\phi) \tag{3-2}$$

$$H_\phi = -\frac{\mathrm{j}\omega\varepsilon}{k} E_0 \dot{J}_n(kr)\cos(n\phi) \tag{3-3}$$

其中，k 是介电常数为 $\varepsilon = \varepsilon_0\varepsilon_r$ 的介质中的传播常数。J_n 是 n 阶第一类贝塞尔函数。$\dot{J}_n$ 是

贝塞尔函数相对于其自变量的导数，ω 是角频率（$\omega = 2\pi f$）。开路边界条件要求 $\dot{J}_n(ka) = 0$。圆形贴片天线的每种模式均对应特定的半径值，其取决于贝塞尔函数导数的零点。此分析中的贝塞尔函数类似于直角坐标中的正弦和余弦函数。E_0 是贴片边缘的电场强度。

圆形微带天线各 TM 模的谐振频率 f_{nm} 如式（3-4）所示[⊖]：

$$f_{nm} = \frac{A_{nm} \cdot c}{2\pi a_{eff} \sqrt{\varepsilon_r}} \tag{3-4}$$

其中，A_{nm} 是 n 阶贝塞尔函数导数的第 m 个零点。常数 c 是光在真空中传播的速度，a_{eff} 是贴片的有效半径。表 3-1 列出了与式（3-4）同时使用的前 4 个贝塞尔函数零点。

表 3-1　与式（3-4）同时使用的前 4 个贝塞尔函数零点

贝塞尔函数零点及其对应的模式	
A_{nm}	TM_{nm}
1.841 18	1, 1
3.054 24	2, 1
3.831 71	0, 2
4.201 19	3, 1

圆形贴片的有效半径 a_{eff} 可以表示为

$$a_{eff} = a \cdot \left[1 + \frac{2h}{\pi a \varepsilon_r} \left(\ln \left\{ \frac{\pi a}{2h} \right\} + 1.772\ 6 \right) \right]^{1/2} \tag{3-5}$$

其中，$a/h \gg 1$，a 是天线的物理半径。

联立式（3-4）和式（3-5）可得

$$a = \frac{A_{nm} \cdot c}{2\pi f_{nm} \sqrt{\varepsilon_r}} \left[1 + \frac{2h}{\pi a \varepsilon_r} \left(\ln \left\{ \frac{\pi a}{2h} \right\} + 1.772\ 6 \right) \right]^{-1/2} \tag{3-6}$$

式（3-6）可表示为

$$a = f(a) \tag{3-7}$$

通过表 3-1 中给定的 TM_{nm} 模对应的 A_{nm} 的理想值和天线工作的理想谐振频率 f_{nm}，圆形贴片的设计半径值可以通过定点迭代（参见附录 B 中 B.3 节）来计算[3]。

迭代开始时，半径 a_0 的初始值近似为

$$a_0 = \frac{A_{nm} \cdot c}{2\pi f_{nm} \sqrt{\varepsilon_r}} \tag{3-8}$$

将初始值 a_0 代入式（3-6）的右边，将计算所得到的 a 的值记为 a_1，然后再将 a_1 代入公式右边获得更准确的 a_2，以此类推。依据经验，一般只需进行不超过 5 次的迭代就能够获得稳定的结果。

最低阶模式 TM_{11} 模是类似于矩形微带天线最低阶模式的偶极模。从图 3-2 可以看到，在 $n = 1$ 模式下，集中在天线两端的电场的符号相反。模数 n 代表在 π 弧度中 ϕ 的符号的反转次数。

下一个谐振模式是 TM_{21} 模，称为四极模。从图 3-2 给出的 $n = 2$ 模式下的电场分布图，可以注意到 4 种集聚电场的符号是交替的。该模式是可用于产生圆极化的单极子型方

⊖　对矩形微带天线而言，其模式由 TM_{nm} 表示。其中，m 与 x 相关，n 与 y 相关。圆形微带天线的模式由 TM_{nm} 表示。其中，n 与 ϕ 相关，m 与 r（通常表示为 ρ）相关。下标的反转可能会造成混乱。

向图的模式系列中的第一种模式。

第三种模式是 TM_{02} 模，称为单极模。此时，$n=0$，式(3-1)中 ϕ 的所有余弦值都是 1 且与 ϕ 的具体值无关，这意味着不会产生电场符号的反转。图 3-2 给出了 $n=0$ 模式下圆形天线边缘周围的均匀电场，该模式将辐射单极子型方向图。在介绍方向性系数、馈电点阻抗和效率的数学解析方程之后，将更详细地研究这些模式。

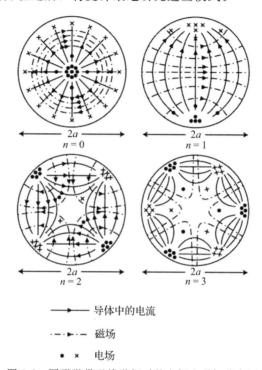

————→　导体中的电流

·—·—▶—·—　磁场

•　　×　　电场

图 3-2　圆形微带天线谐振时的电场和磁场分布图

3.2　方向性系数

Derneryd 提供了一个行之有效的公式以计算圆形微带天线基模的方向性系数[2]。圆形微带天线的辐射电导率如式(3-9)所示：

$$G_{\mathrm{rad}} = \varepsilon_{n0} \frac{(k_0 a)^2}{480} \int_0^{\frac{\pi}{2}} \left[B_M^2(k_0 a \sin\theta) + B_P^2(k_0 a \sin\theta) \cos^2\theta \right] \sin\theta \mathrm{d}\theta \tag{3-9}$$

其中

$$\varepsilon_{n0} = \begin{cases} 2(n = 0) \\ 1(n \neq 0) \end{cases} \tag{3-10}$$

并且

$$B_P(X) = J_{n-1}(X) + J_{n+1}(X) \tag{3-11}$$

$$B_M(X) = J_{n-1}(X) - J_{n+1}(X) \tag{3-12}$$

则 $n=1$ 模式下的圆形贴片的方向性系数可表示为

$$D = \frac{(k_0 a)^2}{120 G_{\mathrm{rad}}} \tag{3-13}$$

与介质相关的损耗为

$$G_{\varepsilon_r} = \frac{\varepsilon_{n0} \tan\delta}{4\mu_0 h f_{mn}} \left[(ka)^2 - n^2 \right] \tag{3-14}$$

与导体相关的欧姆损耗为

$$G_{cu} = \frac{\varepsilon_{n0} \cdot \pi \, (\pi f_{mn} \mu_0)^{(-3/2)}}{4h^2 \sqrt{\sigma}} \left[(ka)^2 - n^2 \right] \tag{3-15}$$

则总电导率为

$$G = G_{rad} + G_{\varepsilon_r} + G_{cu} \tag{3-16}$$

3.3　输入电阻和阻抗带宽

谐振时，输入电阻是半径 r 的函数，其可表示为

$$Z_{in}(r) = \frac{1}{G} \frac{J_n^2(kr)}{J_n^2(ka)} \tag{3-17}$$

利用腔体的 Q 值可以计算圆形微带天线的阻抗带宽，依定义有以下数据：

辐射的 Q 值为

$$Q_R = \frac{240 \left[(ka)^2 - n^2 \right]}{h \mu f_r (k_0 a)^2 I_1} \tag{3-18}$$

其中

$$I_1 = \int_0^\pi \left[\{ J_{n+1}(k_0 a \sin\theta) - J_{n-1}(k_0 a \sin\theta) \}^2 + \right.$$
$$\left. \cos^2\theta \left\{ J_{n+1}(k_0 a \sin\theta) - J_{n-1}(k_0 a \sin\theta) \right\}^2 \right] \sin\theta d\theta \tag{3-19}$$

介质的 Q 值为

$$Q_D = \frac{1}{\tan\delta} \tag{3-20}$$

导体的 Q 值为

$$Q_C = h \sqrt{\mu_0 \pi f_r \sigma_c} \tag{3-21}$$

与式（3.16）类似，腔体的 Q 值可表示为

$$\frac{1}{Q_T} = \frac{1}{Q_R} + \frac{1}{Q_D} + \frac{1}{Q_C} \tag{3-22}$$

圆形微带天线的阻抗带宽（S∶1 VSWR）可由式（3-23）得到

$$BW = \frac{100(S-1)}{Q_T \sqrt{S}} \tag{3-23}$$

TM_{11}、TM_{21} 和 TM_{02} 模的阻抗带宽

通过 3.3 节中的空腔模型公式，可以比较圆形贴片天线的偶极 TM_{11} 模，四极 TM_{21} 模和单极 TM_{02} 模的带宽。表 3-2 给出了基板为泡沫介质情况下的计算结果。TM_{11} 模的带宽略大于 TM_{02} 模的阻抗带宽，TM_{02} 模的带宽略大于 TM_{21} 模的带宽。

表 3-2　空腔模型的带宽比较（2.45GHz），$\tan\delta = 0.0025$，$\varepsilon_r = 1.1$（泡沫介质）

		TM_{11}，TM_{21} 和 TM_{02} 模 泡沫介质的带宽比较		
	h	TM_{11}	TM_{21}	TM_{02}
（0.030″）	762μm	1.17%	0.83%	0.95%
（0.060″）	1524μm	2.11%	1.36%	1.60%
（0.090″）	2286μm	3.22%	1.99%	2.36%
（0.120″）	3048μm	4.46%	2.70%	3.18%

对于相对介电常数为 2.6 的介质基板也同样进行了计算，结果如表 3-3 所示。同样，基模 TM_{11} 模比 TM_{02} 模具有更宽的阻抗带宽，但相较于泡沫基板，二者的带宽更加接近。随着基板厚度的增加，四极模的带宽越来越小于 TM_{11} 模和 TM_{02} 模的带宽。对于厚度为 3048μm 的最厚基板，工作于基模的贴片的相对带宽约为四极模带宽的两倍。

表 3-3　空腔模型的带宽比较（2.45GHz），$\tan\delta = 0.0025$，$\varepsilon_r = 2.6$

| | | TM_{11}，TM_{21} 和 TM_{02} 模 | | |
| | | $\varepsilon_r = 2.6$ 的带宽比较 | | |
	h	TM_{11}	TM_{21}	TM_{02}
（0.030″）	762μm	0.93%	0.58%	0.91%
（0.060″）	1524μm	1.53%	0.81%	1.47%
（0.090″）	2286μm	2.22%	1.09%	2.05%
（0.120″）	3048μm	2.94%	1.39%	2.66%

必须注意的是 TM_{21} 四极模有带宽降低现象。

当使用高介电常数材料（$\varepsilon_r = 10.2$）时，只有 TM_{11} 模在最厚基板的情况下具有大于 1% 的带宽（见表 3-4），TM_{21} 模基本保持在 0.3% 左右，TM_{02} 模仅能达到 0.5% 以上。

表 3-4　空腔模型的带宽比较（2.45GHz），$\tan\delta = 0.0025$，$\varepsilon_r = 10.2$

| | | TM_{11}，TM_{21} 和 TM_{02} 模 | | |
| | | $\varepsilon_r = 10.2$ 的带宽比较 | | |
	h	TM_{11}	TM_{21}	TM_{02}
（0.030″）	762μm	0.53%	0.34%	0.40%
（0.060″）	1524μm	0.70%	0.31%	0.43%
（0.090″）	2286μm	0.91%	0.32%	0.50%
（0.120″）	3048μm	1.14%	0.35%	0.59%

3.4　增益、辐射方向图和效率

微带天线的效率为

$$e = \frac{Q_C Q_D}{Q_C Q_D + Q_C Q_R + Q_D Q_R} \tag{3-24}$$

辐射方向图可以通过式（3-25）计算

$$E_\theta = j^n \frac{V_a k_0}{2} \frac{e^{-jk_0 r}}{r} \cos(n\phi) \left[J_{n+1}(k_0 a \sin\theta) - J_{n-1}(k_0 a \sin\theta) \right] \tag{3-25}$$

$$E_\phi = j^n \frac{V_a k_0}{2} \frac{e^{-jk_0 r}}{r} \cos\theta \sin(n\phi) \left[J_{n+1}(k_0 a \sin\theta) + J_{n-1}(k_0 a \sin\theta) \right] \tag{3-26}$$

其中 V 是 $\phi = 0$ 时的边缘电压：

$$V = hE_0 J_n(ka) \tag{3-27}$$

当 $n = 1$ 时，可以用式（3-13）来计算天线的方向性系数。当 $n \neq 1$ 时，则必须对式（3-25）和式（3-26）进行数值积分，才能估计圆形贴片的方向性系数。利用式（3-24），可通过效率来计算圆形微带天线的增益。

3.4.1　TM_{11} 模的效率

式（3-4）中对圆形贴片天线的空腔模型并未考虑表面波的损耗。使用附录 B 中 B.5 节的方法及 2.6 节中对矩形微带天线的处理方法，分离出圆形贴片的损耗。

$\mathrm{TM_{11}}$ 模对应于方形微带天线的 $\mathrm{TM_{01}}$ 模，我们可以直接比较这两种设计方案。使用泡沫基板的圆形贴片的表面波损耗 η_{sw} 如表 3-5 所示，其低于相应矩形贴片天线的表面波损耗（见表 2-7）。当基板厚度为 762μm 时，矩形贴片和圆形贴片的表面波损耗分别为 12.21% 和 9.52%。铜和介质的损耗是相当的。当基板厚度为 3048μm 时，矩形贴片和圆形贴片的表面波损耗分别为 2.13% 和 0.61%。圆形贴片的总效率略高于矩形贴片，但带宽较窄（见表 3-6）。

表 3-5 $\mathrm{TM_{11}}$ 模下泡沫介质的效率，HFSS 计算的 Q 损耗——圆形线性 MSA 中的铜与基板厚度的关系——无损连接器（2.45GHz），$\tan\delta = 0.0025$，$\varepsilon_r = 1.1$（泡沫介质），铜厚 $= 17\mu m$（地板尺寸：100mm×100mm）

$\mathrm{TM_{11}}$ 模泡沫介质的效率				
	h	η_r	η_{sw}	η_c	η_d
(0.030″)	762μm	76.67%	9.52%	5.42%	8.38%
(0.060″)	1524μm	91.55%	1.84%	1.74%	4.87%
(0.090″)	2286μm	94.99%	1.17%	0.61%	3.23%
(0.120″)	3048μm	96.55%	0.61%	0.47%	2.36%

表 3-6   HFSS 计算的 Q 损耗——圆形线性 MSA 中的铜与基板厚度的关系——无损连接器（2.45GHz），$\tan\delta = 0.0025$，$\varepsilon_r = 10.2$，铜厚 $= 17\mu m$（地板尺寸：100mm×100mm）

$\mathrm{TM_{11}}$ 模的效率 $\varepsilon_r = 10.2$				
	h	η_r	η_{sw}	η_c	η_d
(0.030″)	762μm	50.03%	18.84%	9.98%	21.15%
(0.060″)	1524μm	73.70%	11.19%	3.04%	12.08%
(0.090″)	2286μm	83.32%	6.93%	1.41%	8.34%
(0.120″)	3048μm	88.89%	4.38%	0.64%	6.10%

由于泡沫表面束缚的能量很少，并且当介电常数降低至真空时，损耗仍然存在。所以表面波引起的损耗不可能是束缚在介质基板中的 $\mathrm{TM_0}$ 表面波。$\mathrm{TM_0}$ 表面波没有在低频截止，通常认为是耦合到圆形贴片上的场引起的[4]。

当相对介电常数增加到 2.6 时，圆形贴片的表面波损耗也略小于相应的矩形贴片的表面波损耗（见表 2-8）。在表 3-7 中，当基板厚度为 762μm 时，圆形贴片和矩形贴片的表面波损耗分别为 12.24% 和 15.43%。当基板厚度为 3048μm 时，圆形贴片和矩形贴片的表面波损耗分别为 0.98% 和 3.19%。两种几何形状的导体损耗和介质损耗相差无几。

在相对介电常数为 10.2，基板厚度为 762μm 的情况下，$\mathrm{TM_{11}}$ 模的表面波损耗小于表 2-9 所示矩形贴片对应模式的表面波损耗。但是，对于较厚的介质基板，其与方形贴片的效果类似。圆形高介电常数的导体损耗和介质损耗也与方形贴片类似。

表 3-7   HFSS 计算的 Q 损耗——圆形线性 MSA 中的铜与基板厚度的关系——无损连接器（2.45GHz），$\tan\delta = 0.0025$，$\varepsilon_r = 2.6$，铜厚 $= 17\mu m$（地板尺寸：100mm×100mm）

$\mathrm{TM_{11}}$ 模的效率 $\varepsilon_r = 2.6$				
	h	η_r	η_{sw}	η_c	η_d
(0.030″)	762μm	70.96%	12.24%	6.40%	10.41%
(0.060″)	1524μm	88.42%	3.16%	2.00%	6.42%
(0.090″)	2286μm	92.90%	2.07%	0.79%	4.25%
(0.120″)	3048μm	95.31%	0.98%	0.56%	3.15%

3.4.2　TM$_{21}$ 模的效率

表 3-8 列出了不同厚度的泡沫基板下 TM$_{21}$ 模的效率。在使用泡沫基板的情况下，TM$_{21}$ 模的损耗大于 TM$_{11}$ 模的损耗。在频率为 2.45GHz 且基板厚度为 762μm 的情况下，工作于 TM$_{21}$ 模的贴片的总效率为 66.57%，而工作于 TM$_{11}$ 模的贴片的效率为 76.67%，提高了约 10%。随着基板厚度的增加，两种模式的总效率差距迅速减小。当基板厚度为 3048μm 时，两种模数的总效率仅差 2.82%。

当相对介电常数增加到 2.6 时（见表 3-9），在基板厚度为 762μm 的情况下，工作于 TM$_{21}$ 模的贴片的效率比工作于 TM$_{11}$ 模的贴片的效率约小 16%。然而，当基板厚度为 3048μm 时，二者的效率差距仅为 1.2% 左右。对于更厚的基板，就如泡沫基板的情况一样，其在实际设计中的差异可以忽略不计。

当相对介电常数增加到 10.2 时（见表 3-10），在基板厚度相同的情况下，工作于 TM$_{21}$ 模的天线的效率比工作于 TM$_{11}$ 模的天线的效率低很多。工作于 TM$_{11}$ 模的天线和工作于 TM$_{21}$ 模的天线的效率值如表 3-7 和表 3-10 所示。当基板厚度为 762μm 时，工作于 TM$_{21}$ 模的贴片的总效率为 13.27%，而工作于 TM$_{11}$ 模的贴片的总效率为 50.03%。当基板厚度为 3048μm 时，工作于 TM$_{21}$ 模的贴片的总效率达到最大值 62.08%，而工作于 TM$_{11}$ 模的贴片总效率为 88.89%。TM$_{21}$ 模的表面波损耗很大，但介质损耗更大。与 TM$_{11}$ 模相比，工作于 TM$_{21}$ 模的贴片的导体损耗也更大。显然，不同的天线模式会对效率造成影响。

表 3-8　HFSS 计算的 Q 损耗——圆形线性 MSA 中的铜与基板厚度的关系——无损连接器 (2.45GHz)，$\tan\delta = 0.0025$，$\varepsilon_r = 1.1$（泡沫介质），铜厚 = 17μm（地板尺寸：200mm×200mm）

TM$_{21}$ 模泡沫介质的效率				
	h	η_r	η_{sw}	η_c	η_d
(0.030″)	762μm	66.57%	13.71%	7.42%	12.30%
(0.060″)	1524μm	84.61%	5.53%	2.27%	7.58%
(0.090″)	2286μm	91.07%	2.80%	0.86%	5.26%
(0.120″)	3048μm	93.73%	1.77%	0.77%	3.74%

表 3-9　HFSS 计算的 Q 损耗——圆形线性 MSA 中的铜与基板厚度的关系——无损连接器 (2.45GHz)，$\tan\delta = 0.0025$，$\varepsilon_r = 2.6$，铜厚 = 17μm（地板尺寸：200mm×200mm）

TM$_{21}$ 模 $\varepsilon_r = 2.6$ 介质的效率				
	h	η_r	η_{sw}	η_c	η_d
(0.030″)	762μm	55.14%	27.72%	6.24%	10.19%
(0.060″)	1524μm	85.15%	5.73%	2.02%	7.09%
(0.090″)	2286μm	91.76%	2.37%	0.78%	5.08%
(0.120″)	3048μm	94.15%	1.62%	0.24%	3.99%

表 3-10　HFSS 计算的 Q 损耗——圆形线性 MSA 中的铜与基板厚度的关系——无损连接器 (2.45GHz)，$\tan\delta = 0.0025$，$\varepsilon_r = 10.2$，铜厚 = 17μm（地板尺寸：200mm×200mm）

TM$_{21}$ 模 $\varepsilon_r = 10.2$ 介质的效率				
	h	η_r	η_{sw}	η_c	η_d
(0.030″)	762μm	13.27%	30.56%	19.06%	37.11%
(0.060″)	1524μm	31.22%	20.60%	9.38%	38.80%
(0.090″)	2286μm	48.77%	13.69%	5.46%	32.08%
(0.120″)	3048μm	62.08%	10.20%	3.20%	24.52%

3.4.3 TM$_{02}$模的效率

表 3-11 中给出了使用泡沫基板的工作于 TM$_{02}$ 模的天线在 2.45GHz 处的损耗。将这些结果与表 3-5 中给出的相同频率的工作于 TM$_{11}$ 模的贴片的损耗进行对比，可以发现 TM$_{02}$ 模和 TM$_{11}$ 模在基板厚度为 762μm 时的表面波损耗几乎相同。但是，随着厚度的增加，TM$_{02}$ 模的表面波损耗的下降速度比 TM$_{11}$ 模的表面波损耗的下降速度要慢。介质损耗的变化趋势也与表面波的变化趋势相同。当基板厚度为 762μm 时，TM$_{02}$ 模的介质损耗比 TM$_{11}$ 模的介质损耗大 2.5%，而当基板厚度增加到 3048μm 时，TM$_{02}$ 模的介质损耗比 TM$_{11}$ 模的介质损耗大 1.5%。在同一基板厚度下，两种模式的导体损耗基本一致。当基板厚度为 3048μm 时，TM$_{02}$ 模的导体损耗略低于 TM$_{11}$ 模的导体损耗。

基板的相对介电常数增大至为 2.6 时，TM$_{02}$ 模的计算结果如表 3-12 所示。与表 3-6 中的 TM$_{11}$ 模的结果相比，两种模式的导体损耗和介质损耗在幅度上是类似的，并且二者随基板厚度增加而减小的趋势也相同。除了基板厚度为 3048μm 的情况外，两种模式的表面波损耗基本相似。

表 3-11 HFSS 计算的 Q 损耗——圆形线性 MSA 中的铜与基板厚度的关系——无损连接器(2.45GHz)，$\tan\delta = 0.0025$，$\varepsilon_r = 1.1$(泡沫介质)，铜厚 = 17μm(地板尺寸：200mm×200mm)

	h	η_r	η_{sw}	η_c	η_d
TM$_{02}$模泡沫介质的效率					
(0.030″)	762μm	72.62%	9.59%	6.74%	11.05%
(0.060″)	1524μm	86.26%	4.48%	2.05%	7.20%
(0.090″)	2286μm	91.85%	2.39%	0.72%	5.04%
(0.120″)	3048μm	94.11%	1.83%	0.23%	3.82%

表 3-12 HFSS 计算的 Q 损耗——圆形线性 MSA 中的铜与基板厚度的关系——无损连接器(2.45GHz)，$\tan\delta = 0.0025$，$\varepsilon_r = 2.6$，铜厚 = 17μm(地板尺寸：200mm×200mm)

	h	η_r	η_{sw}	η_c	η_d
TM$_{02}$模 $\varepsilon_r = 2.6$ 介质的效率					
(0.030″)	762μm	69.69%	11.33%	7.00%	11.99%
(0.060″)	1524μm	85.98%	4.85%	1.83%	7.34%
(0.090″)	2286μm	91.29%	2.50%	0.84%	5.37%
(0.120″)	3048μm	93.60%	2.15%	0.23%	4.02%

基板的相对介电常数增大至 10.2 时，TM$_{02}$ 模的计算结果如表 3-13 所示。基板厚度为 762μm 时，表面波损耗和介质损耗均约为 30%。天线的总辐射效率仅为 25.38%。对于 TM$_{02}$ 模式而言，导体损耗的影响最小。与先前所有情况相同，表面波损耗的贡献随着基板厚度的增加而减小，导体损耗和介质损耗也是如此。TM$_{02}$ 模在高介电常数基板上的效率略优于 TM$_{21}$ 模。显然，如果人们希望设计工作于高阶模式的具有较高效率的贴片，那么尽量使用厚基板是最有效的。对于特定的基板厚度，TM$_{11}$ 模具有最高的效率。

表 3-13　HFSS 计算的 Q 损耗——圆形线性 MSA 中的铜与基板厚度的关系——无损连接器(2.45GHz)，tanδ = 0.002 5，ε_r = 10.2，铜厚 = 17μm(地板尺寸：200mm×200mm)

	h	η_r	η_{sw}	η_c	η_d
		TM$_{02}$ 模 ε_r = 10.2 介质的效率			
(0.030″)	762μm	25.38%	29.95%	15.26%	29.41%
(0.060″)	1524μm	47.30%	24.23%	4.70%	23.76%
(0.090″)	2286μm	60.17%	16.86%	3.48%	19.49%
(0.120″)	3048μm	70.70%	11.40%	2.40%	15.50%

3.5　圆形微带天线的辐射模式

3.5.1　TM$_{11}$ 偶极模

圆形微带天线的 TM$_{11}$ 模类似于矩形贴片天线的最低阶模式。图 3-2 给出了 n = 1 模式的场分布。该模式在设计应用中与工作于 TM$_{10}$ 模的矩形微带天线相似。圆形贴片的阻抗带宽略小于矩形微带天线。如果需要直流短路，工作于 TM$_{11}$ 模的圆形贴片可在其中心进行短路。

下面通过对基板(ε_r = 2.6，tanδ = 0.002 5)厚度为 1.524mm，圆形贴片半径为 21.21mm 的圆形微带天线进行分析，来说明 TM$_{11}$ 模的工作特性。将该天线放置在半径为 33.43mm 的圆形地板上并通过 FDTD 方法进行分析，其在 2.435GHz 处产生谐振。通过式(3-4)预测的 TM$_{11}$ 模的谐振频率为 2.467GHz。天线馈电点位于 ϕ = 0 且距离天线中心 7mm 的位置。图 3-3 给出了天线 E 面和 H 面的辐射方向图。利用 FDTD 方法对该天线进行计算，其方向性系数为 7.12dB。采用式(3-24)计算可知，该天线的效率为 78.37%，方向性系数峰值降低了 1.06dB，增益为 6.06dBi。

与矩形贴片的情况相同，工作于 TM$_{11}$ 模的圆形贴片天线的方向图的方向性系数随着基板相对介电常数的增大而减小。

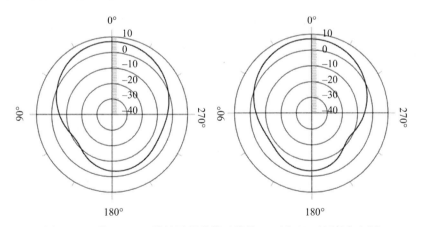

图 3-3　工作于 TM$_{11}$ 模的圆形微带天线的 E 面和 H 面辐射方向图

3.5.2　TM$_{11}$ 偶极模的圆极化设计

Lo 和 Richards 提出了一种利用 TM$_{11}$ 模实现圆极化矩形和圆形微带天线的微扰方法[5]。他们将该方法推广至矩形微带天线并阐明了圆形微带天线可延展至椭圆形。通过在 ϕ = ±45° 同时进行馈电能够激励起一对相互正交的模式，进而叠加产生圆极化辐射。

式(3-28)给出了产生圆极化时，椭圆形贴片半长轴和半短轴之间的关系。与圆极化矩形微带天线的设计相同，首先需要求出未受微扰的圆形贴片的 Q 值，从而计算圆形贴片的半长轴和半短轴之比 $\left(\dfrac{a}{b}\right)$：

$$\frac{a}{b} = 1 + \frac{1.088\,7}{Q} \tag{3-28}$$

天线的 Q 值可以使用空腔模型的式(3-18)~式(3-21)和式(3-29)来计算：

$$\frac{1}{Q} = \frac{1}{Q_R} + \frac{1}{Q_D} + \frac{1}{Q_C} \tag{3-29}$$

也可以通过天线测量的方式来获得天线的 Q 值。此外，利用如 FDTD 等全波分析方法和式(3-30)也可以获得 Q 值的估计值[6]：

$$Q \approx \frac{f_0}{\Delta f} \tag{3-30}$$

其中 f_0 是贴片天线的谐振频率，Δf 是 3dB 带宽。

使用该公式的前提是，天线必须具有一个有对称性的单一谐振点。

假设工作在预设频点 f_0 且未受微扰的圆形贴片的半径为 $\acute{a}$，则产生圆极化的椭圆贴片的半长轴 a 和半短轴 b 为(见图 3-4)

$$a = \acute{a} + \Delta_L \tag{3-31}$$

$$b = \acute{a} - \Delta_L \tag{3-32}$$

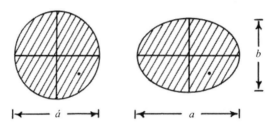

图 3-4   圆形贴片和通过微扰以产生圆极化的椭圆贴片示意图(黑点为 RHCP 馈电)

将式(3-31)和式(3-32)代入式(3-28)，可得

$$\Delta_L = \frac{\acute{a}}{\left(\dfrac{2Q}{1.088\,7}\right) + 1} \tag{3-33}$$

对 3.5.1 节中所述的圆形贴片进行 FDTD 分析，得到其回波损耗曲线。此外，通过式(3-30)得到该天线的 Q 值为 13.08，则 Δ_L 为

$$\Delta_L = \frac{21.21\text{mm}}{\left(\dfrac{2 \cdot (13.08)}{1.088\,7} + 1\right)} = 0.847\,42\text{mm}$$

根据式(3-31)和式(3-32)，由于此处 $\acute{a} = 2a$，因此半长轴和半短轴分别为

$$a/2 = 21.21\text{mm} + 0.847\,42\text{mm} = 22.057\text{mm}$$

$$b/2 = 21.21\text{mm} - 0.847\,42\text{mm} = 20.363\text{mm}$$

通过 FDTD 分析来评价利用式(3-28)所产生的圆极化效果。贴片的馈电位置为 $x = 15.0\text{mm}$，$y = -15.0\text{mm}$，椭圆贴片以 x-y 平面为中心，以半径为 33.43mm 的圆形平面为地板。

在图 3-5 中，采用方形同轴探针以正弦波激励，通过 FDTD 分析给出了 2.45GHz 处的极坐标平面方向图[7]。该天线性能良好且在实际设计中可以通过实验对其进行进一步优化。

分支混合是一种通过圆形贴片产生圆极化的补充方法。图 3-6 给出了一个 TM_{11} 模式的贴片，通过在其正交位置进行馈电，能够产生圆极化。这与通过对方形贴片采用分支混合方法使之产生圆极化的机理具有相似性。RHCP 和 LHCP 均在图中标记。事实上，未使用的端口将通过端接负载截止。

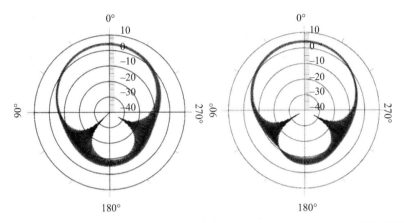

图 3-5　采用式(3-28)设计的产生圆极化的椭圆贴片天线的极坐标图。左边是椭圆短轴(x-z)的截面图，右边是通过椭圆长轴(y-z)的截面图。$\theta=0$ 处的轴比为 2dB

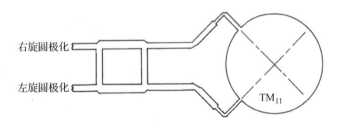

图 3-6　通过 90°分支混合馈电以 90°角从贴片边缘进行馈电，可以通过 TM_{11} 模圆形贴片实现圆极化

3.5.3　TM_{21}四极模

TM_{21} 模具有紧邻 TM_{11} 模的最高工作频率。如 Huang 所述，这种特殊的模式在构造圆极化的单极子型辐射方向图中十分有效[8]。在图 3-2 中，$n=2$ 模式的电场分布图表现出了四次电场反转，即四极模命名的由来。通过利用位于 $\phi=0°$ 和 $\phi=45°$ 处的两根探针对贴片同时馈电，即可从该模式产生圆极化。$\phi=0°$ 处的馈电的相位为 0。$\phi=45°$ 处的馈电为等幅馈电且相位为 90°(参见图 3-7)。这样的角度间隔能够产生两个相互垂直的激励模式，二者的辐射特性也是如此。采用具有等幅、相位差为 90°的正交模式是产生圆极化的常用方法。如图 3-2 所示，通过组合这些馈电进行激励，可以生成围绕着贴片天线中心的四极电场。通过 FDTD 仿

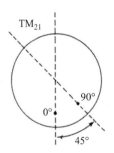

图 3-7　由两个等幅、相位差为 90°、空间间隔为 45°的探针馈电（黑点）的 TM_{21} 模圆形微带天线。这种天线将产生圆极化的单极子型方向图

真可以验证这一点。

在四个位置利用探针馈电的天线往往比在两个位置馈电的天线具有更好的圆极化(轴比)效果。这些位置与两个初始馈电点是相对的。在如 $n=2,4,6,\cdots(TM_{21},TM_{41},TM_{61},\cdots)$ 的偶模情况下,同一直径上的馈电相位相同。馈电在贴片周围逆时针排列为 $0°,90°,0°,90°$。在如 $n=1,3,5,\cdots(TM_{11},TM_{31},TM_{51},\cdots)$ 的奇模情况下,从贴片顶部开始,馈电在贴片周围逆时针排列为 $0°,90°,180°,270°$。Huang 详细阐述了这些内容[8]。

随着谐振模式 n 的增大($n>1$),当 $m=1$ 时,辐射方向图的方向性系数峰值方向越趋向于边射位置。随着基板相对介电常数的增加,方向图也会向边射方向偏转。通过对高阶模式和基板相对介电常数进行综合调控,可使方向图峰值在远离边射方向 $35°\sim74°$ 的区域内移动。

在商业应用中,复杂的馈电结构和馈电网络往往是不适用于实际需求的。针对实际需求,可以在 TM_{21} 模中采用单点馈电的方式激励圆极化[9]。通常可以在工作于 TM_{21} 模的圆形贴片中采用双缝结构,槽缝的尺寸为

$$\left|\frac{\Delta S}{S}\right|=\frac{1}{2.501\,4\cdot Q}$$
$$|\Delta S|=\frac{\pi a^2}{2.501\,4\cdot Q}$$

(3-34)

以下使用半径为 20.26mm 的贴片作为设计示例。为了产生圆极化,每个槽缝的面积均为 $\Delta S/2$,如图 3-8a 所示。基板($\varepsilon_r=2.6$,$\tan\delta=0.002\,5$)厚度为 1.524mm,通过 FDTD 计算得到的谐振频率为 4.25GHz。馈电点半径为 16.0mm。式(3-4)预测了 TM_{21} 模的谐振频率为 4.278GHz。利用 FDTD 方法对上述圆形贴片天线进行了分析,得到了回波损耗曲线。通过式(3-30)从回波损耗曲线的 3dB 点计算得到天线的 Q 值为 22.83。通过式(3-34)计算得到 $|\Delta S|$ 为

$$|\Delta S|=\frac{\pi(20.26\text{mm})^2}{2.501\,4\cdot 22.83}=0.022\,578\text{mm}^2$$

得到一个边长为 $L=4.75$mm 的正方形。本例中的每个槽缝的尺寸都是 $L/2$,对应于图 3-8a 中的面积为 $|\Delta S|/2$ 的槽缝。通过 FDTD 方法仿真得到的天线辐射方向图如图 3-9 所示,这些均为极坐标图。图 3-8b 给出了另一种方法,通过凸起和凹槽微扰圆形贴片以从 TM_{21} 模中产生圆极化。

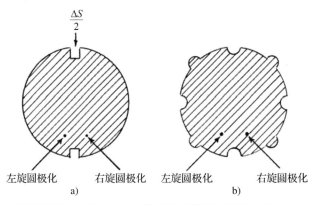

图 3-8　a)通过一对槽缝结构对工作于 TM_{21} 模的圆形微带天线进行了改进,馈电点(黑点)位于 $\phi=\pm22.5°$ 处。这种天线将产生圆极化的单极子型方向图。b)凸起和凹槽以 45°间隔分布工作于 TM_{21} 模的圆形微带天线。馈电点位于 $\phi=\pm22.5°$ 处,其同样将产生圆极化的单极子型方向图

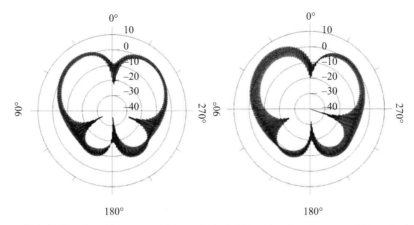

图 3-9 单探针馈电的工作于 TM_{21} 模的双缝圆形微带天线(采用式(3-34))的极坐标方向图

3.5.4 TM_{02} 单极模

谐振频率增大的下一个模式是 TM_{02} 模。该模式的特点是圆形微带天线周围的电场均匀分布。从图 3-2 可知,$n=0$ 模式的电场分布图没有发生明显的电场反转(对于式(3-25)中的所有 ϕ 有 $\cos(0 \cdot \phi)=1$)。利用 TM_{02} 模可以生成垂直极化($\vec{E}_{\theta}$)的单极子型方向图,在恶劣环境中可替换易损坏的四分之一波长的单极子天线。

以半径为 21.21mm 的贴片为例。天线基板($\varepsilon_r = 2.6$,$\tan\delta = 0.0025$)的厚度为 1.524mm、圆形地板的半径为 33.43mm,谐振频率为 5.02GHz,采用 FDTD 方法进行分析。贴片通过方形同轴进行馈电。式(3-4)计算的 TM_{02} 模的谐振频率为 5.13GHz。馈电点的半径为 7.52mm。通过 FDTD 方法计算所得最大方向性系数为 5.30dB。利用式(3-24)计算得到天线的效率为 87.88%,损耗为 0.561dB,天线增益的理论值为 4.74dBi。计算得到的辐射方向图如图 3-10 所示。

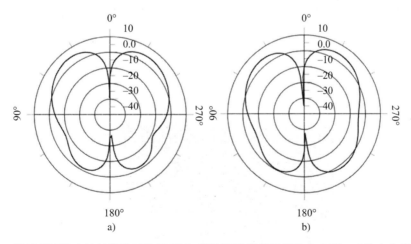

图 3-10 通过 FDTD 方法计算的工作于 TM_{02} 模的圆形微带天线的方向图。a)的方向图是垂直于探针平面的截面图,b)是探针平面的截面图。方向性系数的最大值为 5.30dB

利用工作于 TM_{02} 模的圆形贴片天线的空腔模型可以解释辐射方向图与基板介电常数之间的关系。对基板厚度为 762μm 的微带天线进行分析,计算所得的方向图如图 3-11 所示。

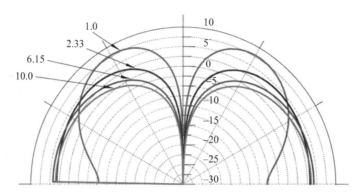

图 3-11 利用空腔模型计算的不同介电常数 ε_r 下的工作于 TM_{02} 模的圆形微带天线的辐射方
向图。随着基板 ε_r 的增大，方向图逐渐向边射方向偏转

当 $\varepsilon_r=1.0$ 时，方向性系数最大。随着 ε_r 的增大，方向图的方向性系数不断降低，并
且方向图的峰值逐渐靠近水平方向（远离边射方向）。

对于给定的 ε_r，相应的方向性系数如表 3-14 所示。值得注意的是，很小的介质属性
的变化也会引起方向性系数的明显改变。许多塑料材料的介电常数都在 2.2～3.0 的范围
内。当 ε_r 大约为 3.0 时，水平方向上的辐射增强最小。随着介电常数增大，与水平方向上
的辐射增强相比，阻抗带宽的减小更加明显。

圆形贴片单元上方的电场总场分布图如图 3-12 所示。与图 3-2 中 $n=0$ 模式一致，电
场在单元边缘是均匀分布的。小正方形是用于馈电的探针。

馈电点的阻抗如式(3-17)所示。TM_{02} 模的馈电点的阻抗在贝塞尔函数 $J_0(kr)$ 为 0 的
位置短路，并在 $r=a$ 的位置逐渐增大至边缘的阻值。图 3-13 给出了圆形贴片下方的电场总
场分布图，可以清楚地看到一个与式(3-17)所述输入阻抗的短路位置相对应的零电场环。

表 3-14 TM_{02} 模贴片的方向性系数与基板介电常数的关系

ε_r	方向性系数
1.00	7.31dB
2.33	3.77dB
6.15	4.13dB
10.00	4.37dB

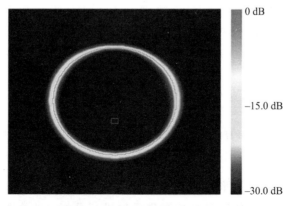

图 3-12 工作于 TM_{02} 模的圆形微带天线单元上方的电场总场分布图（FDTD 方法计算）。从图
中可以看到均匀的电场分布，与图 3-2 中 $n=0$ 模式的电场分布一致

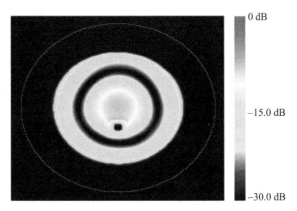

图 3-13　工作于 TM_{02} 模的圆形微带天线单元下方的电场总场分布图（FDTD 方法计算）。零电场环与 Derneryd 预测的电场分布一致[2]

3.6　圆形微带天线的交叉极化

通常，微带天线的交叉极化性能很差。制造微带天线的基板的介电常数和厚度决定了其交叉极化性能。现有研究表明，通过降低基板的介电常数可以提高微带天线的增益并拓展天线的阻抗带宽。使用低介电常数的基板设计的微带天线单元能够增强交叉极化的辐射性能[10]。使用较高介电常数的基板能够产生更好的交叉极化性能，但是会降低天线的阻抗带宽。线极化贴片的交叉极化性能取决于基板厚度、馈电点位置和基板的介电常数。

交叉极化的辐射与贴片上激励起的高阶模式相关[11]。当圆形微带天线以单馈方式激励且工作于 TM_{11} 模时，下一个谐振模式 TM_{21} 模的方向图与测量所得交叉极化的方向图一致[12]。表 3-1 表明模式随频率递增的顺序出现，依次为 TM_{11}，TM_{21}，TM_{01}，…。Garcia-Garcia 指出，当天线工作于 TM_{11} 模时，该模式主要受 TM_{21} 模的影响。当贴片被设计工作于 TM_{21} 模时，辐射纯度会受到占主导地位的 TM_{11} 模和下一个更高阶的 TM_{01} 模的影响。

图 3-14 给出了工作于 TM_{21} 模的圆形贴片天线（见图 3-14a）和工作于 TM_{11} 模的圆形贴片天线（见图 3-14b）的电流示意图。当贴片工作于 TM_{11} 模时，大部分交叉极化辐射是由 TM_{21} 模所引起的，可以注意到在 x-z 面（H 面）中，共极化辐射 $\vec{E}_y$ 占据主导地位。H 面的交叉极化方向图 $\vec{E}_z$ 具有两个波瓣且其峰值比共极化方向图的最大值约低 15dB。交叉极化方向图与 TM_{21} 模预期的方向图形态一致。在 E 面中，所激励的 TM_{11} 模和 TM_{21} 模的辐射场是平行的，这意味着无论存在什么交叉极化，其来源都是不确定的。这可能是由于 TM_{21} 模、其他模式或者不同的机制所造成的。

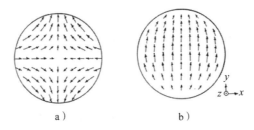

a)　　　　　　　b)

图 3-14　工作于 TM_{21} 模的圆形贴片天线和工作于 TM_{11} 模的圆形贴片天线的理论电流示意图

利用 FDTD 方法对示例进行分析。基板为真空 ($\varepsilon_r = 1.0$)且厚度 $h = 1.524$mm(0.060 英寸)。贴片的半径 $a = 14.71$mm。馈电探针位于贴片中心下方 5.5mm 处,谐振频率为 5.35GHz。FDTD 分析结果如图 3-15 所示,可以看出 H 面方向图与预期的 TM$_{21}$ 模的方向图形态一致。E 面方向图具有少量的交叉极化辐射,其峰值幅度比共极化最大值约低 30dB。E 面的交叉极化方向图与 TM$_{11}$ 模的方向图一致。工作于 TM$_{11}$ 模的圆形贴片的几何形状不必和工作于 TM$_{10}$ 模的方形贴片一样,必须是单方向的。分析所得的交叉极化可能是由振幅很小的 TM$_{11}$ 模激励而来。

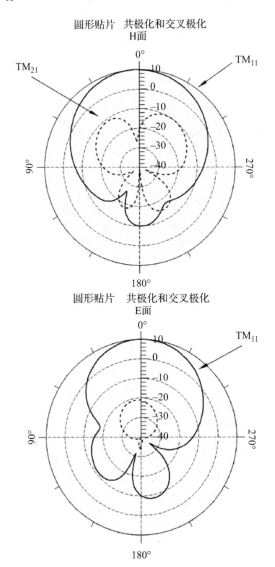

图 3-15　工作于 TM$_{11}$ 模的圆形贴片在 H 面和 E 面的共极化和交叉极化方向图

3.7　环形微带天线

从圆形微带天线内部移除一个同心圆区域的导体时,将会形成一个环形微带天线。所形成的环形微带导体的几何形状如图 3-16 所示。假设基板的厚度远远小于波长($H \ll \lambda_0$),这意味着电场在 Z 方向上几乎没有变化。考虑到圆环边缘具有磁壁,可以利用空腔模型理论来求解圆环下方的场分布。假设场在柱面坐标下为 TM_{nm} 模[13-14]：

$$E_z = E_0 \big[J_n(kr)\acute{Y}_n(ka) - \acute{J}_n(ka)Y_n(kr) \big] \cos(n\phi) \qquad (3\text{-}35)$$

$$H_r = \frac{\mathrm{j}\omega\varepsilon}{k^2 r} \frac{\partial E_z}{\partial \phi} \qquad (3\text{-}36)$$

$$H_\phi = \frac{-\mathrm{j}\omega\varepsilon}{k^2} \frac{\partial E_z}{\partial r} \qquad (3\text{-}37)$$

贝塞尔函数（J_n 和 Y_n）是 n 阶第一类和第二类函数。角分符号表示贝塞尔函数的一阶导数。k 是基板中的波数（$k = 2\pi\sqrt{\varepsilon_\mathrm{r}}/\lambda_0$），其中 ε 是基板的介电常数，λ_0 是自由空间中的波长。模式数 n 与 ϕ 的变化相关，模式数 m 与场在径向方向上的变化相关。

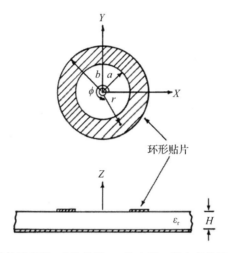

图 3-16　环形微带天线的结构示意图。b 为外径，a 为内径，馈电点位于半径为 r，角度为 ϕ 的位置

环形贴片上的表面电流可用 $K_\phi = -H_r$ 和 $K_r = H_\phi$ 计算。表面电流的径向分量将在环形贴片的边缘处消失，则

$$K_r(r=b) = H_\phi(r=b) = 0 \qquad (3\text{-}38)$$

由式(3-35)、式(3-37)和式(3-38)可知，波数必须服从如下条件：

$$\big[\acute{J}_n(kb)\acute{Y}_n(ka) - \acute{J}_n(ka)\acute{Y}_n(kb) \big] = 0 \qquad (3\text{-}39)$$

通过求解式(3-39)可知与给定内径 a 和外径 b 相关的具体模式。$\acute{J}_n$ 和 $\acute{Y}_n$ 是贝塞尔函数关于 kr 的导数。k 的近似值可由式(3-40)计算得到[15]：

$$k_{n1} \approx \frac{2n}{a+b} \qquad (3\text{-}40)$$

其中 $\dfrac{(b-a)}{(b+a)} \leqslant 0.35$ 且 $n \leqslant 5$。

环形微带天线的谐振频率可由式(3-41)计算得到[16]：

$$f_{r_{n1}} = \frac{ck_{n1}}{2\pi\sqrt{\varepsilon_\mathrm{e}}} \qquad (3\text{-}41)$$

导体宽度为 $W = b - a$（参见附录 C）的微带传输线的相对有效介电常数为 ε_e。通过式(3-41)预测的谐振频率具有 3% 范围内的误差。

环形微带天线的前几个模式如图 3-17 所示。值得注意的是，它们与图 3-2 的圆形微带谐振器的模式非常类似。这些模式产生的方向图也与圆形微带天线产生的方向图非常相似。通过加载槽缝结构可用于产生圆极化，该方法与 3.5.2 节中所采用的方法相同[17]。另外，在环形贴片的外边缘上加载方形凸起也可以产生圆极化[18-19]。通过堆叠环形结构也可以拓宽阻抗带宽[20]。

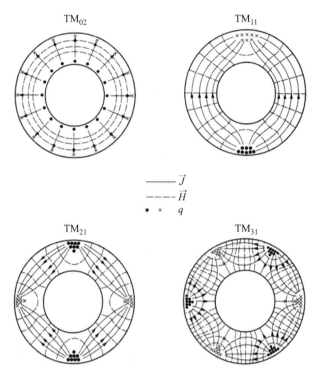

图 3-17　工作于 TM$_{02}$ 模、TM$_{11}$ 模、TM$_{21}$ 模和 TM$_{31}$ 模的环形贴片天线的理论电流分布示意图[13]

3.8　短路环形微带天线

如图 3-18 所示，短路环形微带天线（Shorted Annular Patch，SAP）有一个同心短路平面，并且在其中心存在一个孔。这种天线可以在天线的背面和正面之间通过布线或其他方式连接，在某些航空航天领域已经得到了应用。在早期，这种特性是通过设计一组双频堆叠贴片来实现的，在底层和顶层上分别有一个短路圆环和一根圆形贴片天线。每根天线都通过独立的馈线激励。一根馈线连接到底层短路的环形贴片上，另一根馈线通过短路环形贴片的中心连接顶层圆形贴片天线[21]。

Massa 和 Mazzarella 虽然已经研究了环形贴片的空腔模型，但并未给出 SAP 尺寸的通用设计公式[22]。Moernaut 和 Vandenbosch 提出了产生边射特性的 TM$_{11}$ 和 TM$_{21}$ 模的设计公式[23]。这些模式能够获得比等效圆形贴片更高的增益。当相对介电常数小于 8.384 6 时，采用 TM$_{11}$ 模；当高于该值时，采用 TM$_{21}$ 模将更容易实现有效的设计：

$$b_{\mathrm{eff}} = \frac{1.841\,2}{k_0} \tag{3-42}$$

其中，k_0 是自由空间的波数 $k_0 = \dfrac{2\pi}{\lambda_0}$。

边缘场的外缘延伸为

$$\Delta b = \frac{H}{\pi \varepsilon_{\mathrm{r}}} \left[\ln \left(\frac{\pi b}{2H} \right) + 1.772\,6 \right] \tag{3-43}$$

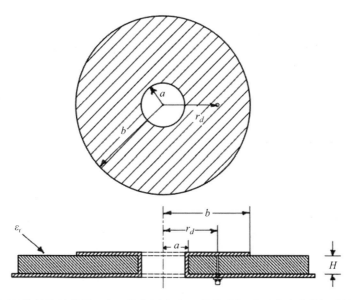

图 3-18　SAP 的结构示意图。在 a 的位置存在一道从地板到环形贴片的短路墙。环形贴
片内径和半径分别为 a 和 b，馈电点位于半径 r_d 处。基板厚度为 H

不考虑外缘延伸的物理半径 b 可表示为

$$b = b_{\mathrm{eff}} - \Delta b \tag{3-44}$$

内径 a 的设计公式为

$$a = b_{\mathrm{eff}} - \left(\frac{0.237}{\sqrt{\varepsilon_{\mathrm{r}}}} + 0.055\mathrm{e}^{-\varepsilon_{\mathrm{r}}^2}\right)\lambda_0 \ (\varepsilon_{\mathrm{r}} < 8.3486) \tag{3-45}$$

$$a = b_{\mathrm{eff}} - \left(\frac{0.75}{\sqrt{\varepsilon_{\mathrm{r}}}} + 113.633\mathrm{e}^{-\varepsilon_{\mathrm{r}}^2} + 0.0012\right)\lambda_0 \ (\varepsilon_{\mathrm{r}} > 8.3486) \tag{3-46}$$

这些公式为 SAP 天线的环形贴片设计提供了一阶近似初始值，以在期望频率处产生
谐振。50Ω 馈电点的位置则需要进行反复试验确定。与等效的圆形贴片相比，工作于最低
阶模式的 SAP 天线具有更高的增益。

作为示例，使用厚度 $H = 1524\mu\mathrm{m}$，$\varepsilon_{\mathrm{r}} = 2.33$ 和 $\tan\delta = 0.0012$ 的介电材料作为天线的
基板。设计频率选定为 2.45GHz。首先通过式(3-42)计算 b_{eff} 为 35.882mm。利用式(3-43)
计算得到 $\Delta b = 1.12075\mathrm{mm}$。利用式(3-44)计算得到物理半径 $b = 34.7612\mathrm{mm}$。然后通过
式(3-45)计算得到天线内径 $a = 16.8996\mathrm{mm}$。

利用 HFSS 对这些设计值进行建模分析，在 $r_d = 21\mathrm{mm}$ 处获得了最佳匹配。谐振频率
为 2.465GHz，非常接近设计频率 2.45GHz。与预期一致，辐射方向图为边射状态，增益
为 9.31dBi。

短路环形微带天线也可以像圆形贴片天线的 TM_{02} 模那样以单极模的形式激励。

参考文献

[1]　Kernweis，N. P.，and McIlvenna，J. F.，"Liquid Crystal Diagnostic Techniques an Antenna Design
　　　Aid，" Microwave Journal，Vol. 20，October 1977，pp. 47-58.

[2]　Derneryd，A. G.，"Analysis of the Microstrip Disk Antenna Element，" IEEE Transactions on Antennas and
　　　Propagation，September 1979，Vol. AP-27，No. 5，pp. 660-664.

[3]   Burden, R. L., Faires, J. D., and Reynolds, A. C., Numerical Analysis, Prindle, Webber and Schmidt, 1978, pp. 31-38.

[4]   Jackson, D. R., Williams, J. T., Bhattacharyya, A. K., Smith, R. L., Buchheit, S. J., and Long S. A., "Microstrip Patch Designs that Do Not Excite Surface Waves,"IEEE Transactions on Antennas and Propagation, August 1993, Vol. 41, No. 8, pp. 1026-1036.

[5]   Lo, Y. T., and Richards, W. F., "Perturbation Approach to Design of Circularly Polarized Microstrip Antennas,"Electronics Letters, May 1981, pp. 383-385.

[6]   Reference Data for Radio Engineers, 6th ed., Howard W. Sams & CO., Fifth Printing, 1982, pp. 9-7.

[7]   Marino, R. A., and Hearst, W., "Computation and Measurement of the Polarization Ellipse,"Microwave Journal, November 1999, pp. 132-140.

[8]   Huang, J., "Circularly Polarized Conical Patterns from Circular Microstrip Antennas,"IEEE Transactions on Antennas and Propagation, September 1984, Vol. AP-32, No. 9, pp. 991-994.

[9]   Du, B., and Yung, E., "A Single-Feed TM_{21}-Mode Circular Patch Antenna with Circular Polarization," Microwave Optics Technology Letters, 2002, Vol. 33, pp. 154-156.

[10]   Hanson, R. C., "Cross Polarization of Microstrip Patch Antennas,"IEEE Transactions on Antennas and Propagation, June 1987, Vol. AP-35, No. 6, pp. 731-732.

[11]   Lee, K. F., Luk, K. M., and Tam, P. Y., "Cross polarization Characteristics of Circular Patch Antennas,"Electronics Letters, March 1992, Vol. 28, No. 6, pp. 587-589.

[12]   Garcia-Garcia, Q., "Radiated Cross-Polar Levels and Mutual Coupling in Patch Radiators,"International Journal of RF and Microwave Computer Aided Design, 2000, Vol. 10, pp. 342-352.

[13]   Wu, Y. S., and Rosenbaum, F. J., "Mode Chart for Microstrip Ring Resonators,"IEEE Transactions on Microwave Theory and Techniques, 1973, Vol. MTT-21, pp. 487-489.

[14]   Bahl, I. J., Stuchly S. S., and Stuchly M. A., "A New Microstrip Radiator for Medical Applications," IEEE Transactions on Microwave Theory and Techniques, 1980, Vol. MTT-28, pp. 1464-1468.

[15]   Garg, R., Bhartia, P., Bahl, I., and Ittipiboon, A., Microstrip Antenna Design Handbook, Artech House, 2001, pp. 368-371.

[16]   Bahl, I., and Bhartia, P., Microstrip Antennas, Artech House, 1980 2nd printing, 1982, p. 114.

[17]   Licul, S., Petros, A., and Zafar, I., "Reviewing SDARS Antenna Requirements,"Microwaves & RF, September 2003.

[18]   Bhattacharya, A. K., and Shafai, L., "Annular Ring as a Circularly Polarized Antenna,"IEEE APS Symposium Digest, 1987, pp. 1020-1023.

[19]   Bhattacharya, A. K., and Shafai, L., "A Wider Band Microstrip Antenna for Circular Polarization," IEEE Transactions on Antennas and Propagation, February 1988, Vol. 36, No. 2, pp. 157-163.

[20]   Kokotoff, D. M., Aberle, J. T., and Waterhouse, R. B., "Rigorous Analysis of Probe-Fed Printed Annular Ring Antennas,"IEEE Transactions on Antennas and Propagation, February 1999, Vol. 47, No. 2, pp. 384-388.

[21]   Goto, N., and Kaneta, K., "Ring Patch Antennas for Dual Frequency Use,"1987 IEEE/AP-S Symposium Digest, 1987, pp. 944-947.

[22]   Massa, G. D., and Mazzarella, G. "Shorted Annular Patch Antenna," Microwave and Optical Technology Letters, March 1995, Vol. 8, No. 4, pp. 222-226.

[23]   Moernaut, G. J. K., and Vandenbosch, G. A. E., "Simple Pen and Paper Design of Shorted Annular Ring Antenna," Electronics Letters, December 2003, Vol. 39, No. 25, pp. 1784-1785.

第 4 章

宽带微带天线

4.1 宽带微带天线概述

微带天线本质上是窄带的。微带天线相对带宽的典型值约为 $4\%\sim7\%$。为了设计比单个天线单元在没有外部匹配情况下具有更宽阻抗带宽的微带天线,研究人员已经进行了大量的实验研究。

提高阻抗带宽的方法基本可以分为以下三种:(a)增加天线体积,这是通过几何变化来实现的,增加贴片下的体积(例如增加厚度 h),降低介质介电常数,或增加额外的耦合谐振器;(b)利用匹配网络实现;(c)利用短路柱和狭缝等嵌入天线的几何结构,以产生或增加谐振。Kumar、Ray[1] 和 Wong[2] 整理了利用这些方法设计的许多微带天线变体。

其中一种方法是使用接地平面槽,该槽由位于接地平面下方的微带线激励,然后又耦合到位于接地平面上方的微带贴片。人们可以对该配置进行调整,以得到较好的匹配网络、介电常数以及最大介质厚度,从而提供宽带输入阻抗匹配和大阻抗带宽。20 世纪 90年代中期,Zürcher 和 Gardiol 将这种天线的一种模型称为线-槽-泡沫-倒置贴片(Strip-Slot-Foam-Inverted Patch,SSFIP)。这些天线的设计在本质上是实验性的。研究人员指出:"由于天线的各个部分相互作用,即使能系统地执行,但最佳设计的确定仍然是一个漫长而乏味的过程。"在文献[3-5]中可以找到这种类型设计的参数。本章探讨了 SSFIP 匹配网络/厚贴片设计的一些可能的备选方案。

4.2 微带天线宽带化

微带天线的宽带化设计通常是通过增加微带天线的厚度来实现的。当高阶模式产生的串联电感在馈电点阻抗产生不可接受的失配时,这种宽带便达到极限。也可以使用匹配网络来提高微带天线的阻抗带宽。

微带天线的归一化带宽可以写成:

$$BW = \frac{f_{\mathrm{H}} - f_{\mathrm{L}}}{f_{\mathrm{R}}} \tag{4-1}$$

其中 f_{H} 和 f_{L} 是阻抗匹配为 $S:1$ 的 VSWR 处的上下边频。VSWR 在 $f_{\mathrm{H}} - f_{\mathrm{L}}$ 上小于 $S:1$。f_{R} 是贴片的谐振频率。一般来说,在大多数实际应用中,S 被设置为 $2(S=2)$。

在贴片的谐振频率处,馈电点阻抗是纯实数。我们将这个电阻设为 R_0。当贴片连接到特征阻抗为 Z_0 的传输线时,可使用式(4-2)预测阻抗带宽:

$$BW = \frac{1}{Q} \sqrt{\frac{(TS-1)(S-T)}{S}} \tag{4-2}$$

其中 Q 是天线的总 Q 值,S 是 VSWR 的值,$T = R_0/Z_0$。

当微带天线通过传输线馈入,且 $R_0 = Z_0$ 时,带宽方程可简化为线性贴片天线的带宽方程[参见式(2-72)]：

$$BW_{Linear} = \frac{S-1}{Q_T \sqrt{S}}(S:1\ VSWR)$$

为了在给定的 VSWR 失配下，使谐振电阻 R_0 与馈电传输线特征阻抗 Z_0 之间的阻抗带宽最大，必须满足以下关系式：

$$T_{opt} = \frac{1}{2}\left(S + \frac{1}{S}\right) \tag{4-3}$$

例如，当用 50Ω 同轴传输线探针为一个矩形微带贴片天线馈电时，可以计算出获得最大的 2：1 的 VSWR 带宽时的馈电点阻抗。为了获得最大的阻抗带宽，我们按照式(4-4)计算最佳的 T 值：

$$T_{opt} = \frac{1}{2}\left(2 + \frac{1}{2}\right) = 1.25 = \frac{R_0}{Z_0} \tag{4-4}$$

这意味着最佳带宽的谐振馈电点电阻是 $R_0 = 50\Omega \times 1.25$，或 $R_0 = 62.5\Omega$。馈电点的位置应该选择电阻为 62.5Ω 的地方。这个值接近 Milligan[6] 提出的最优值 65Ω。

当使用式(4-4)时，用单一频率的完美匹配来换取更宽的带宽，这会导致更严重的不匹配。这个方程描述了宽带匹配网络的基本形式。使用 T_{opt} 时获得的带宽可能与(S：1)带宽有关：

$$BW_{T_{opt}} = \frac{1}{2Q}\frac{\sqrt{S^4-1}}{S} \tag{4-5}$$

对于 VSWR 为 2：1 的情况，可以取式(4-5)与式(2-72)之比得到带宽增加因子。计算得出 VSWR 为 2：1 带宽是完美匹配微带天线带宽的 1.38 倍。实验、FDTD 和空腔模型数据均表明，在实际应用中，最佳带宽增幅约为匹配单元原始带宽的 1.1 倍。使用简单的阻抗失配产生的带宽增加通常很小，因此不实用。

如果我们可以不受限制地使用完美匹配的网络，则可获得的最大阻抗带宽为

$$BW_{max} = \frac{1}{Q}\frac{\pi}{\ln\left(\frac{S+1}{S-1}\right)} \tag{4-6}$$

式(4-6)使我们能够将宽带匹配网络可获得的最大带宽与正常获得的带宽进行比较，通过取式(2-72)与式(4-6)之比得到带宽增加因子 F：

$$F = \frac{\pi\sqrt{S}}{(S-1)\ln\left(\frac{S+1}{S-1}\right)} \tag{4-7}$$

对于 2：1 VSWR 的情况，带宽增加因子 F 为 4.044，约为单个不匹配单元带宽的 4 倍。Hansen[7] 在 Fano 和 Bode(约 1950 年)提出的经典阻抗匹配限制的基础上提出了带宽增加因子：

$$F = \frac{2\pi S}{(S^2-1)\ln\left(\frac{S+1}{S-1}\right)} \tag{4-8}$$

将 $S=2$ 代入式(4-8)，带宽增加因子为 3.813，略低于式(4-7)。这些公式为宽带微带天线设计提供了基本的限制条件。

4.2.1　使用容性槽的微带天线宽带匹配

增加微带天线的厚度会增加其阻抗带宽。随着厚度的增加，高阶模将产生等效的串联电感，导致矩形微带天线不匹配。解决此问题的直接方法是引入串联电容，以消除在馈电

点出现的感性电抗。一种经济有效的方法是通过修改贴片几何形状来提供电容。如图 4-1a 所示，研究人员在馈电探针周围使用了矩形或圆形槽引入所需的串联匹配电容[8-9]。人们通过实验来确定圆形或矩形槽的尺寸。

　　另一种用于提供串联电容的方法是在馈电点的正前方放置一个窄槽，并调整其长度，直到匹配（见图 4-1b）。

　　给出厚贴片与缝隙匹配的示例，我们使用矩形微带天线，其基板厚度为 6.096mm，相对介电常数 $\varepsilon_r=2.6$，$\tan\delta$ 为 0.002 5。贴片尺寸为 $a=38.0\text{mm}\times b=34.72\text{mm}$。50Ω 馈电点位置在沿宽边中心线距离贴片中心 6.0mm 处。通过 FDTD 计算，在 2.31GHz（最大实际阻抗）谐振时馈电点的实际阻抗为 $46+\text{j}35.35\Omega$。贴片天线的电厚度 h/λ_0 为 0.047。窄缝宽 $t=1\text{mm}$，长 $W=14\text{mm}$，与天线在 2.31GHz 时的馈电点阻抗为 $49.71+\text{j}5.79\Omega$ 相匹配。将有缝隙匹配和无缝隙匹配的阻抗值绘制在图 4-2 所示的史密斯圆图上。匹配后，天线具有 7% 的阻抗带宽。

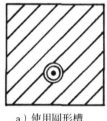 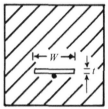

a）使用圆形槽提供串联匹配电容　　　　b）使用馈电点附近的矩形槽产生串联匹配电容

图 4-1　引入串联匹配电容

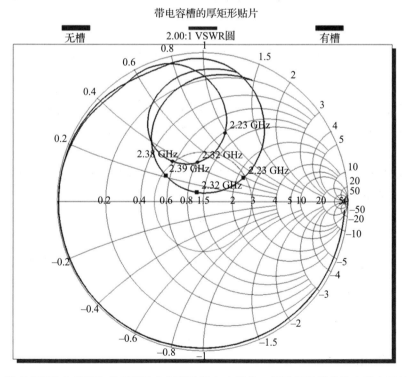

图 4-2　没有（圆形）电容槽和有（矩形）电容槽的馈电点阻抗。矩形缝隙提供的串联电容抵消了厚微带天线的感抗

4.2.2　使用带通滤波器的微带天线宽带匹配

首先必须指出，通常设计宽带阻抗匹配网络是一个非常困难的综合问题。本节中利用集总单元设计阻抗匹配网络的单元值来自先前的工作[10]，由于集总单元可以相对容易地合并，提出的综合方法对于低频微带天线效果更好。这证明了使用微波传输线结构来实现集总单元模型是非常具有挑战性的，但并非不可克服。

一种矩形微带天线馈电只能激发一个主模式（TM_{10} 或 TM_{01}），其具有单一谐振特性，可以将其建模为并联 RLC 电路。这些值在图 4-3 中标记为 R_a，L_a 和 C_a。当贴片被探针馈电时，必须考虑串联电感，标记为 L_s。在极少数情况下，馈电结构的几何形状可以产生串联电容 C_s 而不是串联电感 L_s，但对于典型的贴片几何形状来说，通常存在 L_s。谐振角频率 ω_0 是馈电点阻抗的实部出现最大值的角频率。谐振时的实部最大值可以直接从测试阻抗图或全波仿真分析中得到。谐振时，谐振角频率 ω_0 与贴片模型值 L_a 和 C_a 的关系为

$$\omega_0^2 = \frac{1}{L_a C_a} \tag{4-9}$$

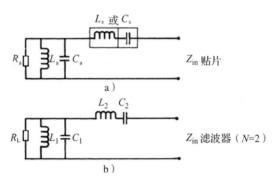

图 4-3　微带天线可以建模为电感或电容串联的并联 RLC 电路（图 4-3a）以及带通滤波器也有类似的模型，并可用于在比单个单元覆盖的更大频率范围内匹配微带天线的阻抗（图 4-3b）

当贴片谐振时，L_a 的感抗和 C_a 的容抗会相互抵消，并且达到电阻最大值。如果贴片是由探针馈电的，则谐振时的阻抗将包含串联电感的电抗 $j\omega_0 L_s$：

$$Z_{in} = R_a + j\omega_0 L_s \tag{4-10}$$

为了从测试或计算的数据中获得 C_a 和 L_a 值，必须从阻抗中减去串联感抗。选择角频率 ω_0 两侧的两个点：

$$\omega_1 = \omega_0 - \Delta\omega_1 \tag{4-11}$$

$$\omega_2 = \omega_0 + \Delta\omega_2 \tag{4-12}$$

减去串联电感后，电抗将在 ω_0 的任意一侧改变符号。每个频率的导纳可以表示为

$$Y_1 = \frac{1}{R_a} + j\omega_1 C_a + \frac{1}{j\omega_1 L_a} = G_1 + jB_1 \tag{4-13}$$

$$Y_2 = \frac{1}{R_a} + j\omega_2 C_a + \frac{1}{j\omega_2 L_a} = G_2 + jB_2 \tag{4-14}$$

每个频率的电纳为

$$B_1 = \omega_1 C_a - \frac{1}{\omega_1 L_a} \tag{4-15}$$

$$B_2 = \omega_2 C_a - \frac{1}{\omega_2 L_a} \tag{4-16}$$

解关于 C_a 的方程，可以得到：

$$C_a = \frac{\omega_1 B_1 - \omega_2 B_2}{\omega_1^2 - \omega_2^2} \tag{4-17}$$

解关于 L_a 的方程，可以得到：

$$L_a = \frac{1}{\omega_1^2 C_a - \omega_2^2 B_1} \tag{4-18}$$

现在已经得到了 R_a、L_a、C_a 和 L_s（或在极少数情况下的 C_s）的值。

该模型与带通滤波器具有相似性，可以使用滤波器合成技术来评估宽带匹配的最优数值。这种方法最早由 Paschen 提出[11]。最优值可以在文献[12]中找到。当要求 VSWR 为 1.8∶1（插入损耗为 0.35dB）时，$N=2$ 带通滤波器网络的 g_i 值为 $g_1 = 1.50$、$g_2 = 0.455$、$g_3 = 1.85$。

式（4-19）给出了带通滤波器的元器件数值：

$$C_1 = \frac{g_1}{R_L(\omega_U - \omega_L)} \tag{4-19}$$

其中 ω_U 是角频带上限，ω_L 是角频带下限。

滤波器带宽为 $F_{bw} = (\omega_U - \omega_L)$：

$$L_1 = \frac{1}{\omega_0^2 C_1} \tag{4-20}$$

$$L_2 = \frac{g_2 R_L}{(\omega_U - \omega_L)} \tag{4-21}$$

$$C_2 = \frac{1}{\omega_0^2 L_2} \tag{4-22}$$

$$R_{in} = \frac{R_L}{g_3} \tag{4-23}$$

我们需要 50Ω 的输入电阻，在这种情况下负载电阻应为 $R_L = g_3 \cdot 50\Omega = 92.5\Omega$。现在有了计算一个匹配电路实例需要的所有方程。

我们需要提供电阻 R_a 等于滤波器电路的 R_L，即 $R_a = 92.5\Omega$。为此，我们使用微带传输线在辐射边缘馈电的贴片天线。调整贴片宽度可以在谐振时提供 92.5Ω 的边缘电阻，可以使用测量或仿真的感抗值 X_L，从而计算出 L_s 值：

$$L_s = \frac{X_L}{\omega_0} \tag{4-24}$$

当从谐振任意一侧的两个频率中去除感抗时，可以使用式（4-17）和式（4-18）来计算 C_a 和 L_a。令 C_a 的值等于 C_1，可以利用式（4-19）确定预期的滤波器带宽 F_{bw}：

$$F_{bw} = \frac{g_1}{R_a C_a} \tag{4-25}$$

如上计算可以用来确定天线带宽是否符合给定的设计要求。如果带宽在设计要求之内，接下来使用式（4-21）计算 L_2。为满足设计要求，该值必须大于微带天线的串联电感 L_s。串联电感由 L_m 和 L_p 两个分量组成，这两个分量分别归因于高阶模的串联电感和馈电探针的自感。尽管大多数串联电感 L_s 是由于高阶模态的激励引起的，但同轴探针馈电也将其自感 L_p 贡献给了整个串联电感。在某些情况下，探针的直径大小可用于调节串联电感以实现设计要求[13]。最后，根据式(4-22)计算 C_2 的值。

4.2.3　微带天线集总单元宽带匹配示例

　　设计一个使用50Ω微带传输线在辐射边缘处馈电的天线单元，该天线单元在谐振时的阻抗为94.16Ω，使用 FDTD 进行设计、分析和优化。该电阻值非常接近前面实现的阻抗匹配设计。天线尺寸为 $a=100.0$mm，$b=37.16$mm，介质基板厚度为 $h=1.524$mm，$\varepsilon_r=2.6$，$\tan\delta=0.0025$，接地平面尺寸为 130mm×75mm。

　　FDTD 结果的最大电阻值出现在 2.3317GHz，输入阻抗为 94.61+j7.54Ω。图 4-4 给出了匹配的天线阻抗圆图。在谐振时，我们可以使用式(4-24)计算等效串联电感 $L_s=0.5147$nH。

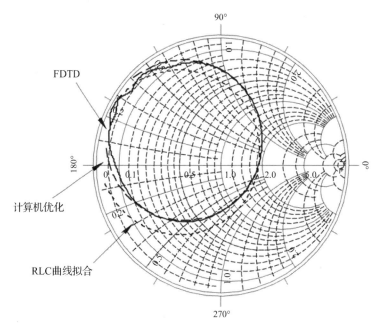

图 4-4　用 FDTD 分析与 RLC 曲线拟合电路和计算机优化拟合的矩形微带天线阻抗

　　这种匹配方法的有效性取决于如何将负载很好地建模为一个并联 RLC 电路。式(4-17)和式(4-18)给出了 $C_a=26.67$pF 和 $L_a=175.195$pH。当用史密斯圆图上的 FDTD 数据进行绘制时，可以改善所计算的 RLC 电路。使用随机搜索进行计算机优化的结果可以很好地拟合 FDTD 数据，如图 4-5 所示。计算机优化的结果为 $R_a=95.55$Ω、$C_a=28.64$pF、$L_a=163.04$pH，串联电感为 $L_s=1.017$nH。这些值比曲线拟合值能更清晰地模拟 FDTD 数据。这些值与式(4-21)和式(4-22)一起使用可以计算出 $L_2=77.39$nH 和 $C_2=0.0602$pF。显然，C_2 的值很难用集总单元计算来实现。我们仍然可以使用这些值来说明：与使用四分之一波长变换器的单频匹配相比，该方法能够实现理论匹配。

　　由式(4-25)得到的预期带宽为 88.1MHz。在图 4-6 中，使用四分之一波长变换器的带宽为 41MHz，使用分布式单元实现的合成阻抗匹配网络计算的带宽为 92MHz。在这种方法中，带宽增加因子 F 为 2.24。在此实例中，C_2 的值是无法计算的。但是我们将继续以这个方法作为实例来说明。必须记住一点，这种方法对所用集总单元的公差很敏感。

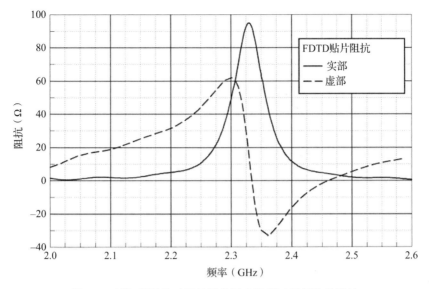

图 4-5 用矩形微带天线的阻抗图来说明匹配网络的设计

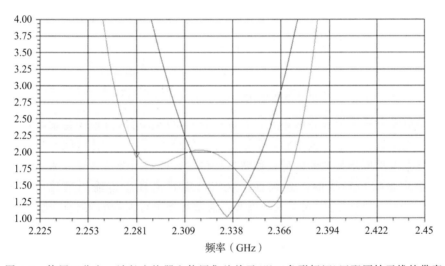

图 4-6 使用四分之一波长变换器和使用集总单元(以三角形标记)匹配原始天线的带宽

4.2.4 集总单元到 T 线转换

在微波频率下，通常需要使用微带传输线来代替集总单元以设计匹配网络。可以使用导纳和阻抗逆变器的传输线来实现 4.2.3 节的设计。

导纳逆变器是特性导纳 J 的理想四分之一波长传输线段，阻抗逆变器是特征阻抗 K 的理想四分之一波长传输线段(见图 4-7)。

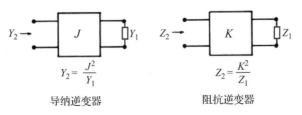

图 4-7 导纳逆变器和阻抗逆变器

$$Y_2 = \frac{J^2}{Y_1} \text{（导纳逆变器）} \tag{4-26}$$

$$Z_2 = \frac{K^2}{Z_1} \text{（阻抗逆变器）} \tag{4-27}$$

串联导纳可以用两个 J 型逆变器之间的并联导纳来表示，如图 4-8 所示。并联阻抗可以用两个 K 逆变器之间的串联阻抗来表示，如图 4-9 所示。J 和 K 逆变器的这种特性使我们可以把串联的电感和电容转换成一对四分之一波长变换器之间的并联电容和电感。

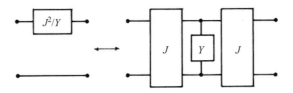

图 4-8　串联导纳及其等效电路是夹在一对导纳逆变器之间的分流导纳

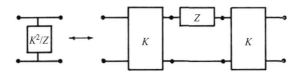

图 4-9　分流阻抗及其等效电路为夹在一对阻抗变换器之间的串联阻抗

一旦串联单元被转换成并联单元，并联电容和电感就可以近似于传输线段。传输线的长度提供的电抗近似于电容或电感，但带宽比原集总单元更窄。传输线与集总单元之间的这种差异导致匹配网络带宽的降低。通常这些传输线段是用微带传输线来实现的。必须进一步补偿物理微带传输线的不连续性，这将产生背离理想传输线理论的偏差（参考附录 C）。考虑所有这些可能引入误差的因素，通常必须进行大量的实验优化才能实现设计，这大大降低了这种匹配方法的实用性。这种技术在低频下最适用，如 4.2.3 节中所示，集总单元可以直接用于设计匹配网络。

图 4-10a 给出了一种微带贴片天线的理想设计，该天线的谐振边缘电阻为 92.5Ω。在我们使用的示例中，沿 50Ω 微带传输线（使用 FDTD（Δ=1mm）计算）在距辐射边缘 1mm 的参考平面上的输入阻抗为 94.16Ω。贴片宽度 $W=100.0$mm，贴片长度 $L=37.16$mm，基板厚度 $h=1.524$mm，$\varepsilon_r=2.6$，$W_T=4.12$mm（50Ω）。用 FDTD 细化计算的传输线匹配网络的物理值为

$$L_1 = 26.56\text{mm} \quad L_2 = 11.44\text{mm} \quad L_3 = 53.08\text{mm} \quad L_4 = 52.84\text{mm}$$

这些值是使用本节中研究的传输线拓扑（通过使用集总单元解决方案的 J 和 K 逆变器合成），并通过计算机优化得到的。用改进的传输线实现，与直接应用 J 逆变器实现匹配网络相比，所需的实验调试次数更少。

与预测值相比，微带传输线长度略有延长，由此可以给出一种设计，当使用 FDTD 分析时，在 100MHz 带宽上的 VSWR 小于 2.25∶1。分析结果的史密斯圆图如图 4-11 所示。

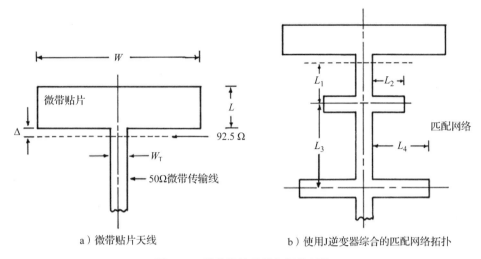

a）微带贴片天线　　　　　　　b）使用J逆变器综合的匹配网络拓扑

图 4-10　微带贴片天线与网络拓扑

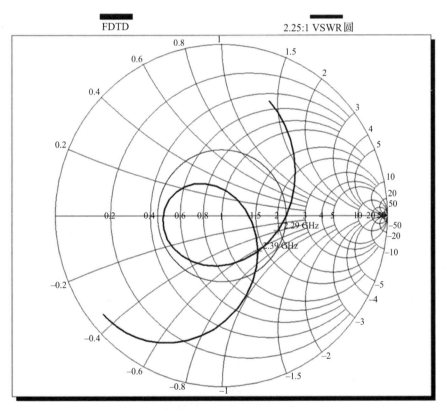

图 4-11　微带传输线匹配网络设计的 FDTD 结果。该设计的 VSWR 在 2.25：1 以下带宽大于 100MHz

4.2.5　实频技术宽带匹配

　　另一种有效的匹配方法是实频技术。Carlin 证实了包含契比雪夫（Chebyshev）函数的传统宽带匹配方法对于纯电阻负载是最优的，但对于复杂负载却不是最优的[14]。Carlin 和 Yarman 提出了另一种称为简化实频技术的方法，并证明这是一种非常有效的匹配微波电路[15]。使用简化实频技术（Simplified Real Frequency Technique，SRFT）比使用带通滤波器理论作为匹配方法要灵活得多。根据滤波器理论，必须在实现 50Ω 输入的基础上选择

RLC 电路中的电阻值。SRFT 具有灵活性，可以匹配任何复杂的负载，无论是理论负载还是实测负载阻抗。SRFT 的应用非常复杂[16]，虽然它给出了非常有效的集总单元网络，但是要转换成传输线仍然非常困难。SRFT 已被 Hongming 等人用于设计匹配微带天线[17]。

4.3　贴片形状优化带宽

我们在 2.5.4 节中注意到线极化矩形微带天线的阻抗带宽是圆极化矩形微带天线阻抗带宽的一半。与单一的 TM_{10} 或 TM_{01} 模式相比，两个失谐的 TM_{10} 和 TM_{01} 模式叠加扩展了带宽。通常来说，微带贴片天线可以是任何形状的：椭圆形、矩形、星形、十字形、带缝隙的圆角、五边形等。考虑到微带天线的这一特性，引出了一个尚未从理论上得到解答的基本问题：什么样的微带贴片形状能提供最大的阻抗带宽？

这个问题的子问题有：

1）微带贴片的形状可提供最大为多少的阻抗带宽和最大的线极化带宽，从而允许线极化在带宽范围内改变方向？

2）什么样的微带贴片形状在不旋转的情况下提供了最大的线极化带宽和最大的阻抗带宽？

3）什么样的微带贴片形状为圆极化天线提供了最大的阻抗带宽和最大的轴比带宽？

单个无孔连续贴片是形状上的一个限制条件。可以放宽这个限制条件，并应用前面提出的几个问题。

基于遗传算法的贴片形状带宽优化

Delabie 等人提出将微带贴片天线所在的平面分割成一组正方形的小贴片[18]。每个子补丁都是金属化的，如果将其用 1 表示，那么 0 表示不存在金属。使用适当的电磁分析技术可以选择是否金属化。

Choo 等人已经研究了使用遗传算法来开发与方形微带贴片相比具有更高阻抗带宽的形状。每个天线都由一个内部没有空洞的正方形网格来描述。他们开发的贴片天线使用了 1.6mm 厚的 FR-4 介质基板，接地平面尺寸为 72mm×72mm。我们检验了两种情况，一种使用 16×16 格的方格，另一种使用 32×32 格的方格。图 4-12 给出了后一种情况。

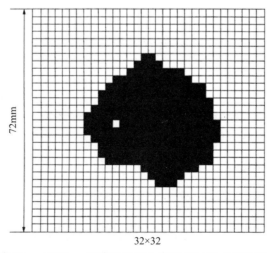

图 4-12　用遗传算法在 72mm×72mm 的接地平面上使用 32×32 个方格的网格产生的贴片形状。介质基板是 1.6mm 厚的 FR-4[19]

据报道，与方形微带天线相比，该贴片的带宽提高了 4 倍。这种带宽的增加非常接近使用匹配网络时带宽增加因子的基本极限($F=3.81$)(参见 4.2 节)。

设计带宽的中心频率为 2.0GHz。如图 4-13 所示，用矩量法仿真预测带宽为 8.04%，测试结果为 8.10%。

FDTD 分析表明，该天线包含两个独立的谐振，并在 2.0GHz 处产生圆极化(LHCP)。有趣的是，遗传算法选择了圆极化。在 2.7 节中，圆极化贴片的阻抗带宽是线极化天线的两倍。显然，改变贴片的形状和面积有助于产生加倍的阻抗带宽。

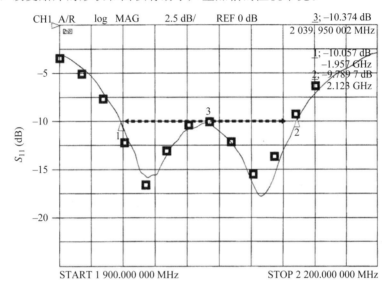

图 4-13　图 4-12 中贴片的 S_{11} 随频率变化的曲线[19]

4.4　宽带单极子方向图贴片环

3.5.4 节讨论了使用 TM_{02} 模式激励的圆形贴片天线来产生线极化单极子方向图。然而，使用高阶模式通常会显著降低圆形微带天线的阻抗带宽。

研究人员研制了一种具有外环的中心馈电圆形贴片，该贴片具有 12.8% 的阻抗和方向图带宽，增益大于 5.7dBi[20]。该天线的几何形状如图 4-14 所示。中心贴片半径记为 R_p，外环的内半径记为 a，外半径记为 b，接地平面半径记为 R_g。

该天线的设计步骤是设计一个 TM_{02} 模式的圆形贴片(见图 3-2，$n=0$)，用空腔模型对其进行分析，谐振频率为 5.773GHz。外环也具有 TM_{02} 模式(见图 3-17)。在没有中心贴片的情况下，谐振空腔模型分析的谐振频率为 6.56GHz。这两个谐振的组合在 S_{11} 图中表现为两个谐振点，如图 4-15 所示。该天线原型的设计参数为 $R_p=$ 18mm，基板厚度为 1.524mm，相对介电常数 ε_r 为 2.94(RT/Duroid 6002)。同轴馈电探针位于贴片的中心，探针半径为 0.34mm。环的内半径 $a=19$mm，外半径

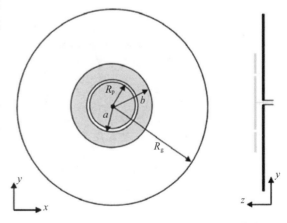

图 4-14　中心馈电圆形贴片天线的几何形状[20]

$b=31\mathrm{mm}$，与内部贴片同心。接地平面的半径 R_g 为 75mm。

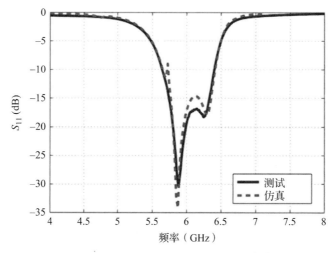

图 4-15　测试和仿真的天线回波损耗[20]

　　总之，中心贴片半径 R_p 影响第一谐振频率。半径越大，谐振频率越低，半径越小，谐振频率越高。内外半径值 a 和 b 影响第二谐振频率。增加 a 会提高谐振频率，而增加 b 会降低谐振频率。圆形贴片和外环之间的缝隙改变了两者之间的耦合。

　　在三种不同频率(5.7、5.8、6.3GHz)下计算和测量的天线 E 面和 H 面辐射方向图如图 4-16 所示。主波束最大值大约在 45°处。

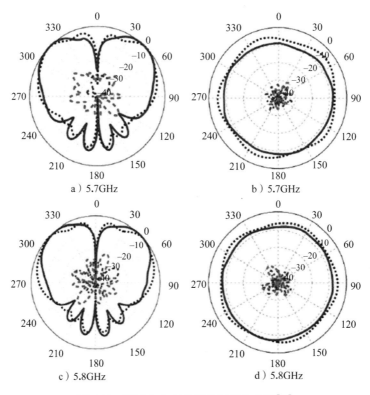

a) 5.7GHz　　　　　　　b) 5.7GHz

c) 5.8GHz　　　　　　　d) 5.8GHz

图 4-16　测试和仿真的天线辐射方向图[20]

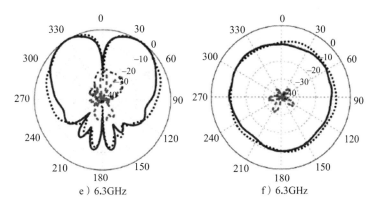

e）6.3GHz　　　　　f）6.3GHz

图 4-16　（续）

参考文献

［1］　Kumar, G., and Ray, K. P., Broadband Microstrip Antennas, Artech House, 2003.

［2］　Wong, K. -L., Compact and Broadband Microstrip Antennas, John Wiley & Sons, 2002.

［3］　Zürcher, J. -F., and Gardiol, F. E., Broadband Patch Antennas, Artech House, 1995.

［4］　Zürcher, J. -F., "The SSFIP: A Global Concept for High-Performance Broadband Planar Antennas," Electronics Letters, November 1988, Vol. 24, No. 23, pp. 1433-1435.

［5］　Zürcher, B., Zürcher, J. -F., and Gardiol, F. E., "Broadband Microstrip Radiators The SSFIP Concept," Electromagnetics, 1989, Vol. 9, No. 4, pp. 385-393.

［6］　Milligan, T., Modern Antenna Design, McGraw Hill, 1985.

［7］　Hansen, R. C., "Correct Impedance-Matching Limitations,"IEEE Antennas and Propagation Magazine (Antenna Designer's Notebook), Vol. 51, No. 3, pp. 122-124.

［8］　Hall, P. S., "Probe Compensation in Thick Microstrip Patch Antennas," Electronics Letters, May 1987, Vol. 23, No. 11, pp. 606-607.

［9］　Bernard, R., Tchanguiz, R., and Papiernik, A., "Capacitors Provide Input Matching of Microstrip Antennas," Microwaves & RF, July 1994, Vol. 33, No. 7, pp. 103-106.

［10］　Matthaei, G., Young, L., and Jones, E. M. T., Microwave Filters, Impedance-Matching Networks, and Coupling Structures, McGraw Hill, 1964, pp. 120-130, 681-686.

［11］　Paschen, D. A., "Practical Examples of Integral Broadband Matching of Microstrip Elements," Proceedings of the 1986 Antenna Applications Symposium, Monticello, IL, September 17-19, 1986, pp. 199-217.

［12］　Matthaei, G. L., Young, L., and Jones, G. M. T., Microwave Filters, Impedance-Matching Networks, and Coupling Structures, McGraw Hill, 1964, pp. 123-129.

［13］　Schaubert, D. H., Pozar, D. M., and Adrian, A., "Effect of Microstrip Antenna Substrate Thickness and Permittivity: Comparison of Theories with Experiment," IEEE Transactions on Antennas and Propagation, June 1989, Vol. 37, No. 6, pp. 677-682.

［14］　Carlin, H. J., and Amstutz, P., "On Optimum Broad-Band Matching,"IEEE Transactions of Circuits and Systems, May 1981, Vol. CAS-28, No. 5, pp. 401-405.

［15］　Yarman, B. S., "A Simplified Real Frequency Technique for Broadband Matching a Complex Generator to a Complex Load,"RCA Review, September 1982, Vol. 43, pp. 529-541.

［16］　Gerkis, A. N., "Broadband Impedance Matching Using the 'Real Frequency' Network Synthesis Technique," Applied Microwave & Wireless, July/August 1998, pp. 26-36.

［17］ Hongming, An, Nauwelaers, Bart, K. J. C. , and Van de Capelle, Antoine, R. , "Broadband Microstrip Antenna Design with the Simplified Real Frequency Technique," IEEE Transactions on Antennas and Propagation, February 1994, Vol. 42, No. 2, pp. 129-136.

［18］ Delabie, C. , Villegas, M. , and Picon, O. , "Creation of New Shapes for Resonant Microstrip Structures by means of Genetic Algorithms," Electronics Letters, August 1997, Vol. 33, No. 18, pp. 1509-1510.

［19］ Choo, H. , Hutani, A. , Trintinalia, L. C. , and Ling, H. , "Shape Optimization of Broadband Microstrip Antennas Using Genetic Algorithm," Electronics Letters, December 2000, Vol. 36, No. 25, pp. 2057-2058.

［20］ Al-Zoubi, A. , Yan, F. , and Kishk, A. , "A Broadband Center-Fed Circular Patch-Ring Antenna with a Monopole Like Radiation Pattern," IEEE Transactions on Antennas and Propagation, March 2009, Vol. 57, No. 3, pp. 789-792.

第 5 章

双频微带天线

双频微带天线一般有两种类型：耦合到传输线上的独立微带谐振器；微扰微带谐振器，其原始谐振频率随基本谐振器的几何变化而改变[1-2]。设计允许独立选频的双频微带天线具有最大的设计实用价值。Maci 和 Gentili[3] 对双频微带天线进行了综述分析。

5.1 矩形微带双频天线

如果需要单独的双频微带天线（在每个双频设计频率上具有相同极化的边射辐射方向图），就必须激励出 TM_{10} 和 TM_{30} 模式。当存在这些限制条件时，高边频应约为低频的三倍。对于矩形微带天线，先前设计的几何形状和极化的约束严重限制了双频设计。

在 2.5.1 节中，我们利用矩形微带天线的 TM_{10} 和 TM_{01} 模式在频率上的叠加来产生圆极化。可以采用类似的方法来设计单谐振器（单元）双频微带天线，通过分离模式将它们隔离。如果允许每个双频带频率的极化正交，并希望有边射辐射方向图，那么就可以选择尺寸为 a 和 b 的矩形贴片，这样 TM_{10} 和 TM_{01} 模式就对应于所需的上下频率，即(F_U, F_L)。这允许人们独立地选择两个频率。可以选择贴片尺寸 a 和 b，使用第 2 章介绍的方法产生所需的频率对。馈电点位置(X_P, Y_P)是两种模式同时匹配的最佳位置。矩形微带天线的传输线模型允许贴片天线在沿 50Ω 平面的任何地方馈电。对于产生的两种模式，每一个模式都存在一个 50Ω 馈电点阻抗平面。阻抗平面相交的地方是这种类型的双频贴片的最佳馈电点[4]。这种类型的双频贴片天线的几何形状如图 5-1 所示。

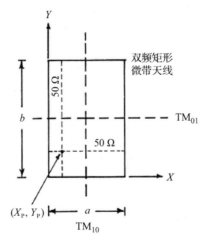

图 5-1　使用遗传算法与空腔模型优化设计一个具有单馈电点的双频矩形微带天线。这是通过匹配 TM_{10} 和 TM_{01} 模式与所需的上、下频率，同时确定匹配的馈电点位置(X_P, Y_P)来实现的

为了避免传输线模型带来的不准确性，可以利用具有遗传优化功能的空腔模型来设计基于 TM_{01} 和 TM_{10} 模式的双频贴片。这种方法让我们能够研究利用不同频率间隔进行设计的可行性。

为了便于分析，我们可以定义一个中点频率 F_m，它位于双频频率 F_L 和 F_U 之间：

$$F_m = \frac{F_L + F_U}{2} \tag{5-1}$$

我们定义一个频率分离因子：

$$F_s = \left| \frac{F_m + \Delta_F}{F_m - \Delta_F} \right| \tag{5-2}$$

其中：

$$\Delta_F = \frac{F_U - F_L}{2} = F_m \frac{(F_s - 1)}{(F_s + 1)} \tag{5-3}$$

低频频率乘以这个因子就得到了高频：

$$F_U = F_s \cdot F_L = F_m + \Delta_F$$
$$F_L = F_m - \Delta_F \tag{5-4}$$

作为设计示例，我们选择中点频率（F_m）为 2.0GHz，用具有遗传算法优化的空腔模型，得到设计参数 $f = 1.05，1.1，1.2$ 与 $\varepsilon_r = 4.1$ 和 $h = 1.524$mm。用于遗传优化的适应度函数为

$$\text{Fit} = \frac{|\min(\Gamma_L, \Gamma_U)|}{|\max(\Gamma_L, \Gamma_U)|} \cdot [(1 - |\Gamma_L|) + (1 - |\Gamma_U|)] \tag{5-5}$$

其中 $|\Gamma_L|$ 是较低中心频率处的馈电点反射系数的模值，$|\Gamma_U|$ 是在较高中心频率处的馈电点反射系数的模值。

在图 5-2 中可以看到，随着双频频率相差增大，遗传算法产生的设计非常接近期望的设计频率，并且匹配良好（>20dB 回波损耗）。$F_s = 1.05$ 是遗传优化无法匹配两个频率的设计。当 $F_s > 1.2$ 时，遗传优化算法会为矩形贴片几何体产生匹配良好的双波段设计。

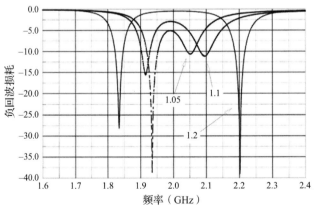

图 5-2　矩形微带天线的单馈双频解决方案，采用基于空腔模型的遗传算法优化

5.2　多谐振器双频天线

5.2.1　耦合微带偶极子

第二种双频天线设计方案是将一对平行的窄微带单元（微带偶极子）放置在距离（d）很

近的地方，并用一条单根耦合的微带线馈电，如图 5-3
所示。这两个谐振器在同一个平面上，这是一个共面
双频设计。这种类型的设计使人更容易控制 F_L 和 F_U，
并保持良好的匹配。微带线在微带偶极子的下方延伸，
在每个微带偶极子的中心截止（即 $L_U/2$ 和 $L_L/2$ 处）。
偶极子的宽度影响每个天线的匹配。长度 L_U 和 L_L 改
变上下频率。当谐振器长度改变时，与单谐振器双频
天线的敏感特性相比，匹配是相当稳定的。图 5-4 给出
的负回波损耗说明了这一点，表 5-1 给出了设计参数。
可以调整每个单元的长度，以产生 $1.25 \sim 2.0$ 的频率
间隔 F_s，而无须修改其他尺寸。每个频率上的天线方
向图由于无馈电单元的存在而倾斜，这是使用该天线
设计方法时必须折中考虑的。

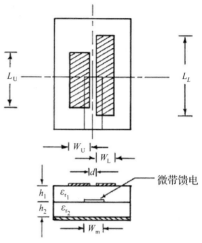

图 5-3　耦合到嵌入式微带传输线的两
　　　　个微带偶极子

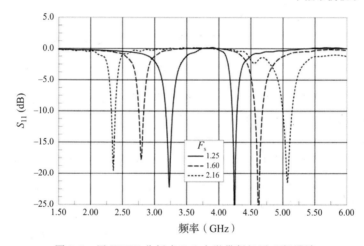

图 5-4　用 FDTD 分析表 5-1 中微带偶极子双频设计

表 5-1　耦合双频微带天线参数 $\varepsilon_{r_1} = \varepsilon_{r_2} = 4.1$，$\tan\delta = 0.005$，$h_1 = h_2 = 1.524\text{mm}$，$d = 2\text{mm}$，**微带
线宽为 2.98mm**

F_s	L_L(mm)	L_U(mm)	W_L(mm)	W_U(mm)
2.15	31.20	13.52	9.50	6.20
1.60	25.73	15.00	9.50	6.20
1.25	21.78	16.83	9.50	6.20

5.2.2　叠层矩形微带天线

我们还可以通过叠层微带谐振器来设计双频天线。这种设计的几何结构如图 5-5 所
示。上层贴片是双频天线的高频单元。下层贴片比上层贴片大，并且当谐振点在 F_U 时，
用作上层贴片的接地平面。当下层贴片以较低的频率 F_L 激励时，上层贴片对下层贴片的
影响很小。该结构的接地平面充当下层贴片的接地平面。

通常，单个馈电探针不连接而是穿过下层贴片（为此目的，在下层贴片挖一个洞），然
后连接到上层贴片。有时将这种激励结构称为普通馈电。当上层贴片谐振时，下层贴片产
生的电抗可以忽略不计。反之，当下层贴片谐振时，上层贴片产生的电抗可以忽略不计。

另一种方法是寄生馈电。馈电探针连接到下层贴片，与上层贴片电磁耦合。寄生馈电通常用于增加天线的带宽，而不是设计双频天线。当用于加宽天线带宽时，上层贴片的尺寸需大于下层贴片[5]。

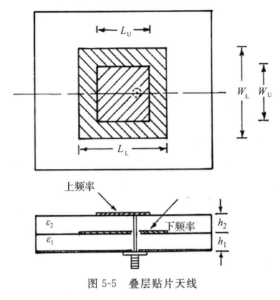

图 5-5   叠层贴片天线

当直接给上层贴片馈电时，一组堆叠的线性矩形微带天线的馈电点分别靠近每个贴片。可以在两个贴片中心到接地平面之间放置一个短路针。这有助于加强激励模式并消除许多 ESD 问题。

调整上层贴片和下层贴片的长宽比，可以在双频段天线的两个频率处产生圆极化。还可以堆叠四分之一波长贴片单元，以创建双频段叠加单元，其占用的空间比半波单元的更小。

如前所述，可以调整上、下贴片的长宽比，使上、下贴片的 TM_{01} 和 TM_{10} 模式以不同的频率激发。这样就可以设计一对在 4 个不同频率下工作的叠层贴片。

如 5.1 节中所述，可以使用带有遗传算法的空腔模型来设计四频段叠层贴片天线。四频段天线的结构如图 5-1 所示。最低的两个频率分配给下层的贴片天线，最高的两个频率分配给上层的矩形贴片天线。选择长度 a_L 和 b_L，以使下层贴片的 TM_{10} 和 TM_{01} 在所需的设计频率的下频率组产生谐振。选择长度 a_H 和 b_H，以使上层贴片的 TM_{10} 和 TM_{01} 在所需的设计频率的上频率组产生谐振。

如图 5-1 所示，两个天线都各有一对 50Ω 阻抗平面。上层贴片天线 $(X_{P_U}，Y_{P_U})$ 的阻抗交点与下层贴片天线的阻抗交点 $(X_{P_L}，Y_{P_L})$ 对齐。这两个点在图 5-6 中共点为 $(X_P，Y_P)$，需要对天线进行优化来确定最终设计。

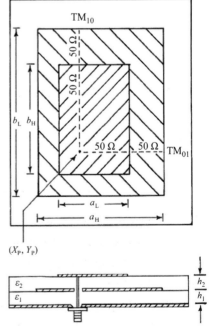

图 5-6   馈电激励叠层贴片天线的四个独立模式，以设计一个四波段天线

5.3 采用双工器的双频微带天线设计

一个使用堆叠贴片设计双频微带天线的替代方案是使用带有两个单频单元的双工器。双工器能够分离在输入端口的一对频带,并在彼此隔离的一对输出端口上输出每个频率。双工器的经典集总单元由一个普通输入的高通滤波器和低通滤波器组成。

文献[6-7]提出了双工器和多工器的精确和近似设计。在开发微波双工器时,该设计过程可能会相当广泛。如果频带之间的频率比约为 2∶1,则可以使用 Haaij 等人提出的双工电路[8],如图 5-7 所示。

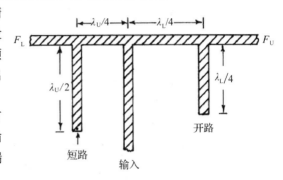

该三端口微带电路的 50Ω 输入端口有一段传输线,该输入端口与一对 50Ω 传输线构成一个 T 形结。较高和较低频率的端口分别为较高频带 F_U 和较低频带 F_L。

图 5-7 用于组合中心频率比约为 2∶1 的两个波段的双工器

当输入端是较低频段的中心频率 F_L 时,四分之一波长的开路段($\lambda_L/4$)在 T 形结处为开路。λ_L 是微带传输线低频段中心的导波长。低频段的短路段在微带传输线上变成了开路。这允许低频信号不受限制地通过 F_L 端口。这是因为假设频率比为 2∶1 时,$\lambda_U/2 = \lambda_L/4$。

当输入端是上频段中心频率 F_U 时,右侧的开路段为 1/2 波导波长($\lambda_L/4 = \lambda_U/2$),对传输线构成开路。这允许信号传递到 F_U 输出端口。在距离 T 形结四分之一波长处的微带传输线上,短截线变为短路,从而在 T 形结处产生开路。

采用双工器的双频微带天线示例

在图 5-8 中,使用 Ansoft HFSS 设计了图 5-7 中所示的可通过 2.38GHz 和 4.77GHz 频率的双工器。该双工器在实践中用途有限,但其简洁的设计可用来说明双工器在双频带微带天线设计中应用。双工器为一对矩形微带天线馈电,该天线的宽度足以直接匹配 50Ω 微带传输线。此处设计了两个边缘电阻为 50Ω 的超宽矩形微带天线,其谐振频率分别为 2.38GHz 和 4.77GHz。

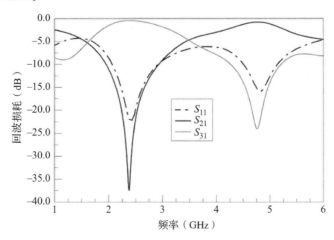

图 5-8 用于给一对矩形贴片微带天线馈电而设计的双工器,以产生双频段辐射结构

与双工器集成的两个贴片如图 5-9 所示。低频(F_L)端口到低频贴片输入端口(D_1)的物理距离为 41.7mm。低频贴片的宽度为 $W_1=75.0$mm，长度为 $L_1=37.576$mm。高频贴片的上频率(F_U)端口到输入端口(D_2)的长度为 35.0mm。高频贴片的宽度为 $W_2=60$mm，长度为 $L_2=17.86$mm，$\lambda_L=83.4$mm，$\lambda_U=41.7$mm。50Ω 传输线的宽度为 4.17mm。介质基板参数为 $\varepsilon_r=2.6$，$\tan\delta=0.001\,9$，厚度为 1.524mm。介质基板的长度和宽度分别为 $L_G=125$mm 和 $W_G=200$mm。

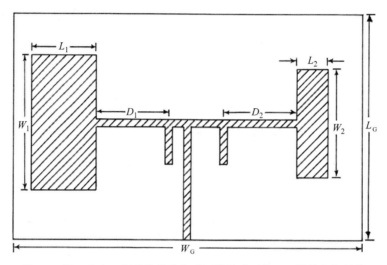

图 5-9　用于产生双频带结构的集成矩形贴片天线双工器的几何结构

Ansoft HFSS 仿真的低频贴片增益值为 6.7dBi，高频贴片增益值为 9.52dBi。与 HFSS 仿真的双工器集成超宽贴片设计的回波损耗曲线图如图 5-10 所示。

越复杂的双工器的通频带越大、越灵活，这更容易实现宽频段天线设计。前面的例子中给出了一个简单的双工器设计，可以用来设计一个频率比为 2.0 的双频平面天线，这是很有用的。当一个更复杂的双工器与宽频带平面天线贴片一起使用时，利用双工器可以实现每个频带高达 20% 的相对带宽。所采用的平面印刷天线为去掉地板的单极子天线单元。

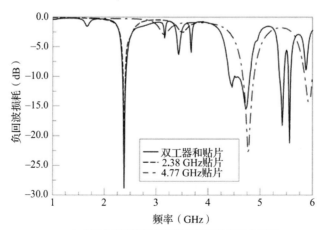

a）分别分析高频和低频贴片的回波损耗曲线图，
HFSS仿真双工器和贴片的响应

图 5-10　与 HFSS 仿真的双工器集成超宽贴片设计的回波损耗曲线

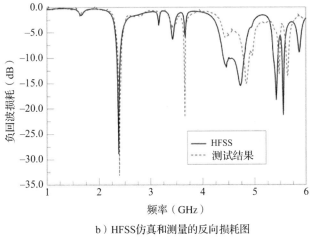

b）HFSS仿真和测量的反向损耗图

图 5-10　（续）

5.4　使用遗传算法的多频带贴片整形

在 4.3 节中，我们讨论了如何利用贴片整形、遗传算法引导的方法设计具有大阻抗带宽的微带天线。

Choo 和 Ling 已经使用矩量法设计了微带天线贴片形状，用 FR4 制作了多波段天线[9-10]。天线的工作频率为 900MHz（全球移动通信系统（Global System for Mobile Communication，GSM））、1.6GHz（GPS/L1）、1.8GHz（数字通信系统（Digital Communication System，DCS））和 2.45GHz（工业科学和医疗（Industrial Scientific and Medical，ISM）/蓝牙），如图 5-11 所示。该方法为开发低成本的任意频率单层多频天线提供了可能。

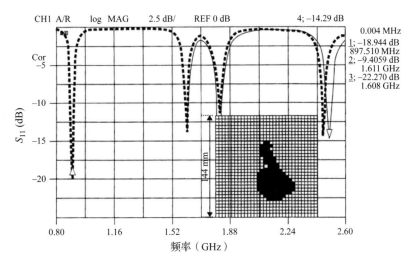

图 5-11　微带天线贴片形状的优化，以实现四波段工作。虚线为仿真结果，实线为测试结果[9]

参考文献

[1]　Kumar，G.，and Ray，K. P.，Broadband Microstrip Antennas，Artech House，2003.

[2] Wong, K.-L., Compact and Broadband Microstrip Antennas, John Wiley & Sons, 2002.

[3] Maci, S., and Gentili Biffi, G. "Dual-Frequency Patch Antennas," IEEE Antennas and Propagation Magazine, December 1997, Vol. 39, No. 6, pp. 13-20.

[4] Chen, J.-S., and Wong, K.-L., "A Single-Layer Dual-Frequency Rectangular Microstrip Patch Antenna Using a Single Probe Feed," Microwave and Optical Technology Letters, February 1996, Vol. 11, No. 2, pp. 83-84.

[5] James, J. R., and Hall, P. S., Handbook of Microstrip Antennas Volume 1, Chapter 6, Peter Peregrinus Ltd., 1989, pp. 324-325.

[6] White, J. F., High Frequency Techniques, John Wiley, 2004, pp. 364-369.

[7] Malherbe, J. A. G., Microwave Transmission Line Filters, Artech House, 1979, Chapter 7.

[8] De Haaij, D. M., Joubert, J., and Odendaal, J. W., "Diplexing Feed Network for Wideband Dual-Frequency Stacked Microstrip Patch Antenna," Microwave and Optical Technology Letters, January 2003, Vol. 36, No. 2, pp. 100-103.

[9] Choo, H., and Ling, H., "Design of Multiband Microstrip Antennas Using a Genetic Algorithm," IEEE Microwave and Wireless Components Letters, September 2002, Vol. 12, No. 9, pp. 345-347.

[10] Choo, H., and Ling, H., "Design of Dual-Band Microstrip Antennas Using the Genetic Algorithm," Proceedings of the 17th Annual Review of Progress in Applied Computational Electromagnetics (Session 15), Monterey, CA, May 19-23, 2001, pp. 600-605

第 6 章

微带阵列

以空气作为介电基板（$\varepsilon_r \approx 1$）时，微带天线能够提供的最大增益接近 10dBi。当需要更大的增益时，可以从微带天线入手，将多个微带天线连接起来组成天线阵列。相比于单个微带天线，天线阵列拥有更大的有效孔径和增益。本章将讨论设计微带天线阵列的基本方法。

6.1 平面阵列理论

20 世纪 60 年代初，Elliot 提出了经典的线阵和平面阵列，这些研究对于分析矩形微带天线阵列非常有用[1-3]。在图 6-1 中，矩形微带天线位于 X-Y 平面中，Z 轴垂直于 X-Y 平面，每个微带天线可等效为一对辐射缝隙。假设天线阵列处于 TM_{01} 模式，天线极化沿 Y 轴，中心位于 (X_n, Y_n) 的贴片可以等效为位于 $(X_n, Y_n + L/2)$ 和 $(X_n, Y_n - L/2)$ 的一对辐射缝隙，缝隙的宽度为 W，厚度为 H，且每一对缝隙的激励幅度相同，如图 6-2 所示。

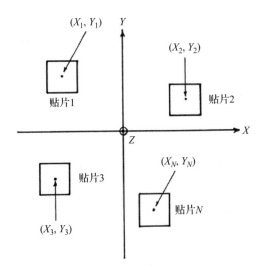

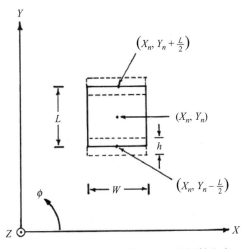

图 6-1　一组由矩形微带天线 $1, 2, 3, \cdots, N$ 构成的几何形状位于 X-Y 平面中，每个天线的中心确定一对等效缝隙

图 6-2　每个天线可以等效为一对辐射缝隙

自由空间中多个点源（N_p）的阵因子为

$$A(\theta, \phi) = \sum_{n=1}^{N_p} I_n \, \mathrm{e}^{jk\sin\theta[X_n\cos\phi + Y_n\sin\phi]} \tag{6-1}$$

为了分析矩形微带阵列的辐射方向图，我们将所有缝隙的阵因子相加，并考虑每个缝

隙的激励 $I_n = E_n \cdot w \cdot h$，其中 E_n 为第 n 个贴片所对应缝隙的电场，w 是贴片宽度，h 是基板厚度，θ 为 Z 轴方向的夹角。辐射电场正比于阵因子与单元（天线）因子 $R(\theta,\phi)$ 之积。电场减小了 $1/r$：

$$\vec{E}(\theta,\phi) = A(\theta,\phi) \cdot R(\theta,\phi) \tag{6-2}$$

电场的 θ 和 ϕ 分量分别为

$$\vec{E}_\theta(\theta,\phi) = A(\theta,\phi)\sin\phi \cdot R(\theta,\phi) \tag{6-3}$$

$$\vec{E}_\phi(\theta,\phi) = A(\theta,\phi)\cos\theta\cos\phi \cdot R(\theta,\phi) \tag{6-4}$$

矩形孔径的单元因子为[4]

$$R(\theta,\phi) = \frac{\sin[(kw/2)u]}{(kw/2)u}\frac{\sin[(kh/2)v]}{(kh/2)v} \tag{6-5}$$

其中：

$$u = \sin\theta\cos\phi \tag{6-6}$$

$$v = \sin\theta\sin\phi \tag{6-7}$$

空间中任意一点的能量为

$$P(\theta,\phi,r) = \frac{|E_\theta|^2}{r^2} + \frac{|E_\phi|^2}{r^2} \tag{6-8}$$

我们可以将公式（6-8）乘以 r^2，得出单位立体角的功率（辐射强度）U：

$$U(\theta,\phi) = |E_\theta|^2 + |E_\phi|^2 \tag{6-9}$$

辐射强度可用于计算阵列方向性系数[5]：

$$D_0 = \frac{4\pi U_{\max}}{P_{\mathrm{rad}}} \tag{6-10}$$

$$P_{\mathrm{rad}} = \left(\frac{\pi}{N}\right)\left(\frac{2\pi}{M}\right)\sum_{j=1}^{M}\left[\sum_{i=1}^{N}U(\theta_i,\phi_j)\sin\theta_i\right] \tag{6-11}$$

其中：

$$\theta_i = i\left(\frac{\pi}{N}\right) \tag{6-12}$$

$$\phi_j = j\left(\frac{2\pi}{M}\right) \tag{6-13}$$

所产生的辐射分为 N 部分和 M 部分。微带天线只向上半部分空间 $\theta < \pi/2$ 辐射，因此 $\theta > \pi/2$ 空间的辐射强度为零。

通过这些方程可以给出平面微带阵列天线方向性系数的可靠估计。

6.2 矩形缝隙微带天线阵列

天线的增益与其有效孔径成正比，所以天线的增益会随着有效孔径的增大而增大。当微带天线位于 x-y 平面中时，可以假定每个单独的天线仅辐射到 x-y 平面的上方。假设现有一个增益为 6.0dBi 的微带天线，连接到与其相同的第二个天线，二者的贴片中心距离为一个波长（天线边缘相距约为 0.5 个波长，$\varepsilon_r = 1$），我们将有效孔径增大了约 2 倍，这意味着两个单元的最大增益大约增加 3dB。两个天线组合的增益约为 9.0dBi。如果我们继续这样推理，可以得出一个经验法则来预测微带天线平面阵列的近似增益。如果单个天线的增益为 8.0dBi，则两个天线组合的最大增益约为 11.0dBi。我们需要将孔径再增加一倍，以增加 3dB 的增益，所以我们再增加 2 个单元，总共 4 个单元，得到 4×4 阵列的增益应高达 14.0dBi。要获得 3dB 以上的增益，我们将 4 个单元加至 8 个，以获得 17.0dBi 的增益。记录单个单元的近似增益，每增加一倍的单元数，增益就增加 3dB，直到单元总数达到要求为止，这样就可以快速估计均匀馈电微带阵列的最大理论增益（或方向性系数）。以上推理如图 6-3 所示。

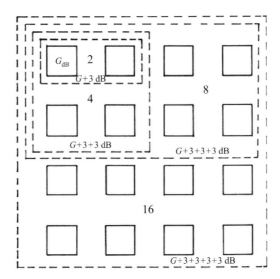

图 6-3 阵列孔径与指向性的关系。每次孔径增大一倍（对于适当间距的阵列），指向性提高约 3dB

例如，我们使用 6.1 节的公式来计算图 6-3 中阵列的方向性系数。其中工作频率为 5.3GHz，贴片的长宽均为 15.70mm，相邻贴片的中心相距 29.66mm。基板厚度 h 为 1.524mm。

在表 6-1 中，我们已经计算并估计了图 6-3 中阵列的方向性系数。天线阵列 E 面的方向是从顶部到底部；在图 6-2 中，H 面是从左到右。平面阵列的方向性系数计算与基于孔径估计之间的差异小于 1dB。图 6-4 给出了微带天线阵列方向图的计算，其中图 6-4a 是一个单元，当 θ 接近 90°时，E 面为半球形，H 面减小为零。在图 6-4b 中，当两个单元沿天线 H 面并排放置时，我们注意到它们沿 H 面排列并缩小了波束宽度，E 面方向图保持不变。当另外两个贴片天线在下方沿着 E 面增加两个贴片天线时，共增加了 4 个单元，我们看到 E 面呈现为一个阵列，图 6-4c 中 H 面保持不变。重复图 6-4d～图 6-4f，随着有效孔径的增加，单元和阵列会相互作用来缩小波束宽度，从而增加天线增益。

表 6-1 计算的方向性系数与估计的方向性系数

单元个数	方向性系数(dB)	估计值(dB)
1	6.25	6.25
2	8.32	9.25
4	11.81	12.25
8	14.67	15.25
16	17.64	18.25
32	20.57	21.25

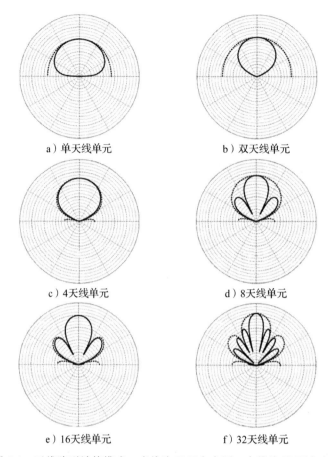

a) 单天线单元   b) 双天线单元

c) 4天线单元   d) 8天线单元

e) 16天线单元   f) 32天线单元

图 6-4　天线阵列计算模式，虚线为 E 面方向图，实线为 H 面方向图

6.3　孔径激励分布

图 6-4 给出了 32 个单元的旁瓣，每个单元激励等量的电流(或等效电压)。这种分布类型称为均匀型。当平面微带阵列的激励分布均匀且为电大尺寸时，该阵列主波束的增益将最大化，并且第一旁瓣比主波束的增益低 13.2dB。低于阵列主波束的第一旁瓣的增益值称为第一旁瓣电平(Side-Lobe Level，SLL)。与主波束相比，最大旁瓣值为阵列的 SLL。

在许多应用中，−13.2dB 的 SLL 是不被接受的。可以通过将阵列单元的幅度从中心最大值逐渐减小到较低的电平来控制阵列的 SLL(见图 6-5)。

当阵列激励值与二项式系数对应时，理论上可以抑制所有旁瓣。此时，阵列主波束的波束宽度会变宽，从而降低了阵列的增益。在具有最大增益−13.2dB 旁瓣的均匀阵列和具有最小增益−∞dB 旁瓣的二项式阵列之间的最优选择称为 Dolph-Chebyshev 分布[6]。但实现 Dolph-Chebyshev 分布可能十分困难，实际中往往采用非最优孔径分布，这样只需要放弃少量增益，就可以达到要求，相比于最优分布更容易实现。

底板上的标准化线性锥度是指在阵列中心具有最大值 1 的锥度，并且在阵列的最大范围内锥度为 C。该分布在其边缘逐渐变小到一非零值，所以认为它在底板上。底板分布的余弦叠加一个余弦曲线，该余弦曲线在阵列的边缘具有非零的 C 值。描述这些分布的表达式总结如下：

图 6-5　计算了 64(8×8)单元天线阵列的 E 面和 H 面方向图，天线底板为均匀的−16dB 线
　　　　性锥度，底板为−16dB 余弦平方锥度

- 归一化

$$I_n = 1 \tag{6-14}$$

- 底板上的线性锥度

$$I_n = C + (1-C)\left[1 - \frac{|x_n|}{L_A}\right] \tag{6-15}$$

- 底板上的余弦锥度

$$I_n = C + (1-C)\left[1 - \frac{|x_n|}{L_A}\right] \tag{6-16}$$

- 底板上的余弦平方锥度

$$I_n = C + (1-C)\cos^2\left[\frac{\pi}{2}\frac{x_n}{L_A}\right] \tag{6-17}$$

- 底板上的二次锥度

$$I_n = C + (1-C)\left[1 - \left(\frac{x_n}{L_A}\right)^2\right] \tag{6-18}$$

图 6-6 所示为线性锥度，x_n 是第 n 个单元在 x 轴的位置，阵列长度为 $2L_A$，I_n 是单元 n 的激励值。对于奇数个单元的阵列，其中位于阵列中心的单元由 x_0 表示，其归一化值

等于 $1(I_0 = 1)$。当阵列具有偶数个单元时，则没有 I_0 单元，并且只保留偶数个单元。图 6-6 中的 C 为底板上的线性锥度值。

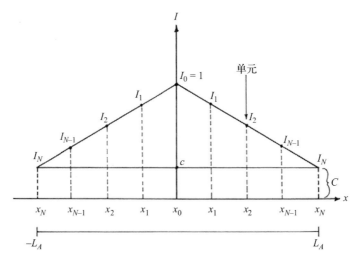

图 6-6　底板上的线性锥度

C 的值可表示为相对于中心单位激励值的分贝数：

$$C = 10^{(C_{dB}/20.0)} \tag{6-19}$$

通过式(6-15)~式(6-18)，得到 -16dB 锥度对应的 C 值为 0.158 5。由式(6-15)和式(6-16)，并使用 6.2 节中 5.3GHz 贴片的尺寸值，可得计算结果如图 6-5 所示。可以看出，对于一个 64 单元(8×8)阵列，均匀分布有着 23.60dBi 的最大主波束增益(假设效率为 100%)。我们可以用 -16dB 的线性锥度将 SLL 降低到 -21.7dB。主波束增益降低了 0.7dB，这是为了得到较低的 SLL 而做出的折中。与均匀分布相比，底板上 -16dB 的余弦平方使主波束增益降低 -1.2dB，但 SLL 现在约为 -26dB。

图 6-7 说明了如何对孔径函数进行采样来确定激励值 I_n，坐标系的原点位于贴片 1 的中心，形成了一个指向中心贴片的向量。对于偶数阵列，如 2×2、4×4 等，在图 6-7 中，$\vec{r}_c$ 是指向阵列中心的向量。式(6-20)描述了 $\vec{r}_c$ 的位置，式(6-21)给出了每个贴片到阵列中心的向量 $\vec{r}_d$，式(6-22)提供了距离 $d_n (= x_n)$，式(6-23)给出了值 L_A 的定义。对于第 n 个贴片，将 d_n 和 L_A 的值分别代入式(6-15)中可计算出底板上的线性锥度，用式(6-16)可以计算出底板上的余弦锥度激励。

$$\vec{r}_c = \frac{L_x}{2}\hat{i} + \frac{L_y}{2}\hat{j} \tag{6-20}$$

$$\vec{r}_d = \vec{r}_c - \vec{r}_n \tag{6-21}$$

$$d_n = |\vec{r}_d| \tag{6-22}$$

$$L_A = |\vec{r}_c| \tag{6-23}$$

式(6-15)~式(6-18)计算的分布可以实现大多数阵列设计，在选择分布时，首先得到满足指向性和旁瓣要求的设计。C 值决定了不同情况下阵列的 SLL。一般情况下，最小锥度分布是最容易实现的。这种设计也使波束宽度最小化，从而保证了模式指向最大化，二次分布和余弦平方分布对所呈现的非均匀分布的变化最为平缓。这种线性分布具有孔径锥度，在给定分布条件下以最快速率降低。

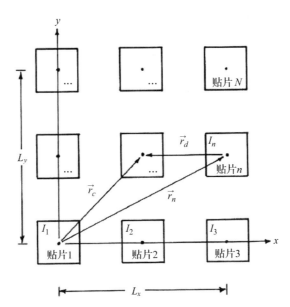

图 6-7 利用式(6-15)和式(6-16)可以得到底板线性锥度和底板余弦的分布值 I_n。向量 $\vec{r}_c$ 中心到贴片 $n(\vec{r}_n)$ 中心的距离决定了标量 $d_n = |\vec{r}_c - \vec{r}_n|$，$L_A = |\vec{r}_c|$

6.4 微带阵列馈电方式

6.4.1 并联馈电微带阵列

目前最常用的阵列馈电方式有并联馈电和串联馈电。串联馈电在应用中有许多困难，例如频率对于波束方向的影响较大，很难产生所要求的幅度锥化。6.4.2 节将讨论串联馈电微带阵列的设计细节[7]。

我们通过图 6-8 所示的线性阵列来说明一个基本的并联馈电网路，每个相同的方形贴片天线在谐振时都有一个单元输入电阻 $R_{in}\left[R_{in} = \dfrac{R_e}{2} = 1/(2G_3)\right]$。每个贴片输入电阻和与之连接的传输线阻抗 Z_1、Z_2、Z_3、Z_4 匹配，并且在多个四分之一波长变换器 Z_q^1、Z_q^2、Z_q^3、Z_q^4 的作用下，该阻抗将用于功率分配。

为了简化这个设计，我们将 50Ω 微带传输线馈入一对 100Ω 的线阵，与四分之一变换器 Z_a 和 Z_b 分配功率的方式相同。这些变换器对 100Ω 馈线和一对传输线进行匹配，该传输线在每对贴片之间(即 1 和 2、3 和 4)对入射功率进行分配。对于贴片 1 和贴片 2，我们希望为它们提供 I_1 和 I_2 的激励。由于 Z_1 和 Z_2 接合处的电压是公共的，因此可用来获得期望的电流。每个传输线中传播的功率等于每个贴片中激励的功率，以此产生所需的电流 I_1 和 I_2。

$$\frac{I_1^2 R_e}{I_2^2 R_e} = \frac{V_0^2/Z_1}{V_0^2/Z_2} \tag{6-24}$$

其中 I_1 和 I_2 的比值由 Z_1 和 Z_2 的比值决定：

$$\frac{I_1^2}{I_2^2} = \frac{Z_2}{Z_1} \tag{6-25}$$

选择了所需的电流比之后，就可以确定传输线的阻抗比。

例如，我们选择工作频率为 5.25GHz，$a = b = 15.7\text{mm}$，基板为 1.524mm，$\varepsilon_r = 2.6$ 的方形贴片，单元边缘电阻为 $R_{in} \approx 271.21\Omega$。

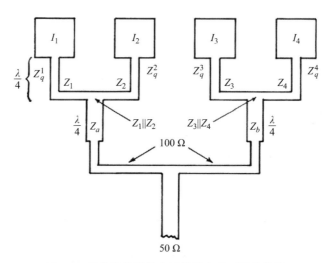

图 6-8 用微带并联馈电网络馈电的四贴片线阵

蚀刻微带电路时，大多数印制电路板都不希望线宽小于 $152\mu m$（0.006 英寸）。由此可以求得最大的传输线阻抗值，对于该基板，阻值为 180Ω。如果 $I_1 = I_4 = 0.50$，且 $I_2 = I_3 = 0.75$，那么

$$\frac{Z_2}{Z_1} = \frac{(0.50)^2}{(0.75)^2} = \frac{1}{2.25}$$

贴片天线谐振时的单元电阻（R_{in}）已知，选择贴片 1 的四分之一变换器（Z_q^1）的最大阻抗为 180Ω，那么可以计算出 Z_1 的值：

$$\frac{(Z_q^1)^2}{R_{in}} = Z_1 = 119.5\Omega$$

通过式（6-25）计算得到 $Z_2 = 53.11\Omega$，进而可以计算 Z_q^2：

$$Z_q^2 = \sqrt{Z_2 \cdot R_{in}} = \sqrt{53.11 \cdot 271.21} = 120.02\Omega$$

功率分流处的阻抗为 $Z_1 \| Z_2 = 36.77\Omega$，四分之一变换器阻抗 Z_a 为 $\sqrt{36.77 \cdot 100.0} = 60.64\Omega$。

在这种情况下，我们选择对称的阵列分布，因此对两侧的阻抗值进行了评估。并联馈电阵列中的损耗将随着基板厚度的增加而增加，随着介电常数的降低而增加，随着馈线阻抗的减小而增加[8]。随着阵列尺寸的增大，并联馈电网络的长度也越来越长。微带线损耗增加，进而降低了阵列的实际增益，也增加了天线的噪声系数，可以达到一个衰减点。随着阵列单元数量（以及有效孔径）的增加，馈电网络的损耗也越来越大。较大孔径产生的增益增大可以通过馈线损耗或超载损耗来平衡。

这种方法可以用来设计平面阵列的馈电网络。图 6-9 是一个 4×4（16 单元）平面阵列，由并联网络来馈电。这种天线可以分成 4 个 2×2

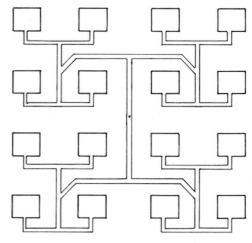

图 6-9 用微带馈电网络馈电的 4×4 贴片平面阵列。中间的圆点为馈电点

的子阵。先计算子阵列的分布，再对子阵列进行排列，就可以设计出平面阵列。

6.4.2　串联馈电微带阵列

一组微带贴片可以与连接其辐射边缘的微带传输线串联来进行馈电[9-10]。如图 6-10a 所示，贴片之间用波导波长为 $\lambda/2$ 的微带传输线隔开，理论上传输线的特征阻抗并不重要，因为微带辐射器边缘产生的每个负载间距都是波长的一半。如图 6-10b 所示，谐振时，每个矩形微带单元的一对等效缝隙可以组合形成等效导纳，每个贴片的负载由半波长微带传输线隔开，如图 6-10c 所示。通过这种分隔，可以计算出谐振时串联馈电阵列的输入电阻，如下所示：

$$R_{\mathrm{in}} = \Big(2\sum_{n=1}^{N} G_n\Big)^{-1} \tag{6-26}$$

其中 G_n 是贴片边缘的电导。例如，如果串联馈电阵列中的所有贴片都具有相同的槽电导 G_{e}，在谐振时，我们可以将输入电阻表示为

$$R_{\mathrm{in}} = \frac{1}{2NG_{\mathrm{e}}} \tag{6-27}$$

通过 G_{e} 值可以计算出所需的输入电阻，进而得出均匀分布的串联馈电阵列。

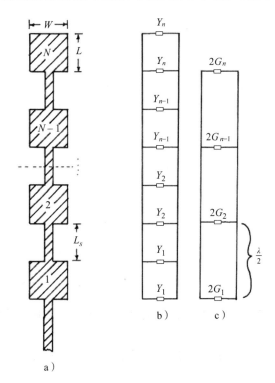

图 6-10　串联馈电微带阵列(图 6-10a)、串联微带阵列的传输线表示(图 6-10b)以及微带单元
　　　　表示传输线半波段之间的集总电阻负载(图 6-10c)

例如，我们选择具有 4 个单元($n=4$)的串联馈电阵列。选择输入电阻为 50Ω，每个槽的边缘电阻($R_{\mathrm{e}}=1/G_{\mathrm{e}}$)为 400Ω。可以通过式(2-4)估算产生此边缘电阻对应贴片的宽度。

对于上面的示例，使用 $\varepsilon_{\mathrm{r}}=2.6$ 且厚度 $H=1.524\mathrm{mm}$ 的介质基板。每个贴片的宽度(W)为 $19.4\mathrm{mm}$，谐振长度为 $17.0\mathrm{mm}$。贴片与 100Ω 传输线连接。这样可以最大限度地减少连接处产生的影响。

采用 FDTD 对单个贴片进行设计。人们研制了一种单贴片天线,其尺寸约能产生 200Ω 的单元电阻($R_e = 400\Omega$,$R_{in} = R_e/2 = 1/2G_e$)。将一个 100Ω 的四分之一波长变换器连接到 50Ω 的馈线上,当该贴片与变换器和馈线很好地匹配时,它应具有 200Ω 的输入电阻 R_{in}。

利用 FDTD 设计一个四贴片串联阵列。阵列匹配频率为 5.09GHz,VSWR 带宽为 1.35%(2:1)。基板厚度为 1.524mm(0.060 英寸),$\varepsilon_r = 2.6$,$\tan\delta = 0.0025$。每个贴片的长度为 $L = 17.0$mm,宽度为 $W = 19.4$mm。4 个贴片与一条长 19.08mm、宽 0.8mm($Z_0 = 100\Omega$)的微带传输线相连。最底层的贴片由 $\lambda/2$ 长的传输线馈电,并以宽 4.12mm($Z_0 = 50\Omega$)的馈线进行激励,接地平面尺寸为 44mm×128mm。

使用 FDTD 计算的 E 面和 H 面方向图如图 6-11 所示。最大方向性系数为 12.74dB。可以看到单元沿 E 面排列,并在 H 面上保持各自的工作模式。

在适当的间距下,串联阵列的主波束在谐振时与阵列平行。随着频率的变化,主波束将从宽边偏移。这种类型的阵列带宽较窄,为 1%~2%[11]。随着贴片的增加,串联阵列的阻抗带宽也随之变窄。

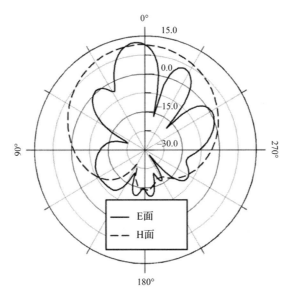

图 6-11　具有均匀单元激励的四贴片串联馈电平面阵列

先前设计示例中的单元贴片都有相同宽度。在这种情况下,所有单元都具有相同的激励幅度。

如果我们希望设计一个幅度锥度以减小阵列 SLL,可以改变每个贴片的宽度以满足指定的功率。串联阵列的第 n 个单元满足

$$P_n = 2g_n V^2 \tag{6-28}$$

g_n 是每个天线的电导,天线被归一化为所需的馈电电阻,在这种情况下为 50Ω:

$$g_n = 2G_n \cdot Z_{drv} = \frac{2G_n}{G_{drv}} \tag{6-29}$$

V 是每个单元上的电压。单元辐射的功率与电场的平方成正比,电场与激励系数 I_n 成正比,贴片电导率与所需的振幅激励系数成比例,由此可以得出串联阵列产生振幅分布:

$$g_n = K I_n^2 \tag{6-30}$$

其中 K 是比例常数。单元全都由半波长微带传输线隔开，因此阵列的输入电导(归一化)是单元电导的总和：

$$g_{in} = \sum_{n=1}^{N} g_n \qquad (6-31)$$

其中 $g_n = 2.0 \cdot 50.0 \cdot G_{e_n}$，$N$ 是阵列的单元数。对于归一化电导，输入匹配的条件为

$$g_{in} = \sum_{n=1}^{N} g_n = 1 \qquad (6-32)$$

将式(6-30)代入式(6-32)，求得 K 为

$$K = \left(\sum_{n=1}^{N} I_n^2 \right)^{-1} \qquad (6-33)$$

通过 K 值和期望振幅值 I_n 可以计算单元电导 g_n。单元电导为设计期望电导所需的贴片尺寸提供了依据，进而计算指定的振幅分布值。

如何在串联阵列中引入孔径锥度的一个简单示例是前面讨论的均匀阵列。均匀阵列有 4 个单元，每个单元有相同的电导(即 $G_n =$ 常数)。实现四单元串联阵列的实际锥度是将两个中心单元加宽 1.5 倍，并将外部单元减少到原始宽度的一半。此时，与均匀电导示例一样，电导之和保持不变，串联阵列保持匹配。FDTD 分析结果表明，采用这种方法对阵列进行改进后，阵列的输入匹配，谐振频率为 5.09GHz 保持不变。修改后的阵列如图 6-12 所示。贴片的宽度逐渐变窄为 -4.04dB 的线性锥度，阵列方向性系数为 12.86dB。

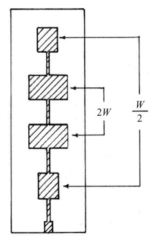

图 6-12　图 6-10a 所示的四贴片串联馈电平面阵列，中心两个单元加宽至 $2W$，最外层单元减
　　　　至 $W/2$ 宽度。这样的改动产生了 -4.04dB 振幅锥度，该阵列的辐射方向如图 6-13
　　　　所示

由 FDTD 计算出的辐射方向图如图 6-13 所示，可以看到左侧大约 45°的旁瓣几乎消失了，右侧大约 30°处的旁瓣大大减小了。

如果选择进一步加宽内部两个贴片尺寸并缩小外部两个贴片的尺寸，以保持 50Ω 的馈电点阻抗，则随着尺寸的减小，窄贴片将更容易受到馈线的影响。

串联馈电阵列的第二种选择是沿非辐射边缘对天线馈电。可以选择每个贴片上的输入和输出位置，以提供所需的振幅锥度。这种阵列的设计在数学上非常复杂，详情可见文献[12-14]。

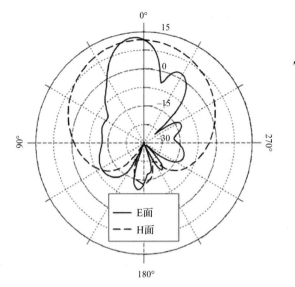

图 6-13　四贴片串联馈电平面阵列经过改动，具有 -4.04dB 的线性锥度

6.4.3　串联/并联驻波馈电

　　微带阵列的第三种馈电方法是组合串联和并联传输线[15]。我们将分三种设计研究这种馈电方式。首先是驻波馈电设计。图 6-14 给出了等效的几何结构和传输线。串联传输线特征阻抗为 Z_s，传输线的平行段沿串联传输线方向上间隔一个波长($1\lambda_g$)。每条传输线的平行段长度为波导波长的一半($\lambda_g/2$)。平行线的每个部分终止于微带天线的边缘。右边的每个天线标记为 $A_1, A_2, A_3, \cdots, A_N$。对于右边的每个天线，都有一个镜像单元 $A_{-1}, A_{-2}, A_{-3}, \cdots, A_{-N}$。该线性阵列中的单元总数为 $2N$。

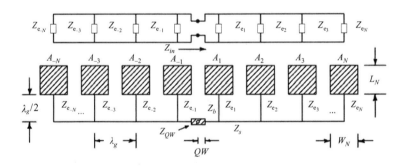

图 6-14　微带天线阵列的串联/并联驻波馈电。该阵列由 $2N$ 个单元组成。特征阻抗 Z_s 的单串联
　　　　微带传输线具有间隔 λ_g 的并联微带线，可为每个单独的贴片天线供电。线长为 $\lambda_g/2$，
　　　　因此谐振时在串联馈线方向上的每个贴片的边缘阻抗为 Z_e。每侧使用四分之一波长变
　　　　换器以产生 100Ω 阻抗，并联增加四分之一波长以产生 50Ω 馈电点阻抗

　　因为每个贴片的平行传输线的长度都是波导波长的一半，所以在串联传输线上会出现边缘阻抗 Z_e。对于一般情况，每个天线单元都具有自己的边缘阻抗，在右侧分别表示为 $Z_{e_1}, Z_{e_2}, Z_{e_3}, \cdots, Z_{e_N}$，在左侧镜像表示为 $Z_{e_{-1}}, Z_{e_{-2}}, Z_{e_{-3}}, \cdots, Z_{e_{-N}}$。每个天线的长度在右侧为 $L_1, L_2, L_3, \cdots, L_N$，在左侧为 $L_{-1}, L_{-2}, L_{-3}, \cdots, L_{-N}$。每个单元的宽度在右侧表示为 $W_1, W_2, W_3, \cdots, W_N$，在左侧为 $W_{-1}, W_{-2}, W_{-3}, \cdots, W_{-N}$。

在阵列中心引入四分之一波长变换器，将左右两侧的输入阻抗 Z_{in} 变换为中间的 100Ω，以产生 50Ω 的馈电点阻抗。

我们首先分析所有天线宽度和长度都相同的情况，在这种情况下，谐振时的所有边缘电阻 R_e（即 $Z_e = R_e$）都相等。右侧部分的阻抗 Z_{in} 为

$$Z_{in} = Z_e / N = R_e / N \qquad (6\text{-}34)$$

馈电点右侧产生 100Ω 四分之一波长变换器的特征阻抗为

$$Z_{QW} = \sqrt{(Z_e/N) \cdot 100\Omega} \qquad (6\text{-}35)$$

因为其对称性，该方程对阵列的左侧同样有效。

例如，我们选择 6 个（$N = 3$）工作在 5GHz 处相同的单元，使用厚度为 1.524mm，$\varepsilon_r = 2.2$，$\tan\delta = 0.000\,9$ 的介质基板。在谐振时，边缘阻抗变为纯实数，$Z_e = R_e = 184.48\Omega$。由于所有单元都是相同的，我们可以使用式(6-34)，在四分之一波长变换器之前获得 61.49Ω 的近似阻抗。一个 78.42Ω 的四分之一波长变换器将在阵列的左侧部分产生一个 100Ω 的输入，同样左侧产生 50Ω 的馈电阻抗。

这些计算值对设计来说是很好的参考，但全波分析软件提供了更精确的设计数值。在这种情况下，谐振时的贴片边缘电阻（R_e）约为 295Ω，在半波长分支线末端计算时，电阻增加到约 331。右边的输入阻抗刚好是 25Ω，对于 100Ω 的阻抗变换来说，一个 50Ω 的四分之一波长变换器在中心产生一个 50Ω 的馈电阻抗。

等贴片尺寸的阵列设计示例为 $W = L = 18.843$mm（方形贴片）。100Ω 传输线的长度为 $\lambda_g/2 = 22.640$mm，线宽为 1.353mm。沿 50Ω 串联馈电的分支线间距为 $\lambda_g = 43.684$mm，线宽为 4.637mm。这些类型的阵列具有较窄的带宽，通过 HFSS 分析，在 5GHz 频率附近的带宽为 1.76%（88.2MHz），等贴片的阵列增益为 14.38dBi，效率为 91.90%。

如 6.4.2 节所述，我们可以通过缩小贴片宽度来改变均匀的振幅分布。改变贴片宽度会改变谐振长度，这必须在每个贴片上进行补偿。沿串联馈电的每个支路上呈现的负载将不同，并且体现在中心四分之一波长变换器的阻抗是边缘电导 $G_e \left(\dfrac{1}{G_e} = R_e \right)$ 的总和。

我们使用与上一示例中相同的设计，其中 $N = 3$。最内层的阵列单元为正方形，最外层为正方形贴片的一半。中心贴片尺寸取几何平均值或正方形贴片尺寸的 0.7，每个分支馈源底部的电阻分别为 335Ω、547Ω 和 880Ω。使用 40Ω 四分之一波长变换器在右侧产生 100Ω 阻抗，左侧为阵列镜像。

设计具体尺寸为：贴片 A_1 的 $W_1 = L_1 = 18.771$mm，A_2 的 $W_2 = 13.277$mm，$L_2 = 19.012$mm，A_3 的 $W_3 = 9.366$mm，$L_3 = 19.328$mm。半波分支长度为 22.726mm，50Ω 微带波导波长为 $\lambda_g = 43.850$mm。50Ω 线的宽度为 4.637mm，100Ω 线的宽度为 1.353mm。四分之一波长变换器的宽度为 6.359mm，长度为 11.112mm。

分析可知，谐振频率为 5GHz，带宽为 1.27%（63.7MHz）。锥形贴片阵列的预测增益为 13.73 dBi，效率为 89.35%。

两种阵列的辐射方向图如图 6-15 所示，我们发现，与均匀贴片宽度相比，具有锥形贴片宽度的阵列 SLL 提高了 5dB。这种串联/并联馈电阵列的缺点是带宽非常窄。

6.4.4　串联/并联匹配抽头式馈电阵列

6.4.3 节介绍的串联/并联驻波馈电的替代方法是使用背对背四分之一波长变换器进行匹配和孔径锥化。图 6-16 给出了一个六单元抽头的 S-P 阵列。

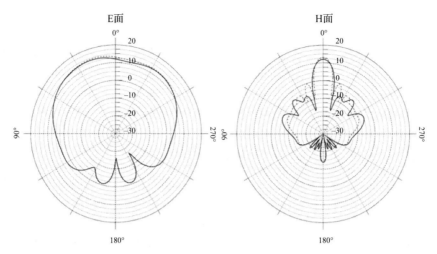

图 6-15　均匀贴片宽度(虚线)和锥形贴片宽度(实线)示例的辐射方向图比较

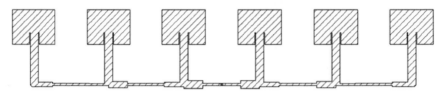

图 6-16　串/并联匹配抽头式馈电阵列在天线/匹配单元之间使用 100Ω 微带传输线。不同单元
　　　　确定沿阵列方向提供给每个天线的电流量

　　阵列的中心装有 50Ω SMA 探针馈源。阵列右侧和左侧的一对 100Ω 微带线在馈电点处并联接入,以在中心提供 50Ω 匹配。除两端的天线外,每个天线/匹配单元的几何结构如图 6-17 所示。

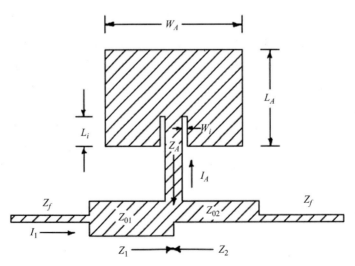

图 6-17　天线/匹配单元的几何结构

　　从左侧到达的电流 I_1 与转移到天线单元 I_A 的电流量之比为

$$\frac{I_1}{I_A} = \frac{Z_A}{Z_1} = N \tag{6-36}$$

其中 Z_A 是插入式贴片天线在背对背四分之一波长变换器交界处的馈电点阻抗,$1/N$ 是分流比。

当给定天线馈电点阻抗,并且已知每侧所需的单元数量时,可以使用式(6-37)确定 Z_1 的值:

$$Z_1 = \frac{Z_A}{N} \tag{6-37}$$

Z_2 的值可使用式(6-38)确定:

$$Z_2 = \frac{Z_1}{1 - \dfrac{1}{N}} \tag{6-38}$$

四分之一波长变换器 Z_{01} 和 Z_{02} 的特征阻抗如式(6-39)所示:

$$Z_{01} = \sqrt{Z_f \cdot Z_1} \tag{6-39}$$

$$Z_{02} = \sqrt{Z_2 \cdot Z_f} \tag{6-40}$$

左右两端的天线最终与一个四分之一波长变换器匹配。

例如,我们设计一个六单元阵列,其单元间距与 6.4.3 节的阵列相同。我们将选择一条 100Ω 的微带线进行单元间互连。每个插入贴片的馈电点阻抗为 50Ω,并通过 50Ω 微带传输线连接到匹配单元,阵列的左右两侧有两个对称的匹配单元,可表示为 $N=2$。第一个天线具有 0.5 的电流(1/2),对应 $N=2$,第二个天线具有 0.707 的电流(1/1.414 2),对应 $N=1.414\,2$,最后一个天线具有 0.25 的电流(1/4),对应 $N=4$。第一个单元的 $Z_1=25\Omega$,$Z_2=50\Omega$,$Z_{01}=50\Omega$,$Z_{02}=70.71\Omega$;第二个单元的 $Z_1=35.3\Omega$,$Z_2=120.07\Omega$,$Z_{01}=59.41\Omega$,$Z_{02}=109.58\Omega$。最末的四分之一波长变换器将 100Ω 转换为 50Ω。介电常数 $\varepsilon_r=2.2$,$\tan\delta=0.000\,9$,厚度为 1.524mm。每个插入贴片的宽度为 25mm(W_A),长度为 19.512 9mm(L_A),插入距离(L_i)为 6.5mm,每边有 0.5mm 的间隙(W_i),50Ω 分支线的总长度为 28.92mm,单元间距为 43.684mm。

HFSS分析结果表明:在 157.5MHz 频点,2∶1 的 VSWR 带宽为 3.15%。这比驻波阵的 1.27% 阻抗带宽要好得多。阵列增益为 14.4dBi,效率为 93.40%。抽头阵列的 E 和 H 平面辐射方向图如图 6-18 所示。旁瓣在主波束下方 -19dB 附近。

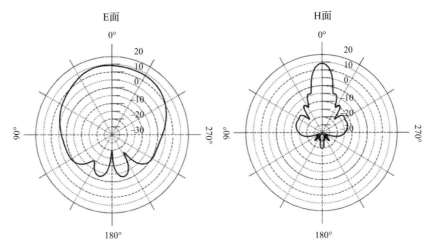

图 6-18 示例抽头阵列的 E 面和 H 面辐射方向图

此设计中的每个天线在谐振时可能具有不同的馈电电阻,从而提供了额外的设计参数。贴片也可以旋转并沿着非辐射边缘馈入，这也会使偏振旋转 90°。

6.4.5 馈线辐射和损耗

Levine 等人研究了共馈的微带天线阵列的馈线辐射和损耗[16]，得出了以下结论。

1）传输线损耗与微带传输线特征阻抗成反比 $\left(\dfrac{1}{Z_0}\right)$。

2）传输线的辐射损耗和表面波激励对微带传输线的特征阻抗 Z_0 有弱依赖性。这意味着传输线损耗与 Z_0 成反比为主要影响，也意味着馈线应选择尽可能大的特征阻抗值。

3）固定尺寸（长度和宽度）微带传输线的辐射损耗增加为 $(H\sqrt{\varepsilon_r}\lambda_0)^2$，表面波损耗增加为 $(H\sqrt{\varepsilon_r}\lambda_0)^3$。这些近似关系适用于 $H\sqrt{\varepsilon_r}\lambda_0\approx0.1$，$\varepsilon_r\approx2.2$ 的基底。为了减少来自馈线的辐射损耗，需要使 $H\sqrt{\varepsilon_r}\lambda_0$ 的值最小。

4）具有固定厚度和特征阻抗的微带传输线，其辐射损耗取决于其长度。当长度 $0<L<\lambda_0$ 时，损耗与 $(L/\lambda_0)^2$ 成正比。当线宽大于三个自由空间波长，即 $L>3\lambda_0$ 时，长度对其影响较小。表面波损失随线长变化而发生振荡。

5）末端馈电微带传输线的辐射损失比中央馈电微带传输线的辐射损失大。其原因是，中心馈线具有相反方向的电流，并且趋向于具有在远场中相互抵消的辐射。对于末端馈线和中心馈线，表面波损耗几乎相同。

6）在 $\varepsilon_r\approx2.2$ 和 $H\sqrt{\varepsilon_r}\lambda_0\approx0.08$ 且 Z_0 为 200Ω 的情况下，中心馈电微带传输线的典型损耗约为 3%，而末端馈电微带传输线的典型损耗约为 5%。如前所述，这些损耗与特征阻抗成反比，与底板厚度的平方成正比，并且对长度不敏感。

欧姆损耗和介电损耗的影响如附录 C 所述。

有趣的是，一旦选择了基板，可以选择低阻抗的馈线来降低耗散损耗，但是辐射损耗和表面波损耗会变得更高。因此，总的损耗对 100Ω～200Ω 范围内的阻抗不敏感。

制作一个尽可能对称的天线阵列通常是减少馈线辐射的可行方法，作者还注意到，随着阵列尺寸的增大，共馈阵列馈线的损耗会显著增加。

将微带阵列与相应的碟形天线的性能进行比较，分别为 16、64、256、1024 和 4096 个单元方阵（4×4、8×8、16×16、32×32 和 64×64）。分析结果如表 6-2 所示。16、64 和 256 单元微带阵列的性能与碟形天线相似。具有 1024 个单元的阵列比碟形天线差 1.5dB，但到 4096 个单元时，差异增加到 4.5dB，此时碟形天线具有很大优势。

表 6-2　共馈微带阵列损耗与碟形天线（效率为 50%）的所有值均以 dB 为单位。10GHz 微带模块化阵列，$\varepsilon_r=2.2$，基板厚度 = 1.6mm，间距为 $0.8\lambda_0$[16]

单元个数	16	64	256	1024	4096
方向性系数	20.9	27.0	33.0	39.2	45.1
辐射损失	0.8	1.0	1.3	1.9	2.6
表面波损耗	0.3	0.3	0.2	0.2	0.1
介电损耗	0.1	0.3	0.5	1.0	2.1
欧姆损耗	0.1	0.3	0.6	1.2	2.4
总损耗	1.3	1.9	2.6	4.3	7.2
计算的增益	19.5	25.0	30.0	34.5	37.5
反射器增益	18.0	24.0	30.0	36.0	42.0

6.4.6 微带传输线辐射

Abouzahra 和 Lewin 分析了微带传输线的辐射量，并在 1979 年推导了估算辐射量的方程式[17]。微带传输线的辐射损耗的衰减常数 α_r（单位为 nepers/m）为

$$\alpha_r = 60\left(\frac{2\pi H}{\lambda_0}\right)^2 F(\varepsilon_e) \tag{6-41}$$

对于终止的微带传输线，$F(\varepsilon_e)$ 为

$$F(\varepsilon_e) = 1 - \frac{\varepsilon_e - 1}{2\sqrt{\varepsilon_e}} \log_{10}\left[\frac{\sqrt{\varepsilon_e}+1}{\sqrt{\varepsilon_e}-1}\right] \tag{6-42}$$

对于开路微带线，有

$$F(\varepsilon_e) = \frac{\varepsilon_e+1}{\varepsilon_e} - \frac{(\varepsilon_e-1)^2}{2\,\varepsilon_e^{3/2}} \log_{10}\left[\frac{\sqrt{\varepsilon_e}+1}{\sqrt{\varepsilon_e}-1}\right] \tag{6-43}$$

其中 ε_e 是微带传输线的有效相对介电常数，H 是底板厚度，λ_0 是自由空间波长。

表 6-3～表 6-5 给出了具有一定说明性的实例。对于工作在 2.5GHz、5GHz、10GHz、28GHz 和 60GHz 的 50Ω 线路，表中给出了对应的辐射损耗，单位为 dB/100mm。

表 6-3 50Ω 微带传输线估计的辐射损耗[17]，$\varepsilon_e = 1.1$(17μm 铜厚)

50 微带传输线辐射损耗(泡沫基板)						
H	2.5GHz	5GHz	10GHz	28GHz	60GHz	损耗
126 μm	0.00	0.01	0.03	0.27	1.22	dB/100mm
254 μm	0.01	0.03	0.14	1.10	4.94	dB/100mm
508 μm	0.03	0.14	0.55	4.30	19.74	dB/100mm
762 μm	0.08	0.31	1.24	9.67	44.16	dB/100mm
1524 μm	0.31	1.24	4.94	38.47	176.64	dB/100mm

表 6-4 50Ω 微带传输线估计的辐射损耗[17]，$\varepsilon_e = 2.6$(17μm 铜厚)

50 微带传输线辐射损耗($\varepsilon_r = 2.6$)						
H	2.5GHz	5GHz	10GHz	28GHz	60GHz	损耗
126 μm	0.00	0.01	0.03	0.18	0.94	dB/100mm
254 μm	0.01	0.03	0.11	0.83	3.75	dB/100mm
508 μm	0.03	0.11	0.42	3.27	14.79	dB/100mm
762 μm	0.06	0.24	0.95	7.29	33.08	dB/100mm
1524 μm	0.24	0.95	3.74	28.84	131.81	dB/100mm

表 6-5 50Ω 微带传输线估计的辐射损耗[17]，$\varepsilon_e = 10.2$(17μm 铜厚)

50 微带传输线辐射损耗($\varepsilon_r = 10.2$)						
H	2.5GHz	5GHz	10GHz	28GHz	60GHz	损耗
126 μm	0.00	0.01	0.02	0.17	0.80	dB/100mm
254 μm	0.01	0.02	0.09	0.71	3.21	dB/100mm
508 μm	0.02	0.09	0.36	2.80	12.72	dB/100mm
762 μm	0.05	0.20	0.81	6.26	28.54	dB/100mm
1524 μm	0.20	0.81	3.21	24.87	113.94	dB/100mm

这是针对典型基板厚度来分析的。表 6-3 列出了带有典型泡沫基板的微带线辐射情

况。在 2.5GHz 时，损耗很小。当频率增加到 5GHz 时，最厚的基板会产生较大的损耗，而在 10GHz 时，两个最薄的基板是最小化微带传输线辐射的最佳选择。在 28GHz 时，只有最薄的一个符合需求。到 60GHz 时，则需要更薄的介质基板。

从表 6-4 可以看出，当基板的相对介电常数增加到 2.6 时，辐射损失减小。这个数量并不大，虽然它可以减少辐射损失，但不足以证明从泡沫基板转移到固体介质基板是合理的。

表 6-4 将基板的相对介电常数提高到 10.2，传输线辐射的减小量又不足以确定一个标准的基板厚度。

一般来说，我们希望将馈电相控阵的微带网络产生的杂散辐射降到最低，通常还希望最大限度地提高微带辐射的效率和带宽。为了减小馈电网络的辐射，应尽量减小基板的厚度，提高相对介电常数。但使用较薄的基片会降低微带天线的带宽和效率，根据经验法则，减小微带传输线辐射的最大基板厚度约为 $\lambda_0/25$ 或更小。

通常，使用两层 PCB 可以兼顾两方面的需求。具有低相对介电常数的上基板可用于实现最大带宽的微带天线。可以在背面（非单元侧）使用高介电常数的薄基板，以最大限度地减少馈电网络的辐射。随着基板的轻薄化，非辐射传输线损耗会增加，因此馈电网络厚度要平衡辐射损耗、欧姆/介电损耗和表面波的产生。在这种情况下，在顶层微带天线和微带馈电网络之间共享接地平面，可以引入通孔，提供从馈电网络侧到天线侧的探针馈电。可以选择在背面使用带状线，以进一步减少不必要的馈线辐射。

6.5 耦合

当排列多个微带天线单元时，这些单元将彼此耦合。发生耦合的一种机制是表面波的产生，可以使用 2.6 节中的方法来最大限度地减少表面波的产生。

在实际应用中经常遇到单元间距较大的情况，微带单元间的耦合量很小，可以忽略不计。当单元间的耦合的影响足够大时，通常使用耦合的测量值来代替分析。与这里提供的近似分析相比，全波分析工具的可用性使得计算耦合相对容易。

可以使用网络方法[18-19]来分析耦合的影响。天线阵列中每个单元馈电点处的电压和电流与其他单元的耦合之间的关系如式（6-44）所示。

$$\begin{bmatrix} V_1 \\ V_2 \\ V_3 \\ \vdots \\ V_{N-1} \\ V_N \end{bmatrix} = \begin{bmatrix} Z_{11} & Z_{12} & Z_{13} & \cdots & Z_{1N} \\ Z_{21} & Z_{22} & Z_{23} & \cdots & Z_{2N} \\ Z_{31} & Z_{32} & Z_{33} & \cdots & Z_{3N} \\ \vdots & \vdots & \vdots & \ddots & \vdots \\ Z_{N1} & Z_{N2} & Z_{N3} & \cdots & Z_{NN} \end{bmatrix} \begin{bmatrix} I_1 \\ I_2 \\ I_3 \\ \vdots \\ I_{N-1} \\ I_N \end{bmatrix} \tag{6-44}$$

矩阵方程的每一行都可以用等式写出，N 个单元阵列中单元 1 的馈电点处的电压变为

$$V_1 = Z_{11}I_1 + Z_{12}I_2 + Z_{13}I_3 + \cdots + Z_{1N}I_N \tag{6-45}$$

我们可以将式（6-45）的两边同时除以 I_1，得到一个等式。这个等式根据其他单元中的电流与单元 1 的电流之比来关联单元 1 的馈电点阻抗。此方程式称为单元 1（Za_1）的有源阻抗：

$$Za_1 = Z_{11} + Z_{12}\frac{I_2}{I_1} + Z_{13}\frac{I_3}{I_1} + \cdots + Z_{1N}\frac{I_N}{I_1} \tag{6-46}$$

通常，对于每个单元 n，$m=1,2,3,\cdots,\acute{N}$，有

$$Za_n = \frac{V_n}{I_n} = \sum_{m=1}^{\acute{N}} \frac{I_m}{I_n} Z_{mn} + Z_{nn} \tag{6-47}$$

式(6-47)中的 $\acute{N}$ 不包括 $m=n$ 项。

每个单元的起始电流是未知的，但我们可以使用式(6-47)迭代到收敛解，从馈电点的起始电流开始迭代。

阵列的起始电流可以通过馈电点电压除以每个天线的自阻抗(忽略耦合)来计算：

$$|I_n^{s1}| = \left| \frac{E_n}{Z_{nn} + Z_0} \right| \tag{6-48}$$

可以使用式(6-47)计算新的有源阻抗。计算有源阻抗后，将计算新的电流分布，同时保持电压分布恒定。第 k 次迭代的电流为

$$|I_n^{fk}| = \left| \frac{E_n}{Z_{an} + Z_0} \right| \tag{6-49}$$

上标 f 是激励单元 n 的 k 次迭代的最终电流。$k+1$ 次迭代后，新的起始电流为

$$|I_n^{s(k+1)}| = \frac{1}{2} |I_n^{sk} + I_n^{fk}| \tag{6-50}$$

在每次迭代时，使用误差函数来进行评估：

$$\text{Error} = \sum_{i=1}^{N} |\text{Re}[I_i^{fk}] - \text{Re}[I_i^{sk}]|^2 + |\text{Im}[I_i^{fk}] - \text{Im}[I_i^{sk}]|^2 \tag{6-51}$$

耦合可以使用本节后面所述的空腔模型来计算。在计算出电流之后，使用 6.1～6.3 节介绍的方法计算阵列的辐射方向图。

示例：我们将使用七单元线性阵列来说明耦合效应，其中单元为矩形微带天线。

单元的几何形状如图 6-19 所示，极化沿 y 轴方向，贴片都具有相同的尺寸。每个贴片的谐振长度 $a=50.0\text{mm}$，宽度 $b=60.0\text{mm}$。基板厚度 $H=1.575\text{mm}$，$\varepsilon_r=2.50$，$\tan\delta$ 为 0.001 8。工作频率为 1.560GHz，这些值与 Jedlicka 和 Carver 提出的值一致。

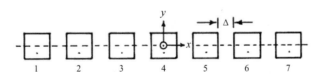

图 6-19　具有 H 面耦合(y 方向上的电场)的七单元矩形微带阵列(点表示馈电点)

用空腔模型计算矩形微带单元间的耦合时，所用的壁导纳值对其影响较大，在许多实际情况下，可以测量预制原型阵列的耦合，或者采用全波分析方法来确定更准确的耦合值。

我们将用空腔模型说明相互耦合对七单元阵列辐射方向图的影响。后文概述了使用空腔模型计算一对矩形微带天线之间的耦合。

在图 6-20a 中，七单元阵列以均匀的电压分布被激励。当不存在耦合时，方向性系数最大。当以边距间隔 $\Delta=0.8a$(其中 a 是贴片宽度)包括耦合时，方向性系数会降低，SLL 也会降低。当非辐射边缘之间的间距减小到 $0.6a$ 时，这种趋势依旧存在。

图 6-20b 显示了带有电压激励的七单元阵列的模式，该电压激励在底板上具有 -6dB 线性锥度。图中显示了在没有耦合的情况下的方向图，当考虑边到边间隔为 $0.8a$ 的耦合

时，可以看到与之前一样，方向性系数减小，但 SLL 增大。在 $\Delta = 0.6a$ 时，耦合使得电流分布几乎与没有耦合的电流分布相同。当间距减小到 $0.4a$ 时，方向性系数减小。

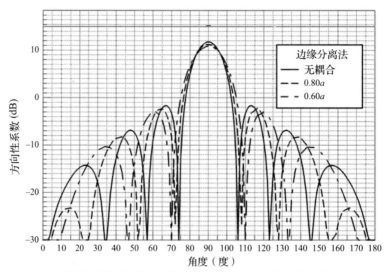

a）利用谐振空腔模型计算了七单元矩形微带阵列在均匀激励下的耦合效应

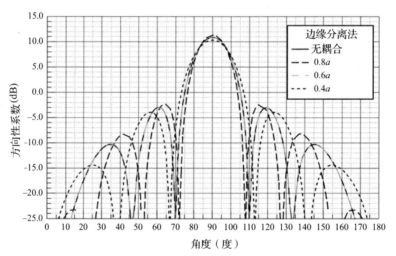

b）利用空腔模型计算了七单元矩形微带阵列在−6dB锥形激励下的耦合效应

图 6-20　不同情况下的耦合效应

方形 MSA 之间的耦合

可以使用式(6-52)[20]计算两个微带天线之间的耦合：

$$Z_{21} = \frac{1}{I_1 I_2} \oint \vec{H}^{\text{patch1}} \cdot \vec{M}^{\text{patch2}} \, \mathrm{d}l_2 \qquad (6\text{-}52)$$

利用式(6-52)的空腔模型可以得到以探针馈电的微带天线之间的互阻抗。其中，I_1 和 I_2 是贴片馈源处的电流。$\vec{H}^{\text{patch1}}$ 是 1 号天线在 2 号天线上产生的磁场。$\vec{M}^{\text{patch2}}$ 是 2 号天线自激时的线性磁电流密度，集成在 2 号天线的外围。

此分析模型的尺寸和几何结构如图 6-21 所示。

天线单元位于 X-Y 平面中，贴片 1 的中心与坐标系的原点重合，贴片 2 的中心位于

$\vec{r}_0 = X_0\hat{i} + Y_0\hat{j}$。我们根据贴片 1 边缘的磁电流可以计算 $\vec{H}^{\text{patch1}}$ 腔体边缘的等效磁力线电流与腔体边界磁场的关系为

$$\vec{M}^{\text{patch2}} = 2HE_Z(x,y)\,\hat{z} \times \hat{n} \tag{6-53}$$

单位矢量 $\hat{n}$ 是空腔边界处的外法向单位矢量，H 为基片厚度，利用空腔模型计算内部电场，关系为

$$E_Z(x,y) = \frac{2\mathrm{j}I_0\omega\cos\dfrac{\pi y}{b}\cos\dfrac{\pi y_b}{b}}{\varepsilon^*\,ab\left[\omega^2 - (\omega_r + \mathrm{j}\omega_i)^2\right]} \tag{6-54}$$

式中 $\varepsilon^* = \varepsilon_r(1 - \mathrm{j}\tan\delta)$，$\omega$ 为角频率（rad/s），a 为贴片在 X 面的宽度，b 为贴片在 Y 面的宽度，y_b 为馈电探针在 Y 轴的坐标，I_0 为馈电点（即馈电点）电流，$(\omega_r + \mathrm{j}\omega_i)$ 为复谐振频率。

法线向量、磁流方向和贴片边缘的标注如图 6-21 所示，贴片产生的磁电流如图 6-22 所示。

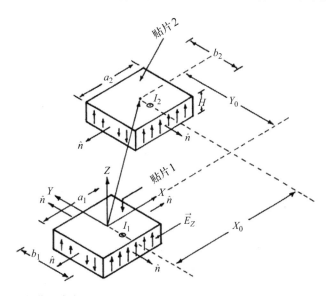

图 6-21　两个矩形微带天线在 X-Y 平面上的空腔模型，以及天线中心之间的距离，用于利用空腔模型计算耦合

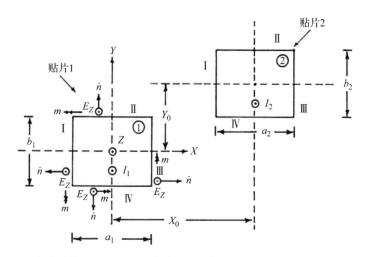

图 6-22　在空腔模型下，矩形微带贴片天线每侧的磁电流方向由式(6-53)定义

式(6-55)给出了由长度为 Δz，方向为 Z 的磁流 $\vec{M}$ 辐射的磁场[21]：

$$\vec{H}(r,\theta) = \mathrm{j}\omega\varepsilon\,\frac{\vec{M}\Delta z}{4\pi}\left[1 + \frac{1}{\mathrm{j}kr} + \frac{1}{(\mathrm{j}kr)^2}\right]\frac{\mathrm{e}^{-\mathrm{j}kr}}{r}\sin(\theta\,\hat{\theta}) + \mathrm{j}\omega\varepsilon\,\frac{\vec{M}\Delta z}{2\pi}\left[1 + \frac{1}{(\mathrm{j}kr)^2}\right]\frac{\mathrm{e}^{-\mathrm{j}kr}}{r}\cos(\theta\,\hat{r})$$

$$(6\text{-}55)$$

对于微分长度为 $\mathrm{d}z$ 的磁流，微分磁场可简化为

$$\mathrm{d}\vec{H}(r,\theta) = \mathrm{j}\omega\varepsilon\,\frac{\vec{M}\mathrm{d}z}{4\pi}\left[1 + \frac{1}{\mathrm{j}kr} + \frac{1}{(\mathrm{j}kr)^2}\right]\frac{\mathrm{e}^{-\mathrm{j}kr}}{r}\sin(\theta\,\hat{\theta}) + \mathrm{j}\omega\varepsilon\,\frac{\vec{M}\mathrm{d}z}{2\pi}\left[1 + \frac{1}{(\mathrm{j}kr)^2}\right]\frac{\mathrm{e}^{-\mathrm{j}kr}}{r}\cos(\theta\,\hat{r})$$

$$(6\text{-}56)$$

贴片 1 沿矢量 $\vec{r}$ 辐射的磁场可以通过来自每一侧磁电流的场进行积分来计算：

$$\vec{H}(r,\theta) = \mathrm{j}\frac{\omega\varepsilon}{4\pi}\int_{\text{patch1edges}}\vec{M}(z)\left[1 + \frac{1}{\mathrm{j}kr} + \frac{1}{(\mathrm{j}kr)^2}\right]\frac{\mathrm{e}^{-\mathrm{j}kr}}{r}\sin\theta\,\mathrm{d}(z\hat{\theta}) +$$

$$\mathrm{j}\frac{\omega\varepsilon}{2\pi}\int_{\text{patch1edges}}\vec{M}(z)\left[1 + \frac{1}{(\mathrm{j}kr)^2}\right]\frac{\mathrm{e}^{-\mathrm{j}kr}}{r}\cos\theta\,\mathrm{d}(z\hat{r}) \qquad (6\text{-}57)$$

利用球坐标可以表示 Z 轴方向电流产生的场（见图 6-23 和图 6-24）。为了便于与贴片 2 周围的磁电流进行点积运算，使用以下表达式计算直角坐标值（当 $\vec{r}$ 位于磁电流 $\hat{z}$-$\hat{y}$ 平面时，$H_\phi = 0$，$\phi = 90$）：

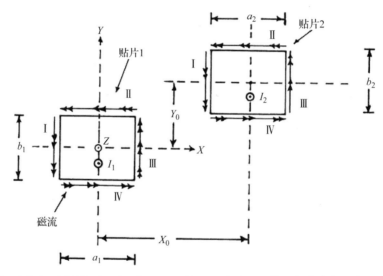

图 6-23 矩形贴片 1 周围的磁电流（式(6-53)）描述了贴片 2 边缘上任意点的磁场。利用贴片 1 在贴片 2 产生的磁场和贴片 2 的磁电流（式(6-52)）可以计算得到 Z_{21}

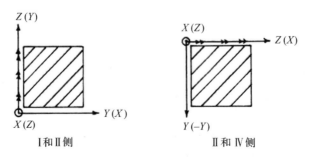

图 6-24 使用式(6-52)简化耦合计算的坐标变换

$$H_y = H_r \sin\theta + H_\theta \cos\theta \tag{6-58}$$

$$H_z = H_r \cos\theta + H_\theta \sin\theta \tag{6-59}$$

对于贴片 1 的 I 侧或 III 侧，沿着贴片 1 的 $\hat{y}$ 方向边缘放置 $\hat{z}$ 方向的电流。在这种情况下：

$$\vec{H}_x^{\vec{M}} \to \vec{H}_z$$
$$\vec{H}_y^{\vec{M}} \to \vec{H}_x$$
$$\vec{H}_z^{\vec{M}} \to \vec{H}_y$$

此处将一对矩形微带天线之间的耦合进行了评估，并与 Jedlicka 和 Carver 的实验结果进行了比较[22]。理论结果与 Jedlicka 和 Carver 的实验结果如图 6-25 所示。总体而言，实验与理论之间的相关性很好，并且从 0.3 到 0.6λ 的边缘分离非常吻合。

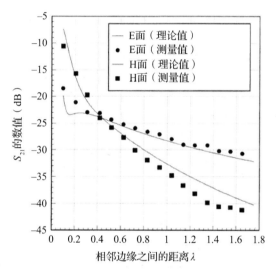

图 6-25　使用空腔模型将 Jedlicka 和 Carver [22] 的实验结果与式(6-52)计算的结果进行比较。$f = 1.56\text{GHz}$，$\varepsilon_r = 2.50$，$a_1 = a_2 = 50.0\text{mm}$，$b_1 = b_2 = 60.0\text{mm}$，$H = 1.57\text{mm}$。探针馈电位于每个贴片的中心 $x = a/2$ 处，探针馈电距离中心 8.25mm($R_{\text{in}} = 50.125\Omega$)

参考文献

[1]　Elliot, R. S., "Bandwidth and Directivity of Large Scanning Arrays, First of Two Parts,"Microwave Journal, December 1963, Vol. 6, No. 12, pp. 53-60.

[2]　Elliot, R. S., "Beamwidth and Directivity of Large Scanning Arrays, Last of Two Parts,"Microwave Journal, January 1964, Vol. 7, No. 1, pp. 74-82.

[3]　Hansen, R. C., Significant Phased Array Papers, Artech House ReprintVolume, 1973.

[4]　Stutzman, W. L., and Thiele, G. A., Antenna Theory and Design, John Wiley & Sons, 1981, pp. 385-391.

[5]　Balanis, C. A., Antenna Theory Analysis and Design, Harper & Row, 1982, pp. 37-42.

[6]　Dolph, C. L., "A Current Distribution for Broadside Arrays Which Optimizes the Relationship between Beamwidth and Sidelobe Level,"Proceedings IRE, June 1946, Vol. 34, No. 6, pp. 335-348.

[7]　Sainati, R. A., CAD of Microstrip Antennas for Wireless Applications, Artech House, 1996, pp. 191-199.

[8] Hall, P. S. , and Hall, C. M. , "Coplanar Corporate Feed Effects in Microstrip Patch Array Design," IEE Proceedings, June 1988, Vol. 135, Pt. H, No. 3, pp. 180-186.

[9] Sainati, R. A. , CAD of Microstrip Antennas for Wireless Applications, Artech House, 1996, pp. 210-220.

[10] Collin, R. E. , Antennas and Radiowave Propagation, McGraw-Hill, 1985, pp. 266-268.

[11] Derneryd, A. G. , "Linearly Polarized Microstrip Antennas," IEEE Transactions on Antennas and Propagation, November 1976, Vol. 24, pp. 846-851.

[12] Derneryd, A. G. , "A Two Port Rectangular Microstrip Antenna Element," Scientific Report No. 90, July 1987, Electromagnetics Laboratory, University of Colorado, Boulder, CO.

[13] Gupta, K. C. , and Benalla, A. , "Transmission-Line Model For Two-Port Rectangular Microstrip Patches With Ports At The Nonradiating Edges," Electronics Letters, August 1987, Vol. 23, No. 17, pp. 882-884.

[14] Gupta, K. C. , and Benalla, A. , "Two-Port Transmission Characteristics of Circular Microstrip Patch Antennas," IEEE Antennas and Propagation Inter- national Symposium Digest, June 1986, pp. 821-824.

[15] Pozar, D. M. , and Shaubert, D. H. , "Comparison of Three Series Fed Microstrip Array Geometries," IEEE Antennas & Propagation Symposium, Ann Arbor, July 1993, pp. 728-731.

[16] Levine, E. , Malamund G. , Shtrikman, S. , and Treves , D. , "A Study of Microstrip Array Antennas with the Feed Network," IEEE Transactions on Antennas & Propagation, April 1989, Vol. 37, No. 4, pp. 426-434.

[17] Abouzahra, M. D. , and Lewin, L. , "Radiation from Microstrip Discontinuities," IEEE Transactions on Microwave Theory and Techniques, August 1979, Vol. MTT-27, No. 8, pp. 722-723.

[18] Waterhouse, R. , Microstrip Patch Antennas A Designer's Guide, Kluwer Academic Publishers, 2003, pp. 361-364.

[19] Malherbe, A. , and Johannes, G. , "Analysis of a Linear Antenna Array Including the Effects of Mutual Coupling," IEEE Transactions on Education, February 1989, Vol. 32, No. 1, pp. 29-34.

[20] Huynh, T. , Lee, K. F. , and Chebolu, S. R. , "Mutual Coupling Between Rectangular Microstrip Patch Antennas," Microwave and Optical Technology Letters, October 1992, Vol. 5, No. 11, pp. 572-576.

[21] Stutzman, W. L. , and Thiele, G. , Antenna Theory and Design, John Wiley & Sons, 1981, p. 98.

[22] Jedlicka, R. P. , and Carver, K. R. , "Mutual Coupling Between Microstrip Antennas," Proceedings of Workshop on Printed Circuit Antenna Technology, New Mexico State University, Physical Science Laboratory, October 17-19, 1979.

第 7 章

印刷天线

虽然微带天线有其局限性，但仍被大量应用。在某些情况下，只能通过非传统微带配置的平面天线来满足方向图或带宽要求。我们通常称之为印刷或平面天线。由于微带传输线可能与天线集成在一起，因此它通常也被称为微带天线。在本章中，我们将给出许多有用的印刷/微带天线设计。

7.1 全向微带天线

许多无线应用需要一种具有全向方向图的天线[1]。Bancroft 和 Bateman[2-3] 提出了一种全向天线，该设计易于缩放以产生一定范围的增益，当用同轴传输线馈电时不需要巴伦，并且具有 50Ω 馈电点阻抗。文献[4]中给出了双短路矩形全向微带天线的设计细节。在 20 世纪 70 年代早期[5-6]，Jasik 等人设计了一些全向天线。在 20 世纪 70 年代后期，Hill[7] 设计了行波天线。在 1980 年，Ono[8] 等人也提出了类似的几何结构。2012 年，Wei 等人[9] 堆叠了两个全向微带天线（Omidirectional Microstrip Antenna，OMA）用于双频带设计。

OMA 的几何形状如图 7-1 所示。首先，天线的底部是一个宽为 W_e，长为 L_e 的微带线，然后变化为宽度为 W_m 和长度为 L_m，并在宽和窄之间交替，直到达到最后的宽截面。两个宽端部分的中心都短接到上部分的走线上。上迹线从底部开始，有一个宽度为 W_m 的窄迹线，在宽和窄部分之间交替，与上迹线互补。最后一个结构终止于上面的短线。两端的短路连接上下走线。馈电点如图 7-1 所示，同轴线的外屏蔽焊接到宽的底部走线上，中心导体激励上部走线。

OMA 可视为一组 λ/2 微带传输线，如图 7-2 所示。上半部分是微带传输线及其电流。微带传输线的每个半波长部分均被翻转，因此接地平面连接到走线，走线连接到下一部分的接地平面。每个部分均为 50Ω 微带传输线，接地平面和走线的旋转会导致各部分所需的场模式不匹配。这一系列的不连续性引起了辐射。电场在每个结处最大，表面电流在每个宽截面的中心（沿接地平面边缘）最大。

天线底部的短路引脚为电压源（$L_d = 0$）产生的向下行波增加了 $-180°$ 相移，该相移比短路时的馈电点相位落后 $90°$，当它回到馈电点时，又增加了 $90°$ 相移（总共 $360°$）。这使得从下部短路反射的波与在馈电点产生的沿着天线向上传播的波同相到达。上部短路以相同的方式运行，因此向上和向下的行波同相。这就产生了一个谐振结构，其中每个宽接地平面（和走线）上的电流都是同相的，从而产生一个全向天线方向图。

短路引脚还可以将馈电端短路下方出现的电流降至最低。同轴馈线的外部屏蔽通常与接地平面侧的馈电点边缘焊接为短路。这种短路将馈线从短路（单导体）下方的天线上断开，因此在同轴电缆的外导体上只激励微小的电流，并且不需要巴伦。它还可以减少静电放电。

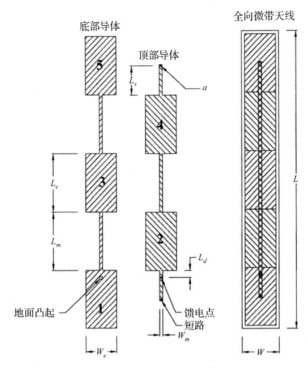

图 7-1 五段矩形双短全向微带天线

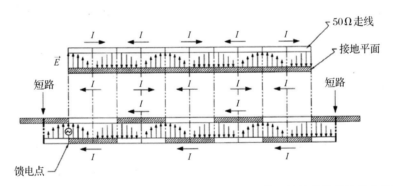

图 7-2 微带传输线上的电流(上半部分)及构成七段全向微带天线的微带传输线的翻转部分
上的电流(下半部分)

在图 7-1 中,馈电点阻抗在单元 1 和 2 的连接点处最大。最大阻抗与单元的宽度成反比。随着单元宽度的减小,连结处的最大阻抗增大,当 W_e 增大时,最大阻抗减小。一般来说,可以在底部短路点和交叉点处的最大馈电点电阻之间找到 50Ω 的馈电位置。

可以改变组成天线总长度的单元数量来提供期望的增益。图 7-3 和图 7-4 分别给出了矩形双短 OMA 的增益与 $W_e = 10, 20\text{mm}$ 的单元数量的关系。使用 HFSS 对这些天线进行分析,$H = 0.762\text{mm}$,$\varepsilon_r = 2.6$,$W_m = 2\text{mm}$,$a = 0.5\text{mm}$,工作频率为 2.45GHz。可以看出,增益随着单元总数的增加而稳定增加。

单元越宽,天线效率越高,天线尺寸越大。当天线单元很窄(10mm)时,天线方向图是对称且全向的。随着宽度增加(20mm),较低频率的谐振点向高频移动并产生模式叠加。低频模式具有蝶形辐射方向图,这增加了设计天线的 SLL,如图 7-3 和图 7-4 所示。

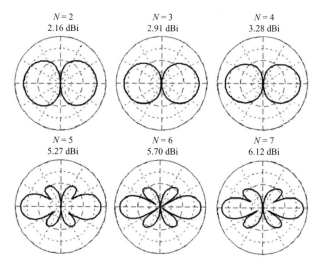

图 7-3　10mm 宽(W_e)单元的增益

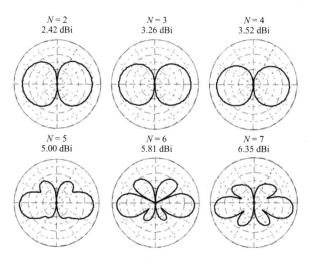

图 7-4　20mm 宽(W_e)单元的增益

在全向模式下激励的双短矩形 OMA 的阻抗带宽约为 3%～4%，几乎与长度无关。

当 $W_e=20$mm 时，天线效率相对于单元数量非常稳定(HFSS 仿真结果表明：$N=2$ 时为 96.5%，$N=7$ 时为 94.7%)，但当 $W_e=10$mm 时，天线效率随着单元数量的增加而下降($N=2$ 时为 91.3%，$N=7$ 时为 87.6%)。

一个七段 OMA 用 0.762mm (0.030 英寸)层压材料设计，其工作频率为 2.45GHz。介质基板的相对介电常数为 $\varepsilon_r=2.6$，$\tan\delta$ 为 0.002 5。天线的尺寸为 $W_m=2.06$mm，$W_e=16.25$mm，$L_e=L_m=36.58$mm。位于天线两端的短路针半径为 0.5mm(a)。天线在第一条窄线和下一条宽线交汇处(即 $L_d=0$)。电介质材料从每侧伸出 2.0mm，从每端伸出 2.0mm。

FDTD 用于计算辐射方向图[10]。使用 2.586GHz 的正弦源来计算天线的辐射方向图。图 7-5 给出了仿真和测量的辐射方向图。天线的最佳性能是在频带的高频处。与 FDTD 分析结果相比，测量的模式略微向下倾斜。似乎是附加的馈电电缆影响了沿着阵列的相位关系，导致了波束倾斜。用来给阵列馈电的小电缆不适合用 FDTD 来建模。在 2.586GHz 工作频率下，最大增益计算结果为 6.4dBi，测量值为 4.6dBi。天线旁瓣增益比主瓣增益低约 11dB。

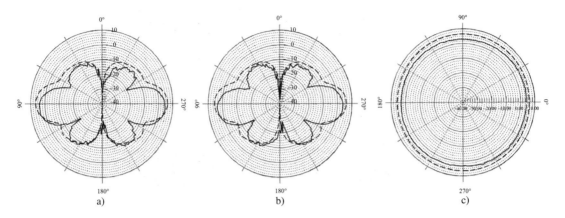

图 7-5　使用 FDTD 分析计算（虚线）和测量（实线）在 2.586GHz 的 OMA 的 y-z 平面（图 7-5a）、
x-y 平面（图 7-5b）和 x-y 平面（图 7-5c）辐射方向图

天线的最佳匹配点在 2.4GHz 处，驻波比 VSWR 为 2∶1，阻抗带宽为 371MHz。15.45% 的归一化带宽对于印刷天线来说非常好。然而，模式带宽只有 5%～6%。馈电点不平衡，因此用同轴电缆为该天线馈电不需要巴伦。

OMA 的辐射来源于矩形单元边缘的电流。当尺寸很小时，这对电流几乎共线，天线方向图在全向平面上几乎没有变化。随着尺寸增大，两个电流开始排布，方向图明显偏离圆形。我们可以使用一组振幅均匀的正弦曲线（Uniform Amplitude Sinusoid，UAS）来模拟 OMA 的辐射。图 7-6 给出了这种分析的模式结果。预测的模式变化与 HFSS 计算结果有很好的相关性[11]。当 W_e 范围从 $0.0\lambda_0$ 到 $0.25\lambda_0$ 变化时，仿真的模式变化值范围为 0.0dB 到 2.77dB。

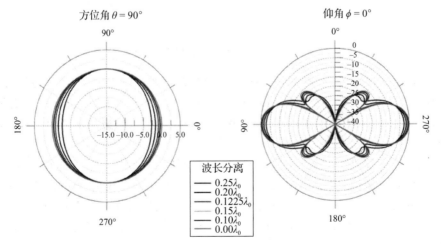

图 7-6　机翼在方位角（全向）和仰角平面上对 OMA 模式变化的影响，用均匀振幅正弦曲线模
拟。当 W_e 从 $0.0\lambda_0$ 变化到 $0.25\lambda_0$ 时，方位增益从 0.0dB 增加到 2.77dB

7.1.1　低旁瓣全向 MSA

7.1 节中介绍的 OMA 沿其长度方向具有均匀的辐射。阵列均匀幅度分布的旁瓣比主波

束低 13.2dB。示例中的均匀 OMA 旁瓣高达 11dB。我们可以通过控制改变每个单元的宽度来测量它们的辐射量[12]。图 7-7 给出了一个七段 OMA，它有不同宽度的单元。每个单元的相对宽度对应于公式(6-15)计算的 −6dB 线性维度。

用 FDTD 进行分析，改变中心宽度 W_4（其他宽度取决于 W_4），直到获得产生 22.5dB SLL 的期望分布。该设计使用 0.762mm 厚的电介质基板，$\varepsilon_r = 2.6$，$\tan\delta = 0.0025$。单元宽度为 $W_1 = 3.0$mm，$W_2 = 7.32$mm，$W_3 = 11.66$mm，$W_4 = 16.0$mm，50Ω 传输线的宽度为 2.03mm。每个单元长度为 36.15mm。

我们利用先前 FDTD 分析(7.1 节)的单元宽度加工了一个天线。天线方向图在 2.628GHz 时最佳，但输入阻抗有轻微的串联感抗，这产生了不可接受的失配(2.5∶1 VSWR)。在馈电点使用 1.0pF 电容作为过孔，实现回波损耗优于 25dB 的天线匹配。−6dB 锥形 OMA 的归一化阻抗带宽为 3.8%，小于均匀设计的 14.58% 带宽。

FDTD 仿真结果的增益为 5.39dB。加工天线的测量误差为 5.0dB。测量和预测的辐射方向图如图 7-8 所示。

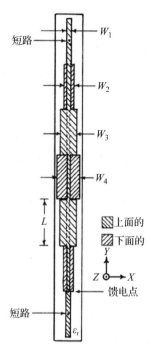

图 7-7　线性渐变七段全向微带天线

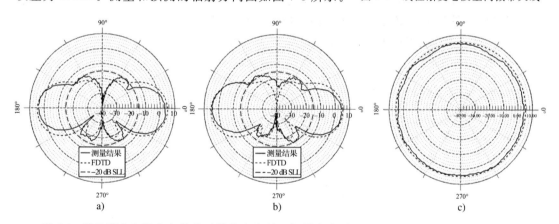

图 7-8　线性渐变七段全向微带天线的全向平面辐射方向图：y-z 平面(图 7-8a)，x-z 平面(图 7-8b)和 x-y 平面(图 7-8c)。虚线来自 FDTD 的分析，实线是测量结果

FDTD 方法具有 −22.5dB 的 SLL。测量的 SLL 接近 −20dB。这比均匀 OMA 设计的 −11dB SLL 提高了大约 9dB。

当设计无方向性天线时，通常很难知道全向方向图的近似方向性系数与半功率波束宽度(Half-Power Beam Width，HPBW)的关系。波扎尔提出了一个基于 $\sin^N\theta$ 方向图的曲线拟合方程，将无旁瓣的全向方向图的 HPBW 与其方向性系数联系起来[13]：

$$D = 10\log_{10}\left(191.0\sqrt{0.818 + \frac{1}{\text{HPBW}}} - 172.4\right)\text{dB} \tag{7-1}$$

其中，HPBW 是仰角平面半功率波束宽度，单位为度。该方程在波束宽度为 140° 时有效。

当旁瓣以假定的均匀电流分布出现时，McDonald 建立了一种关系，使用 $\sin(b\theta)/(b\theta)$ 模式作为其基础[14]：

$$D = 10\log_{10}\Big(\frac{101.5}{\text{HPBW} - 0.002\,72(\text{HPBW})^2}\Big)\text{dB} \qquad (7\text{-}2)$$

7.1.2 OMA 的元素塑造

到目前为止，OMA 讨论的都是矩形元素。其他形状可以在全向微带天线设计中提供一些优势。图 7-9 给出了 5 种圆形、矩形和椭圆形单元的组合。

我们之前已经看到，随着矩形单元宽度增加，天线的效率也会增加。工作频率为 4.9GHz 的 OMA 设计，其 HFSS 仿真结果如图 7-9 所示，每种设计的效率从左到右呈递减趋势。HFSS 仿真的圆形 OMA 设计的效率分别为：图 7-9a 中为 96.8%；图 7-9b 中为 95.8%；图 7-9c 中为 93.5%；图 7-9d 中为 92.52%；图 7-9e 中为 92.5%。单元形状变化引起的效率变化仅为 0.2dB。设计的增益也会发生变化，在图 7-9 中从左向右递减。圆形 OMA 设计的增益：图 7-9a 中为 7.7dBi；图 7-9b 中为 6.7dBi；图 7-9c 中为 6.8dBi；图 7-9d 中为 6.7dBi；图 7-9e 中为 6.2dBi。

在低频情况下，物理等效工作频率大致相等，但是通过使用圆形单元而不是矩形单元，可提高大约 1.0~1.5dB 的增益。

使用最小二乘法进行 HFSS 仿真的结果表明，椭圆形和矩形的组合产生了最低的 SLL，单元的宽度一致。对于预测的 SLL：图 7-9a 中为 11.8dB；图 7-9b 中为 11.3dB；图 7-9c 中为 13.1dB；图 7-9d 中为 14.5dB；图 7-9e 中为 11.8dB。

在设计单元为矩形的情况下，馈电点阻抗与单元宽度成比例。谐振时的馈电点阻抗对于圆形单元(图 7-8a)来说是最低的，随着矩形元素(图 7-8d)增大而达到最大值。对于双短路设计，全向模式的阻抗带宽在所有单元宽度上大致相同。

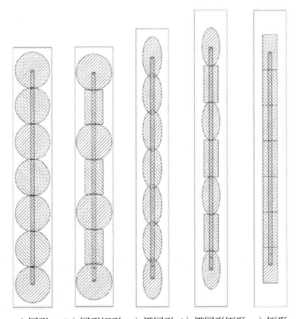

a) 圆形　　b) 圆形矩形　c) 椭圆形 d) 椭圆形矩形　e) 矩形

图 7-9　七段双短形单元全向微带天线设计

7.1.3 单短全向微带天线

图 7-1 所示的双短路 OMA 设计的优点是，可以直接与同轴传输线相连，并通过选择

适当的单元宽度和馈电点位置来匹配馈电点阻抗。第二种选择是在天线的顶部使用单个短路结构，并使天线的底部作为宽带阻抗匹配的平台。

图 7-10 给出了一个具有圆形单元的单短 OMA 和一个宽带阻抗匹配网络。附录 E 介绍了一系列阻抗匹配技术。该设计使用理论馈电点阻抗和传输线分析软件来设计宽带匹配网络。使用 HFSS 对该网络进行优化。实现了一个原型天线，VSWR 的测量结果和 HFSS 仿真结果如图 7-11a 所示。该 OMA 具有令人印象深刻的 25％ 2：1 驻波比阻抗带宽。该带宽用一根天线就覆盖了许多商业频带。天线理论增益范围为 6.4～7.6dBi。该天线 HFSS 仿真的仰角方向图如图 7-11b 所示。单短 OMA 提供了比双短天线更多的设计选择。

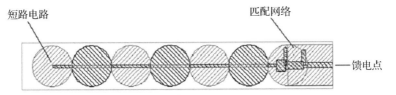

图 7-10　具有宽带匹配网络的单短全向天线

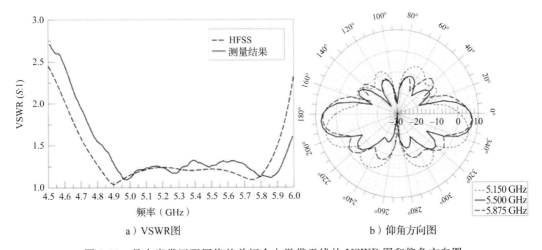

a）VSWR 图　　　　　　　　　　b）仰角方向图

图 7-11　具有宽带匹配网络的单短全向微带天线的 VSWR 图和仰角方向图

7.1.4　共同馈电全向微带天线

串联馈电 OMA 设计具有简单和最大限度利用物理孔径的优点。一个缺点是依赖于频率的波束扫描量。一种常见的替代全向天线的设计方法是使用联合馈电网络。这种类型的天线设计如图 7-12 所示，由 Wong 等人提出的串联馈电设计衍生而来[15]。天线阵采用平行板传输线馈电（参见附录 C）[16]。平行板传输线联合馈电网络的末端使用金属带端接，金属带沿相反方向布线。平行板传输线路径上的电流是差分的，这抑制了馈电辐射。金属条的单元方向相反，这在每个单元上产生无反向电流（即所有辐射带上的电流方向和相位相同）。所有的单元都有同方向的电流，产生全方位辐射。

平面天线一般采用不平衡的微带传输线馈电。如图 7-12 所示，使用巴伦将不平衡微带传输线模式转换为平衡平行板传输线模式。50Ω 平行板线分成一对 100Ω 线。四分之一波长变换器连接到 3 个单元子阵列中的每一个单元，并且可以用于在工作频率下匹配天线馈电点阻抗。有些应用需要尽可能大的阻抗带宽。可以设计一个匹配网络来实现大阻抗带宽。图 7-13 给出了带有阻抗匹配网络的天线 VSWR，设计工作频率为 4.5～5.0GHz（＜2：1 VSWR）。

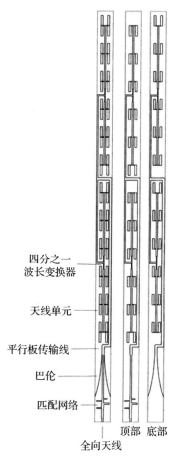

四分之一
波长变换器

天线单元

平行板传输线

巴伦

匹配网络

全向天线　　　顶部　底部

图 7-12　采用平行板传输线的联合馈电全向微带天线阵列

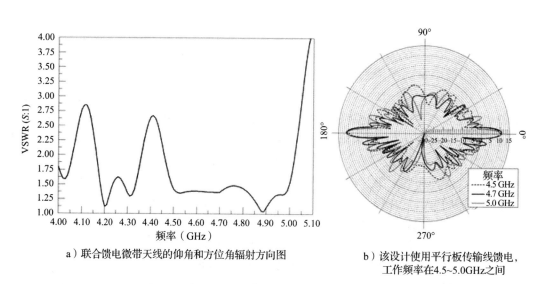

a）联合馈电微带天线的仰角和方位角辐射方向图　　　b）该设计使用平行板传输线馈电，工作频率在4.5~5.0GHz之间

图 7-13　由 HFSS 仿真的联合馈电微带天线的 VSWR

联合馈电降低了波束扫描频率，但代价是联合馈电网络有额外损耗。在图 7-12 所示的设计中，馈电网络引入了 1.5～2.0dB 的损耗。这种设计的实现增益约为 10.0dBi。其增益比串联型 OMA 增益更小。

联合馈电还会给所需的辐射带来一些散射，并产生模式失真。图 7-12 设计具有双辐射器的天线，这种辐射器有着与 OMA 边缘产生的方向图失真相似的方向图失真，如图 7-6 所示。图 7-13 给出了图 7-12 设计的仿真结果。这种类型的其他设计通常使用单辐射单元，而不是双辐射单元。

7.2 锥形天线

锥形（Vivaldi）天线是由 Gibson 在 1979 年提出的[17]。Shin 和 Schaubert 提出的方程比 Gibson[18] 的原始方程在设计 Vivaldi 天线方面更加灵活。这些方程如下：

$$y = \pm C_1 e^{Rx} + C_2 \tag{7-3}$$

$$C_1 = \frac{y_2 - y_1}{e^{Rx_2} - e^{Rx_1}} \tag{7-4}$$

$$C_2 = \frac{y_1 e^{Rx_2} - y_2 e^{Rx_1}}{e^{Rx_2} - e^{Rx_1}} \tag{7-5}$$

坐标系如图 7-14 所示。由式(7-3)计算 x 轴上给定点的 y 值。锥度的原点是(x_1, y_1)，曲线的终点是(x_2, y_2)。

这组方程的优点是，锥度参数 R 可以改变，以改变锥度比例偏离槽线宽度的速率。当 $R \to 0$ 时，锥度本质上是线性的。随着 R 值增加，槽线过渡变得更加平缓，锥度的大部分向前部的孔径端移动。该特性如图 7-15 所示。

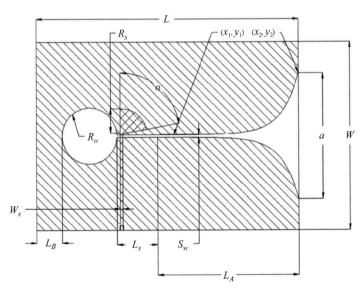

图 7-14 典型 Vivaldi(指数锥形隙缝天线)的几何形状，利用带状线径向短截线和圆形双边槽线过渡

Gibson 说道："Vivaldi 天线"理论上具有无限的瞬时频率带宽。实现这一理论特性的限制是过渡带宽和天线孔径的最大尺寸。

通常在文献中可以找到如图 7-14 所示的 Vivaldi 天线设计，它具有带状线到双边槽线的过渡，并利用圆形双边槽线开路短截线和带状线开路短截线。从三线到双边槽线的几何过渡限制了该天线的上下频率带宽。当频率变得足够小时，圆形双边槽线开路具有电小特性，它表现为短路，而不是开路。在较高频率下，开路带状线短截线相对于波长变大，并在过渡处失配。这种带状线到双边槽线的转换带宽限制反过来又制约了 Vivaldi 天线的带宽。一些研究人员只是通过将圆切成两半，让槽线在设计的后端真正开路[19-20]。然后，可以选择 Vivaldi 天线单元的长度、宽度和锥度，以在设计带宽上产生可接受的电压驻波比。

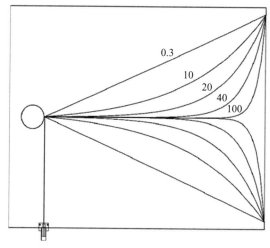

图 7-15　天线形状与锥度参数 R

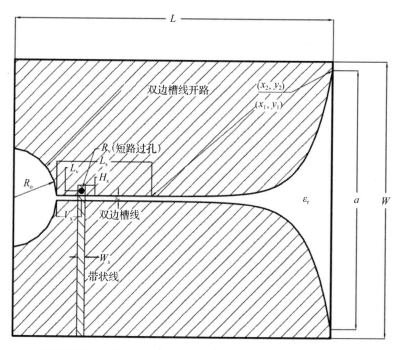

图 7-16　具有带状线到双边槽线过渡、双边槽线和短路过孔的修正 Vivaldi（指数锥形开槽天线）设计的几何形状

全波分析结果表明，使用半圆双边槽线的开路和短路过孔代替带状线径向短截线，可以提供更大的阻抗带宽（见图 7-16）。一些研究中使用微带和开槽线，而不是带状线和双边槽线。一般来说，本书选择双边槽线来激励 Vivaldi 天线，原因如下[21]：

1）使用带状线到双边槽线减少了馈电网络的辐射，并屏蔽了径向阻抗短截线。这在阵列应用中非常重要。

2）双边槽线相对于单边槽线具有较小的色散。

3）在许多情况下，双边槽线的特征阻抗大约是单边槽线特征阻抗的一半。

4）对于给定的阻抗值，双边槽线中槽的设计宽度大于单边槽线。这使得双边槽线的加工公差比单边槽线更符合实际要求。

将厚度为 H 的介质基板任一侧金属化，以产生双边槽线过渡和天线单元。半径为 R_0 的圆形双边槽线连接到长度为 L_s、宽度为 S_w 的槽上。在这个槽之后是指数锥形，并延伸到印制电路板的末端，这是天线单元的长度。天线的孔径是 a，介质基板的长和宽分别为 L 和 W。带状线馈电的宽度为 W_s，在半径为 R_v 的短路过孔处截止，该过孔将带状线连接到上下导体。带状线延伸超过上部槽的距离为 H_s。短路过孔距离两侧槽线边缘长度为 L_v，距离槽线开路长度为 V_x。

双边槽线至带状线过渡的设计对于 Vivaldi 天线的阻抗带宽最大化至关重要[22]。短路过孔的半径 R_s 也很关键。选择短路过孔半径以产生过渡的最佳总带宽。

使用优化后的短路过渡来设计 Vivaldi 指数曲线天线单元。槽线宽度为 0.25mm。带状线边缘距离双边槽线开路 0.508mm。带状线延伸超过槽的顶部 0.187 5mm，短路过孔直径为 0.125mm。BLS 开路的半径为 50mm。Vivaldi 天线的孔径为 262mm，锥度为 42.5。电路板材料是 Taconic RF-43，其相对介电常数为 4.3，损耗角正切为 0.003 3，板材总厚度为 1.524mm。

图 7-17 给出了这种设计（图 7-16）的回波损耗。对于 12∶1 的阻抗带宽，从 500MHz 到 6000MHz，仿真的 VSWR 保持在 2∶1 以下。在相同的频率范围内，测得的驻波比保持在 2∶1 以下，但 801～888MHz 除外，其边缘略高于 2.0∶1 VSWR，最大值为 2.2∶1。图 7-18 给出了在选定频率下计算的 E 面和 H 面辐射的方向图。

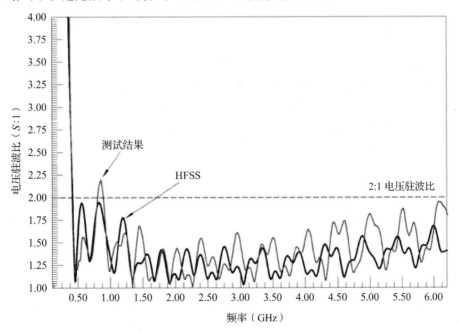

图 7-17　Vivaldi 天线的回波损耗[22]

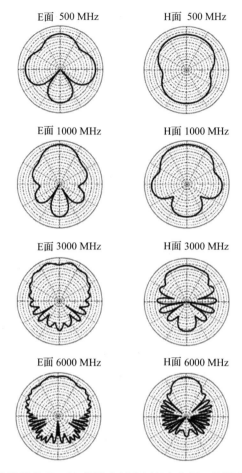

图 7-18　用 HFSS 计算的 Vivaldi 设计实例的辐射方向图。绘图范围为 $-30\sim10\mathrm{dBi}$

7.3　微带馈电缝隙天线

微带传输线馈电的缝隙天线如图 7-19 所示。辐射缝隙的宽度为 W_s，长度为 L_s。缝隙天线可以看作微带传输线接地平面中的缝隙，其被短接到缝隙辐射器的背面。微带传输线从缝隙中心偏移 X_s。这样做是为了使传输线与天线的馈电点阻抗相匹配。

$\lambda/2$ 缝隙天线是 $\lambda/2$ 偶极子天线的补充。无限接地平面中缝隙天线 (Z_s) 的输入电阻与互补偶极天线 (Z_d) 的输入电阻之间的关系为

$$Z_\mathrm{d}Z_\mathrm{s} = \frac{\eta}{4} \tag{7-6}$$

我们已知圆形 $\lambda/2$ 偶极子的输入阻抗。圆形偶极子的等效半径大约是互补（平）偶极子带线宽度的一半。如果我们限制一个薄的平面偶极子 $W_\mathrm{s}\ll\lambda$，它的谐振电阻大约是 67Ω。使用式 (7-6)，我们计算槽的谐振电阻典型值为

$$R_\mathrm{s} = \frac{(376.73)^2}{4\cdot67} \approx 530\Omega \tag{7-7}$$

馈电点阻值在槽的中心处最大，随着馈电点向槽的末端移动，阻值逐渐减小到零。当从槽的中心向边缘移动时，电流以正弦方式增加。当从槽的中心向边缘移动时，电压以正弦方式下降。这意味着馈电点电阻 (R_drv) 将按照式 (7-8) 变化[39]：

$$R_{\mathrm{drv}} \approx R_{\mathrm{s}} \sin^2 k \left[\frac{L_{\mathrm{s}}}{2} - X_{\mathrm{s}} \right] \tag{7-8}$$

我们可以计算 $50\Omega (R_{\mathrm{drv}} = 50\Omega)$ 馈电点的大致位置：

$$X_{\mathrm{s}} = \frac{L_{\mathrm{s}}}{2} - \frac{\lambda}{2\pi} \arcsin \sqrt{\frac{R_{\mathrm{drv}}}{R_s}} \tag{7-9}$$

对于处于谐振状态的缝隙，$L_{\mathrm{s}} = 0.46\lambda$，$R_{\mathrm{s}} = 530\Omega$，$50\Omega$ 馈电点位置 X_{s} 为

$$X_{\mathrm{s}} = \frac{0.46\lambda}{2} - \frac{\lambda}{2\pi} \arcsin \sqrt{\frac{50}{530}} = 0.180\lambda$$

其中距离槽的末端 0.050λ。

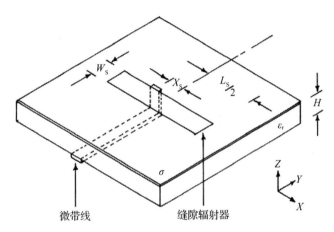

图 7-19　由微带传输线馈电的宽度为 W_{s}、长度为 L_{s} 的 $\lambda/2$ 缝隙天线，该传输线短接到缝隙
　　　　 的背面。微带馈线的位置位于缝隙中心和其边缘之间的位置 X_{s}，这提供了与微带
　　　　 传输线匹配的馈电点电阻

　　给出一个矩形缝隙天线设计的例子，使用 $\varepsilon_{\mathrm{r}} = 3.5$，$\tan\delta = 0.005\,5$ 的基板，介质基板
厚度为 $H = 0.5\mathrm{mm}$，槽的尺寸 $L_{\mathrm{s}} = 22\mathrm{mm}$，$W_{\mathrm{s}} = 1.0\mathrm{mm}$，馈电点 $X_{\mathrm{s}} = 8.0\mathrm{mm}$，微带线宽
度为 $1.0\mathrm{mm}$。

　　矩形缝隙天线的仿真负回波损耗图如图 7-20 所示。天线的阻抗带宽为 18.78％（2∶1
VSWR）。

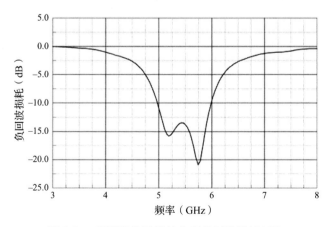

图 7-20　矩形缝隙天线的仿真负回波损耗(dB)

电流沿着缝隙辐射器的末端具有最大值。这些电流与 y 轴平行。辐射体的电场穿过窄缝，产生定向极化。缝隙天线中心的最大馈电点阻抗允许将缝隙辐射器切成两半，以产生 $\lambda/4$ 设计。一个单一的定向电流就成了辐射源。进一步减小 $\lambda/4$ 缝隙周围的接地平面，就得到了倒 F 天线的印刷电路设计(Inverted F Antenna，IFA)[40]。

图 7-21 给出了使用 FDTD 计算的示例微带馈电缝隙天线的 E 面和 H 面辐射方向图。方向图的方向性系数为 4.66dB。

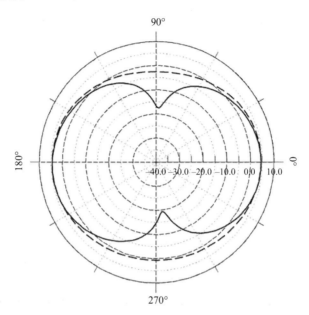

图 7-21　用 FDTD 分析计算了矩形微带馈电缝隙天线的辐射方向图。实线是 E 面辐射方向图。虚线是 H 面辐射方向图

缝隙天线"虚拟谐振"

大家可能已经注意到前面设计的微带缝隙天线具有相当大的带宽和一对负回波损耗最小值。Behdad 和 Sarabandi 指出，以这种方式馈电的缝隙可以包含两个谐振[41-42]。第一个谐振是整个槽期望的正常谐振，但是在一些槽设计中也可能存在第二个"虚拟"谐振。当馈电导体的切向电场分量位于沿槽的位置时，产生虚拟谐振，该位置抵消了由接地平面返回电流激励的槽的电场。

馈线的宽度、槽的宽度以及从槽的边缘到馈线中心(L_s)的距离决定了虚拟谐振的存在和位置。虚拟谐振的频率可以通过增加 L_s 来增加，这增大了总阻抗带宽或会产生双频带天线。槽 L 的总长度决定了较低的谐振频率。缝隙馈电导体上方的微带线的长度 L_m 实现匹配。

如图 7-22 所示，两个谐振点上具有相似的磁电流分布，在阻抗带宽上产生相对稳定的辐射方向图。

文献[43]中有关于这种缝隙天线设计的参数研究。

根据 Behdad 和 Sarabandi 的结果，FDTD 对上面给出的设计示例天线进行了两个负回波损耗最小值的分析。在 5.189GHz 和 5.744GHz 使用正弦波激励，结果如图 7-23 所示。研究人员指出，虚拟谐振最好通过使用穿过缝隙的薄导电带来馈电。在这种情况下，虚拟谐振似乎实现了宽带缝隙天线设计。

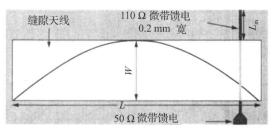

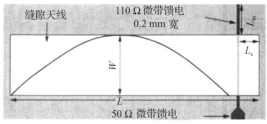

图 7-22　缝隙天线的正常（顶部）和虚拟（底部）谐振的磁电流分布，缝隙天线由微带传输线的窄
　　　　线馈电，并使用开放微带线进行阻抗匹配[42]

这种方法是为了设计一个供笔记本电脑使用的多波段天线。半个缝隙用于 802.11b（2.4~2.5GHz）频带设计，全双频带缝隙（具有正常和"虚拟"谐振）覆盖多个高频带（4.9~5.875GHz）。低频带半缝隙通过消除缝隙谐振所需的短路边界条件来消除奇数编号的谐振 F_1，F_3，$\cdots$（$F_0 = 2.45$GHz）。F_1 谐振的消除允许底部全双频缝隙天线工作在 4.9~5.875GHz 之间，而不受上部缝隙馈电点阻抗的干扰[44]。

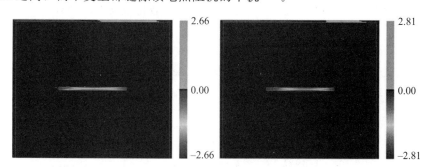

a）示例设计的电场幅度（线性）　　　b）Behdad和Sarabandi描述清晰可见的虚拟共振
图 7-23　使用正弦波激励的结果

7.4　带状线系列开槽天线

第一个描述带状线串联缝隙天线（Stripline Series Slot Antenna，SSSA）的设计是 Milligan 在 1985 年提出的[45]。SSSA 的几何形状如图 7-24 所示。天线采用 50Ω 带状传输线馈电。在上接地平面切出一个槽，带状线穿过该槽，并以短路过孔结束。

相对于带状传输线特性导纳，Oliner 在 1955 年给出了缝隙的归一化电导 G_s。Milligan 假设带状线特征阻抗为 50Ω，给出了 Oliner 的方程为

$$G_s = \frac{8\sqrt{\varepsilon_r}}{45\pi^2}\left(\frac{L_s}{\lambda}\right)^2\left[1 - 0.374\left(\frac{L_s}{\lambda}\right)^2 + 0.130\left(\frac{L_s}{\lambda}\right)^4\right] \tag{7-10}$$

槽的长度为 L_s，ε_r 为板材的相对介电常数，缝隙的有效相对介电常数 ε_e 为

$$\varepsilon_e = \frac{2\varepsilon_r}{1 + \varepsilon_r} \tag{7-11}$$

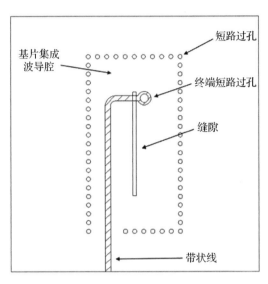

图 7-24　SSSA 使用带状线对上接地平面的缝隙馈电,位于基片集成波导(Substrate
　　　　Integrated Waveguide, SIW)腔的中心。带状线由一个通孔短接,该通孔短接到包
　　　　含槽的上接地平面

当带状线设计采用 $\varepsilon_r = 3.0$ 的介电材料(Rogers RO3003)时,其有效介电常数为 1.5。自由空间中缝隙的谐振长度为 $L_s = 0.48\lambda_0$。电介质负载将该长度减少到:

$$\frac{L_s}{\lambda} = \frac{0.48}{\sqrt{1.5}} = 0.392$$

然后使用式(7-10)求得带状线的电导为 4.533ms 或 220.6Ω。50Ω 馈电点阻抗位置 $X_{R_{in}}$ 的估计值可以使用式(7-12)求得:

$$X_{R_{in}} = \frac{L_s}{2} - \frac{\lambda}{2\pi\sqrt{\varepsilon_e}} \cdot \arcsin\sqrt{\frac{R_{in}}{R_{center}}} \tag{7-12}$$

$$X_{50\Omega} = \frac{0.392\lambda}{2} - \frac{\lambda}{2\pi\sqrt{1.5}} \cdot \arcsin\sqrt{\frac{50}{220.6}} = 0.131\lambda$$

工作频率为 10GHz, $\lambda = 30$mm,距离槽中心 $X_{50\Omega} = 3.93$mm, $L_s = 11.76$mm。

带状线采用两层 500μm 厚的材料设计,总厚度为 1000μm。50Ω 带状线中心导体的宽度为 615μm。带状线板的总间距为 1000μm。金属导体厚度为 17μm。近似公式给出初始值,然后可以根据经验进行调整以获得最佳性能。优化后,缝隙的宽度为 0.4mm,长度为 12.162mm(400μm×12 162μm)。从槽的中心算起,50Ω 馈电点的位置为 5.35mm。

槽周围的短路包围产生了平行板模式。平行板模式没有较低的截止频率。该槽位于腔边界上方的中心位置。在基片集成波导腔中激励的任何 TE_{10} 模式在其中心都有一个零点,因此该槽不与其耦合。过孔外壳的尺寸为 11mm×20.5mm,过孔直径为 0.5mm。终端过孔的直径为 1mm,焊盘直径为 1.6mm。

这个工作在 10GHz 的例子具有 6.39dBi 的增益。计算的辐射效率为 91.94%。2∶1 VSWR 带宽为 265MHz,约为 2.65%。随着地平面间距的增加,带宽保持稳定。

SSSA 允许使用高介电介质基板制造自由空间波长间隔为 $\lambda_0/2$ 的双单元缝隙阵列。这等效于使用空气电介质的矩形微带天线的辐射边缘分离，这是具有最大方向性系数的方形贴片设计。这允许设计者使用常见的固体介电材料。折中设计增加了设计的复杂性。

7.5 倒 F 天线

倒 F 天线(IFA)是从缝隙天线衍生而来的。缝隙天线的长度通常为波导长度的一半。由 7.3 节可知，馈电点阻抗从槽两端的零变化到中心的最大值，可以近似为开路。当形成 IFA 时，该槽在该开路平面处被切成两半，如图 7-25 所示。

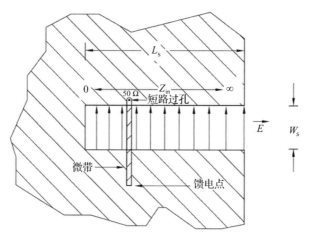

图 7-25　半波长缝隙天线穿过其高阻抗中心，形成四分之一波长缝隙天线

围绕四分之一波长缝隙天线左侧的无限接地平面在所有侧面都被截断。因此，天线几何结构经常被放置在无线设备的印制电路板边缘。最终的天线如图 7-26 所示。天线的总覆盖面积是 a 乘以 b，插槽的长度为 L_s，插槽的宽度为 W_s。馈电点阻抗从零到开路变化，并且选择从短路到 50Ω 馈电点的距离。用 7.3 节中的公式可估计所需馈电点阻抗的位置，作为全波分析的起点。如果 t_1、t_2 和 t_3 的值足够大，则 IFA 非常接近无限接地平面边缘的四分之一波长缝隙的理想情况。

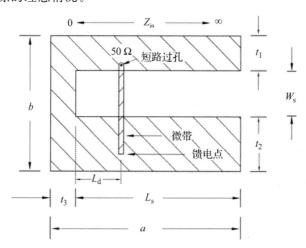

图 7-26　图 7-25 中的四分之一波长缝隙天线的无限接地平面在三面缩小，形成一个倒 F 形天线

只要缝隙长度保持波导波长的四分之一，这种天线可以沿半径放置，或者弯曲放置。由于其与许多无线设备具有多功能性和易集成性，因此印制电路板上的 IFA 非常受欢迎。

对于较厚的介质基板，与匹配天线所需的短距离 L_d 相比，微带馈线宽度可能变得相当宽。微带线的宽度会干扰微波频率下厚基板的匹配。选择较高的介电常数既可以略微减小缝隙的长度，又可以减小微带馈线的宽度。

常见的 IFA 设计频率为 2.45GHz。例如，在普通 FR4 上设计了一个 IFA，并用 HFSS 在此频率上进行了分析，结果如表 7-1 所示。随着缝隙宽度（W_s）的增加，微带传输线与缝隙边缘的距离（L_d）也随之增加。随着宽度减小，天线馈电变得更加困难。很明显，增加槽的宽度对带宽和效率的影响较小。

表 7-1　IFA 设计：$a = 25mm$，$b = 30mm$，$\varepsilon_r = 4.4$，$\tan\delta = 0.02$，$t_1 = 3mm$，$t_2 = 20mm$，$t_3 = 3.25$ 通孔半径 $= 0.5mm$，介质基板厚度 $= 762\mu m$（2.45GHz）

W_s	IFA 设计范例			
	L_s	带宽	带宽	效率
4mm	21.3mm	188.4MHz	7.69%	90.3%
5mm	21.1mm	190.9MHz	7.79%	91.5%
6mm	21.7mm	211.7MHz	8.64%	92.5%
7mm	21.8mm	209.1MHz	8.53%	93.4%

7.6　电小天线

7.6.1　电小天线限制

在一些应用中，电小平面天线可能是一个合适的解决方案。电小天线（Electrically Small Antenna，ESA）的带宽有基本限制。ESA 是最大尺寸小于 $\lambda/2\pi$ 的天线[23]。这种关系通常表示为

$$ka < 1 \tag{7-13}$$
$$k = \frac{2\pi}{\lambda}$$

其中，λ 为自由空间波长；a 为包围天线最大尺寸的球体半径。

一个天线阵列有一个固有的最小值，这就限制了天线阵列的阻抗带宽。阻抗越大，阻抗带宽越小。

ESA 天线的效率由导体、电介质和其他构成天线的材料中的损耗量与辐射损耗相比决定。这可以表示为

$$\eta_a = \frac{R_r}{R_r + R_m} \tag{7-14}$$

其中，η_a 为 ESA 的效率；R_r 为辐射电阻（Ω）；R_m 为材料损耗电阻（Ω）。

ESA 的输入阻抗是容性的，为了在天线连接点能达到最大功率传输，需要一个匹配网络。天线及其匹配网络的效率可表示为

$$\eta_s = \eta_a \eta_m \tag{7-15}$$

其中，η_s 为系统效率（即天线和匹配网络）；η_m 为匹配网络的效率。

匹配网络的效率可使用常见的假设来近似表示：

$$\eta_m \approx \frac{\eta_a}{1 + \dfrac{Q_a}{Q_m}} \tag{7-16}$$

其中，Q_a 为电小天线的 Q；Q_m 为匹配网络的 Q。

1996 年，McLean 对 ESA 最小 Q 值的早期工作进行了改进和修正[24]。在自由空间中，电小线性天线的最小 Q 可表示为

$$Q_L = \frac{1}{k^3 a^3} + \frac{1}{ka} \tag{7-17}$$

圆极化的 ESA 的最小 Q 值为

$$Q_{cp} = \frac{1}{2}\left(\frac{1}{k^3 a^3} + \frac{2}{ka}\right) \tag{7-18}$$

式(7-17)和式(7-18)中假设匹配网络是理想无损的。

最小 Q 值关系最初是针对自由空间中的 ESA 推导出来的，然而在任何现实环境中，ESA 都会靠近某种类型的接地平面或者其他结构。2001 年，Sten 等人对靠近地平面的 ESA 的基本极限 Q 值进行了评估，这些关系为开发具有所需阻抗带宽的 ESA 的理论限制提供了有用的指导[25]。

图 7-27 分析了接地平面上水平电流单元和垂直电流单元的 Q 值，两种情况下 Q 值的计算公式可在 Sten 等人的文章中找到。

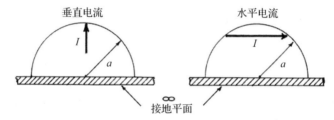

图 7-27　大型接地平面及其封闭球体上的垂直和水平电小天线(电流)

用 Q 表示的 RLC 型电路的近似带宽为

$$\mathrm{BW} = \frac{S-1}{Q\sqrt{S}} \tag{7-19}$$

$$S = S : 1\mathrm{VSWR}$$

BW 为归一化带宽。

图 7-28 给出了这些阻抗带宽结果。由图 7-28 可知，ESA 在垂直和水平极化情况下的最大(归一化)阻抗带宽百分比与包围 ESA 的球体半径有关。在 ESA 垂直于接地平面的情况下，我们发现它的 Q 值与自由空间情况下的 Q 值相等。当接地平面上产生水平电流时，其辐射效率会降低，理想导体面的切向电场为零。随着水平 ESA 越来越靠近导体的表面，它的辐射将减小，近场中所存储的能量将增加，从而导致 Q 值增大，带宽减小。在许多实际情况下，减小与接地平面的距离会降低 ESA 可获得的带宽。ESA 的极限是确定的，并已得到广泛验证[57]。ESA 设计的困难为自欺欺人的行为提供了充足的机会[58]。

7.6.2　曲线天线

如图 7-29 所示，我们得到了基本的曲线天线几何结构。天线本身是矩形曲折导体线，其宽度为 W_c，间隔为 W_s，总长度为 L，总宽度为 W。在匹配网络的设计中使用了长宽分别为 L_m 和 W_m 的微带传输线，使得电小匹配网络($\lambda/10$)刚好位于 ESA 的馈电点的下方。该传输线的特征阻抗可以通过仿真优化来确定，使用计算机来优化，设计足够的串联电抗来抵消曲折 ESA 产生的大容性反应。匹配部分与一个用同轴线馈电的 50Ω 微带线相连接。整个天线位于宽为 W_G、长为 L_G 的接地平面上方。

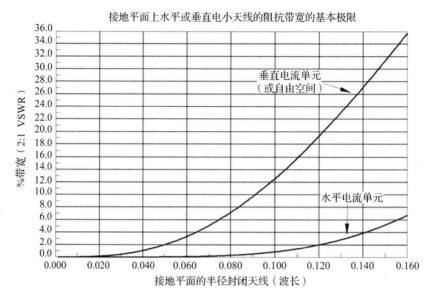

图 7-28　垂直和水平电流的基本带宽限制

曲线天线的工作方式类似于自谐振电感。电感器绕组之间的电容和每个线圈绕组的并联电感构成了一个等效的谐振 LC 电路。当电感以其自谐振频率被激励时，它会辐射电磁波。曲线天线单元的垂直部分的作用类似于电感器，电感器与每对水平线平行，水平线的作用类似于电容器。每对水平线上的电流方向相反并在远场中相互抵消。辐射是由每个短的垂直部分产生的，远场中的电场为 Y 轴极化。

我们做出以下假设：即使曲线谐振器和接地平面部分很薄，在无限大接地平面上垂直极化 ESA 的最小 Q 值的极限也大致可适用于此几何形状。

现在，我们将使用工作在 $1.575\mathrm{GHz}(\lambda=190.48\mathrm{mm})$ 的曲线天线来估计期望获得的最佳阻抗带宽。天线单元印刷在 FR4 介质基板上(介电常数为 3.9，损耗角正切为 0.02，厚度为 0.762mm 或 0.030in)。接地平面的尺寸为 $W_G=16.7\mathrm{mm}$ 和 $L_G=39.0\mathrm{mm}$，曲线天线的尺寸为 $W_c=1.07\mathrm{mm}$ 和 $W_s=1.71\mathrm{mm}$

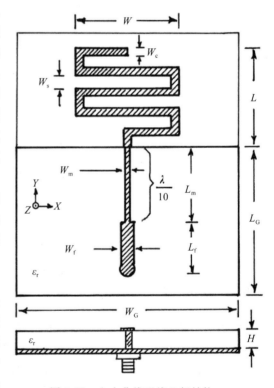

图 7-29　电小曲线天线几何结构

$(L=13.91\mathrm{mm}$，$W=14.552\mathrm{mm})$，匹配网络的尺寸为 $W_m=0.660\mathrm{mm}$ 和 $L_m=10.27\mathrm{mm}$，50Ω 微带传输线的尺寸为 $W_f=1.65\mathrm{mm}$ 和 $L_f=8.02\mathrm{mm}$。

假设在无限大接地平面上，可包围曲线天线的球体半径为 $a=15.63\mathrm{mm}$，通过计算自由空间的波长和波数，可以得出 $ka=0.515$。

我们可以看到上述天线的 ka 小于 1，按照定义，这种 1.575GHz 的弯曲天线是电小天线。又已知该天线是线性的且垂直于接地平面极化，因此可以使用式(7-17)很容易地计算出辐射处的 Q 值为 $Q_L = 9.22$。

我们选择 2：1VSWR 限制并计算带宽：

$$\mathrm{BW} = \frac{1}{Q_L \sqrt{2}} = 0.029\,1 = 7.66\%$$

不幸的是，这与从 FDTD 计算出的 17.4% 的带宽百分比并不相同。初看该天线似乎违反了 ESA 的基本极限，但可以通过计算对应于 17.4%（0.174）阻抗带宽的 Q 值来更好地理解这种情况。对于该带宽，我们可得到 $Q_L = 4.06$，接下来我们要确定 $Q_L = 4.06$ 所需的 ka 值，该值为 $ka \approx 0.72$，仍然属于电小单元且受最小 Q 的限制。我们知道 1.575GHz 处的 k 值，而包围球体的半径为

$$a = \frac{0.72}{\left(32.987 \cdot 10^{-3}\,\dfrac{\mathrm{radians}}{\mathrm{mm}}\right)} = 21.83\mathrm{mm}$$

在 ESA 相对于地面具有垂直极化的情况下，天线的半径似乎从 15.63mm 扩大到了 21.83mm，这是因为曲线结构的辐射还包括了约 6.2mm 的接地平面。如图 7-30 中的 FDTD 分析结果所示，这些多余的电流位于接地平面的左上和右上垂直边缘并与曲线上的 4 个垂直大电流的辐射部分同相。因此可以看到弯折线段上的水平电流被抵消了，而地平面上的互补电流与微带线上的电流相抵消，从而形成传输线。

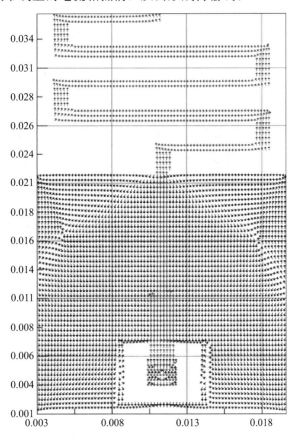

图 7-30　由 FDTD 计算的曲线单元及其接地平面上的表面电流。窄接地平面两侧的两组寄生激励电流清晰可见，它们用于测量窄地平面上比预期更大的弯曲线带宽。方形截面由方形同轴探针馈电

如果增加曲线天线接地平面的宽度，则阻抗带宽将逐渐减小到一个极限值；当达到带宽限制时，接地平面的尺寸已变得足够大，此时折线上的垂直电流不再激励沿接地平面边缘上的电流。FDTD分析进一步证实了这种情况，图7-31a和图7-31b分别给出了原始接地平面和修改接地平面宽度后的曲线 ESA 的 FDTD 结果。图中显示了与图7-30所示方向相关的边缘电流的大小。我们取 $W_G = 66.7$mm，通过与图7-31d进行比较可以看到，当接地平面加宽时，接地平面边缘没有明显的电流。电小匹配部分的宽度必须增加（$W_m = 4.8$mm），以抵消随着 Q 值增加而增加的曲线天线馈电点容性电抗。

曲线 ESA 接地平面的大小主要影响的是天线的阻抗带宽。当接地平面宽度增加到 66.7mm 时，单元的带宽减少到 5.19%，该值与我们计算出的 7.66% 的估算值基本吻合。在实践中基本带宽极限已被证明难以实现：Thiele 等人的理论工作表明，这个理论极限是建立在电流分布的基础上的，这在实际中是无法得到的[26]。

图7-32给出了计算得出的基线天线接地平面宽度 $W_G = 16.7$mm 和每边增加 25mm 额外接地平面后的阻抗带宽变化，该图清楚地说明了增加接地平面宽度会导致阻抗带宽减小。

使用 FDTD 分析得到的尺寸构造了一对天线。图7-33给出了基线天线以及外加 25mm 额外接地平面后的天线测得的阻抗带宽变化。我们注意到实测结果与预测的 FDTD 分析结果非常接近，而实测天线的谐振频率要略高于分析结果。

有一点必须牢记：在一种应用中使用 ESA 时，接地平面和环境都会对实际天线的电长度和带宽产生很大影响。

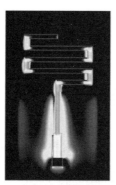 

a）ESA导体 　　　　　　　b）ESA接地平面

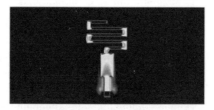

c）ESA导体+25mm GP

d）ESA接地平面+25mm GP上的表面电流的大小

图7-31　表面电流分布图

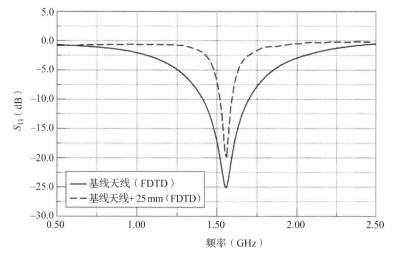

图 7-32 通过 FDTD 分析预测的是否在基线接地平面两侧增加 25mm 宽度的曲形基线天线的 S_{11} 测量值。该图表明，随着接地平面宽度的增加，侧面不再对辐射有贡献，带宽减小到 ESA 基本极限所预测的宽度

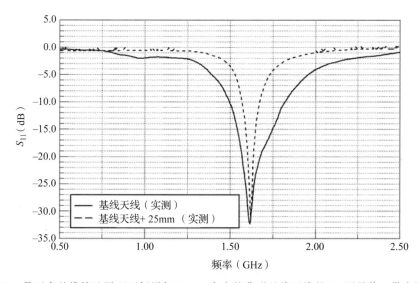

图 7-33 是否在基线接地平面两侧增加 25mm 宽度的曲形基线天线的 S_{11} 测量值。带宽图与采用 FDTD 分析的图 7-32 一致

7.6.3 曲线天线辐射模式

如图 7-35 所示，两种大小的接地平面（方向性系数为 2.0dB）通过 FDTD 计算得出的天线方向图几乎是相同的。图 7-34 给出了宽接地平面情况下仿真的辐射方向图，图中的仰角平面辐射方向图与偶极子类似，并且与图 7-30 中的辐射电流方向匹配。该模式在 X-Z 平面上是全向的，并且与计算出的辐射电流一致。

使用 FDTD 计算的天线方向图对于大小两种接地平面（2.0dB 方向性系数）基本上是相同的，FDTD 建模可实现天线的"完美"馈电，从而最大限度地减小了同轴馈线的影响。

在实际应用中，ESA 的增益是有限的，Harrington[27] 将这个限制表示为

$$G = (ka)^2 + 2(ka) \tag{7-20}$$

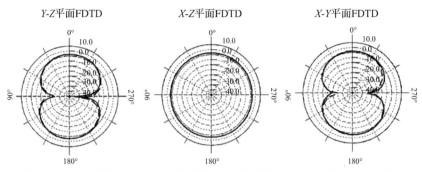

图 7-34　使用 FDTD 计算的窄接地平面曲折线 ESA 的辐射方向图（实线）和添加了 25mm 宽接
　　　　地平面的天线辐射方向图（虚线）

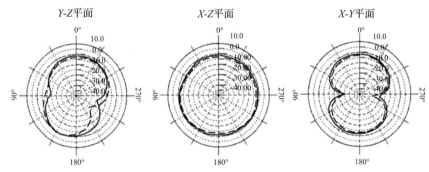

图 7-35　实测的基线窄接地平面折线 ESA 辐射方向图（虚线）和添加了 25mm 接地平面宽度的
　　　　辐射方向图（实线）

　　当应用于曲线天线时，在大接地平面上（$a=15.63\text{mm}$）的天线最大可获得增益为 1.13dBi，减小接地平面（$a=21.83\text{mm}$），天线的最大可获得增益为 2.9dBi。

　　制作谐振点为 1.655GHz（1.575GHz 时为 4.83%）的曲线天线。接地平面较大的曲线天线的最大实测增益值为 0.3dBi，而接地平面较小的天线的实测增益值为 0.5dBi。与具有较宽接地平面的天线相比，较小的接地平面天线在沿着天线到 ESA 的同轴电缆上将产生更多电流，这使得在隔离的情况下测量小型接地平面天线变得困难，并增加了损耗。Staub 等人已经注意到并讨论了这种测量问题[28]。ESA 是平衡和不平衡模式的组合，当使用同轴（不平衡）电缆为 ESA 供电时，模式测量的问题尤为突出。

7.6.4　减少短路平面的半贴片 PIFA

　　1987 年，Taga 等人提出了半贴片（$\lambda/4$）微带天线的改进版本，该天线通过改变短路平面的宽度来降低天线的谐振频率[33]。平面倒 F 天线（Planar Inverted-F Antenna，PIFA）的几何形状如图 7-36 所示，天线在位置 F 沿一条边馈电，短边的宽度相对于馈电宽度 W 减小，该单元的尺寸为 L_1 和 L_2，厚度为 H。原始的 PIFA 使用空气作为介质基板[34]。

　　当 $W=L_1$ 时，天线变为四分之一波长微带（半贴片）天线（见图 2-11）。当宽度 W 变成与短路柱一样小时，天线的外观变为 IFA，其导电平面附着在一侧。从几何学的角度来看，该单元称为平面倒 F 天线。

　　天线的谐振频率随着 W 的减小而减小。当 $W/L_1=0.125$ 时，谐振频率约为半贴片的 40%；当 $L_1/L_2=2.0$ 时，相对于 $L_1/L_2=1.0$，谐振频率约为半贴片的 60%；当 $L_1/L_2=0.5$ 时，谐振频率约为四分之一波长贴片天线的 70%。

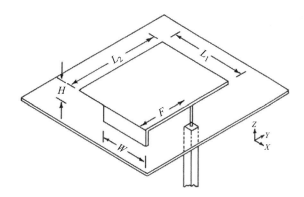

图 7-36　带有半贴片的短路平面的 PIFA 设计。馈电探针在一个连接着宽度为 W 的短路平面
　　　　的贴片边缘

　　Taga 计算了 PIFA 的输入阻抗，然后加宽了短边长度，从而制作了四分之一波长微带天线（Quarter-Wave MicroStrip Antenna，QWMSA）。在这两种情况下均使用无限大的接地平面来计算阻抗。天线参数为 $L_1=30.0$mm，$L_2=45.0$mm，$H=9.0$mm。在情况 A 中，PIFA 的馈电点在 $F=3.0$mm 处，短路平面宽度为 $W=6.0$mm。在情况 B 中，QWMSA 的馈电点位于 $F=15.0$mm 处，短路平面 $W=L_1=30.0$mm。

　　采用 FDTD 对这些天线进行分析。QWMSA 的谐振频率为 1.450GHz，PIFA 的谐振频率为 1.020GHz，PIFA 的频率比 QWMSA 低 29.7%。每种情况的负回波损耗如图 7-37 所示，QWMSA 的归一化阻抗带宽为 10.35%，而 PIFA 的带宽为 2.77%，由此可见谐振频率的降低带来了带宽上的巨大损失。

　　如上 QWMSA 和 PIFA 的示例都是 ESA。QWMSA 的 $ka=0.865$，PIFA 的 $ka=0.608$，都小于 1。虽然可以通过增大 H 来扩展 PIFA 的阻抗带宽，但这会增加天线的体积[33]。因此可以减小 PIFA 的接地平面的尺寸，直到接地平面本身成为辐射结构的一部分，并增加阻抗带宽[35]。前文用"曲线天线"对此进行了说明。对于给定的应用，必须权衡当 W 减小时是减小谐振频率还是减小阻抗带宽。

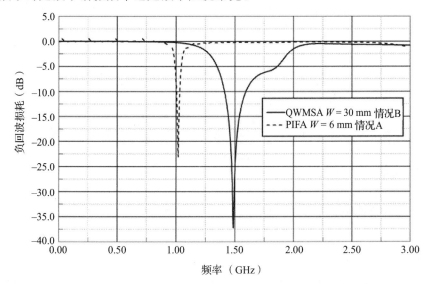

图 7-37　$\lambda/4$ 微带天线（$W=L_1$ 的基线 PIFA 的和 $W=6$mm 的 PIFA）的 $|S_{11}|$ dB 与频率的关系

如图 7-38 所示，将背面短路平面的中心移动到中线上，馈电点放置在中心线上可以得到一个新的 PIFA 结构 CPIFA(Centerline Planar Inverted-F Antenna)。当 CPIFA 结构的短路平面的宽度为情况 A 的宽度($W=6.0$mm)时，谐振频率略高，为 1.112GHz，相对带宽为 2.79%。

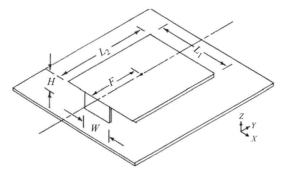

图 7-38   半贴片短边中心与一个缩减的短路平面相连，馈电探针沿贴片中心线放置，短路平面的宽度为 W

当短路平面宽度较小($W \ll L_1$)时，PIFA 的谐振频率($\varepsilon_r = 1$)约为

$$F_r = \frac{c}{4(L_1 + L_2)} \tag{7-21}$$

当短路平面的宽度较大时，对宽度进行校正可以得到更准确的谐振频率表达式：

$$F_r = \frac{c}{4(L_1 + L_2 - 0.978 \cdot W)} \tag{7-22}$$

可以将 PIFA 看作一个 LC 电路，其中上层导体是电容，短路层是电感。电感随着短路平面宽度的减小而增加，从而降低了电路的谐振频率。PIFA 也类似于具有边缘电阻的微带天线(请参见 2.4 节)。边缘电阻随着天线电宽度的减小而增加，因此 50Ω 的位置向短路平面移动，与图 2-12 的半贴片传输线模型一致。图 7-39 说明了随着短路平面的减小，馈电点位置的变化(黑点)，以及相应谐振频率的减小(由 FDTD 计算)。PIFA 的尺寸 H，L_1 和 L_2 与 Taga 设计的天线相同，接地平面尺寸为 63mm×63mm。有限接地平面的 PIFA 的阻抗带宽通常小于无限接地平面所预测的阻抗带宽。这一发现与 Huynh 和 Stutzman 给出的以中心短路平面 PIFA 的结果一致[36]。

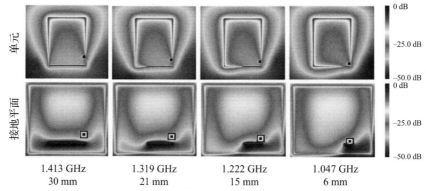

图 7-39   PIFA 的工作频率随着短路平面宽度的减小而减小。天线的电宽度变窄导致了贴片的边缘电阻增加，由于边缘电阻的增加，50Ω 馈电点的位置向短路平面移动。使用 FDTD 分析的正常 PIFA 的电场强度图可以对此进行说明

如图 7-40 所示，当 W 减小时，50Ω 馈电点向短路平面的中心点移动，结果与标准 PIFA 几何结构的结果非常相似。

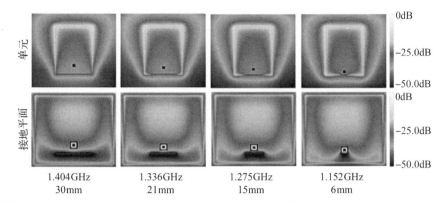

图 7-40　PIFA 的工作频率随着中心短路平面宽度减小而减小。天线的电宽度变窄导致贴片的边缘电阻增加，由于边缘电阻的增加，50Ω 馈电点的位置向短路平面移动。上面使用 FDTD 的正常 PIFA 的电场强度图可以对此进行说明

实际上，PIFA 通常使用短路端口而不是短路平面来实现的。FDTD 分析表明，随着短路端口半径的减小，谐振频率也随之减小。随着谐振频率的降低，如先前在短路平面上看到的那样，50Ω 馈电点位置更接近短路端口。

如图 7-41 所示，HFSS 分析表明对于带有短路端口的 PIFA 存在 50Ω 馈电点位置。PIFA 的尺寸 H、L_1 和 L_2 与 Taga 所做的天线尺寸相同，具有 $63\text{mm} \times 63\text{mm}$ 的接地平面为和半径为 2mm 的短路端口。

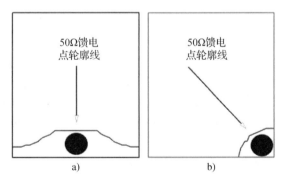

图 7-41　a) 为 PIFA 的居中半径为 2mm 短路端口的 50Ω 馈电点位置，b) 为 PIFA 的偏移到右下角的半径为 2mm 短路端口的 50Ω 馈电点位置。居中的 50Ω 短路端口的轮廓更长，但谐振频率也更高。居中短路端口的谐振频率为 1.267GHz，而偏置短路柱的谐振频率为 1.090GHz

随着短路平面宽度或短路端口半径的减小，50Ω 馈电点的位置可能非常接近短路点而无法实现。

在许多实际应用中，接地平面和 PIFA 尺寸会产生馈电点的反谐振，从而无法实现天线设计。馈电中心导体上的电流具有趋于抵消的向上和向下的电流，因此它的电流可以耦合到 PIFA 短路端口/板上。当馈电探针足够接近时，耦合会增加馈电和短路端口/短路片上的电流同相(即沿相同方向)传播的点，并且产生反谐振。

PIFA 的主要优点是：它是一个非常紧凑的 ESA，且大部分辐射来自两个薄导电板之

间的短路平面(端口)上的垂直电流。PIFA 的阻抗带宽和增益与具有垂直电流的 ESA 的基本极限一致，如式(7-17)和式(7-20)所述。对于相同的有效高度，其他类似的印刷天线设计(例如半槽天线)的辐射长度小于物理高度，因此必须比 PIFA 厚。存在在不使用短路的情况下降低贴片谐振频率的替代方法，如在矩形微带天线单元上切出狭缝和矩形孔径以降低谐振频率。这些设计的细节可以在文献[37]中找到。

7.6.5　双频 PIFA

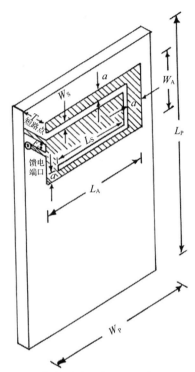

　　PIFA 是一种流行的双频移动设备天线，通常在平面导体上切出一个槽来产生双频单元。Boyle 和 Ligthart 对双频带 PIFA 进行了辐射和平衡模式分析，提出了对该设计的重要见解[38]。图 7-42 给出了双频带 PIFA 设计的几何形状，天线的缝隙会引入与缝隙的长度成正比的额外共振。当缝隙长度大约为波长的一半时，缝隙两侧的电流将从同相变为反相。辐射器的自然共振模式介于两种模式之间，选择适当的尺寸能使天线在双频上工作。在这种天线结构下，需要一个长插槽来实现双频段 PIFA，并在移动设备的电路板上进行分析。为了确保设计的可行性，必须了解并考虑电路板的半波谐振。

　　辐射/平衡模式分析表明，PIFA 需要在两个所需频率之间权衡阻抗带宽的大小。第一个谐振阻抗带宽的增加是以第二个频率的谐振带宽为代价的。双频带 PIFA 可以由串联(第一谐振)和并联的(第二谐振)一对谐振电路表示。当两个电路在两个所需频率之间以几何平均值进行谐振时，两个带宽都将达到最大。如果任一谐振频率不同于几何平均值，则会发生带宽折中。

图 7-42　代表移动设备的金属板上的双频带 PIFA 天线的几何形状

　　如果双频 PIFA 的短路(垂直电流)是电小的，即 T 非常小，导致在两个频率下水平(平面)电流的辐射都比垂直电流要大，则同相模式的辐射效率将比反相模式的误差大得多。对于许多系统，这种情况下辐射效率的大幅降低会使得天线无法在反相频率下使用。

　　Boyle 和 Ligthart 设计了一个双频段 PIFA，其工作频率为 920MHz(GSM)和 1800MHz(DCS)。设计参数为 $F_s = 2mm$，$a = 4mm$，$L_A = 30mm$，$W_A = 20mm$，$L_S = 23mm$，$W_S = 1mm$，$T = 8mm$，$L_P = 100mm$，$W_P = 40mm$。

7.7　锥形巴伦印刷偶极子

　　7.8 节的印刷偶极子使用接地平面作为反射器来增加天线的增益。更传统的印刷偶极子可以使用具有锥形地平面巴伦的微带线。

　　图 7-43 中给出了微带馈电锥形巴伦偶极天线(Microstrip-Fed Tapered Balun Dipole Antenna，MFTBA)的几何形状，天线中选择的锥度通常是指数的，如式(7-23)所示：

$$\pm x = \pm W_0 e^{-ay} \tag{7-23}$$

$$a = \frac{-\ln\left(\dfrac{W_m}{W_0}\right)}{(L_0 + W_e)} \tag{7-24}$$

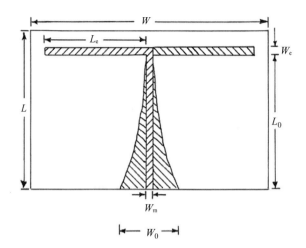

图 7-43 微带馈电锥形巴伦偶极天线（MFTBA）的几何形状

这里使用 HFSS 和 FDTD 对示例天线进行分析，并使用 Taconic TLC-32 基板（ε_r＝3.2，$\tan\delta$＝0.003，厚度 H 为 1.574 8mm 或 0.062 英寸）设计该天线。天线尺寸为 W＝62.97mm，L＝40.96mm，L_e＝27.0mm，W_e＝1.794mm，L_0＝34.68mm，W_0＝15.536mm，W_m＝1.794mm（微带传输线的宽度）。天线的工作频率为 2.20GHz。

图 7-44 所示为由 FDTD 和 HFSS 仿真和测量的负回波损耗。最佳匹配的实测值为 2.207GHz，而 FDTD 和 HFSS 的仿真结果分别为 2.212GHz 和 2.200GHz。测量值与仿真结果不一致。对于该设计，增加 W_0 的值，阻抗匹配会更好。

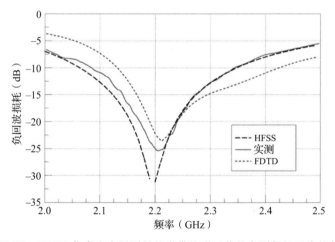

图 7-44 FDTD、HFSS 仿真和实际测量的微带锥形巴伦的印刷偶极天线的负回波损耗

图 7-45 所示为 MFTBA 的辐射方向图。FDTD 仿真的方向性系数为 2.54dB；HFSS 仿真的方向性系数为 2.30dB，增益为 2.15dBi。实测的增益为 2.53dBi。FDTD 比 HFSS 的仿真结果更接近于测量值。

MFTBA 的锥形巴伦产生了一些波束偏斜，但仍将同轴连接线上的电流减小到很小的值。可能所需要的偶极子不再具有 Roberts 偶极子方向图，但能满足测试需求或容易制造，因此仍可采用这种偶极子设计[49-51]。

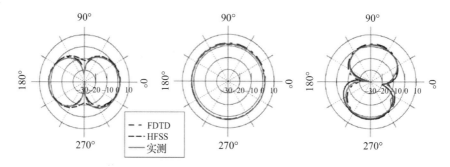

图 7-45 FDTD、HFSS仿真和实测的带有微带锥形巴伦的印刷偶极天线的辐射方向图

7.8 对数周期巴伦偶极子

图 7-46 所示为使用微带馈电的印刷偶极子天线[47]。微带线是一种不平衡的传输线，需要平衡-不平衡变换器来为印刷的双引线传输线产生所需的平衡传输线模式，从而为偶极子供电。微带馈电点位于图的底部，并连接到由 Al Basraoul 和 Shastry 给出的两段对数周期微带巴伦的输入端口[48]。两个 50Ω 微带传输线从巴伦输出时，相位相反，幅度相等。它们连接到平面平衡双导线传输线，由该传输线馈入印刷偶极子。

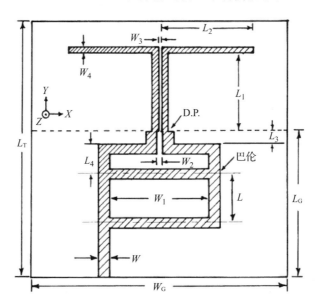

图 7-46 微带巴伦印刷偶极子天线的几何形状

这种设计的平面偶极子具有高达 25% 的归一化阻抗带宽。以中心频率为 2.22GHz 的天线设计为例，其基板的 $\varepsilon_r = 3.2$，厚度为 1.524mm(0.060 英寸)。50Ω 不平衡变换器的微带线的宽度为 $W = 3.64$mm。L 是中心频率处的 $\lambda/4$ 波导波长，其值为 $L = 19.09$mm。平衡-不平衡变换器的延迟部分的宽度为 $W_1 = 33.30$mm，在中心频率处大约为 $\lambda/2$ 波导波长，延迟部分产生 180° 相移。$L_1 = 30.61$mm 约为距接地平面边缘的 $\lambda/4$ 自由空间波长。每个偶极子单元的参数为 $L_2 = 30.77$mm，$W_2 = 2.0$mm，$W_3 = 1.374$mm，$W_4 = 2.0$mm。微带的最后一个水平部分的边缘比 L_G(为 55.907mm)低 5.0mm。接地平面部分的宽度为 $W_G = 78.0$mm，天线板的总长度为 $L_T = 91.0$mm，$L_3 = 5$mm，$L_4 = 9.545$mm。

图 7-47 给出了带有微带巴伦的印刷偶极子的负回波损耗图。我们可以看到偶极子具有大约 25%（2∶1VSWR）的阻抗带宽。设计示例的最大方向性系数在 2∶1VSWR 带宽上从 5.52dB 到 4.82dB 变化。偶极子沿地平面边缘方向辐射的波被反射回偶极子，而偶极子与接地平面边缘之间的四分之一波间隔使该波与远离接地平面向外辐射的波同相叠加，产生了比自由空间中的偶极子更大的方向性系数。图 7-48 给出在 2.222GHz 下使用 FDTD、HFSS 仿真和实测的天线辐射方向图。

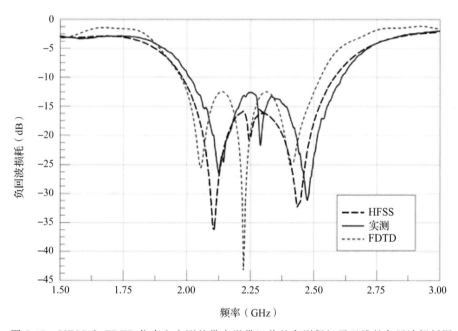

图 7-47　HFSS 和 FDTD 仿真和实测的带有微带巴伦的印刷偶极子天线的负回波损耗图

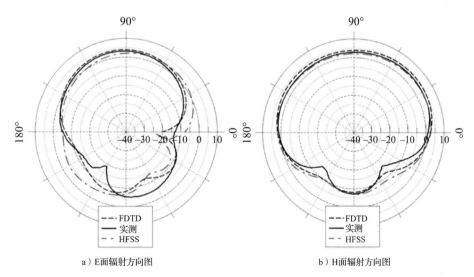

a）E 面辐射方向图　　　　　　　　　　b）H 面辐射方向图

图 7-48　FDTD、HFSS 仿真和实测的带有微带巴伦的示例偶极子天线在 2.222GHz 的 E 面和 H 面辐射方向图

7.9　RFID 环形天线和耦合器

用于读取 915MHz 的射频识别（Radio Frequency Identification，RFID）标签的传感器设计通常要经过优化，以读取直接耦合的电小标签（其辐射电阻值非常小）或非电小的辐射标签。一种已被开发出来的单天线结构既可以充当 RFID 耦合器也可以进行辐射[52]，我们将此天线称为环形天线/环形耦合器（Loop Antenna/Loop Coupler，LALC）。

Schekunoff 和 Friis[53] 给出了环形天线的谐振和反谐振尺寸：

$$C = n \cdot \lambda \quad n = 1,2,3,\cdots （谐振） \tag{7-25}$$

$$C = \frac{(2n+1)}{2n} \cdot \lambda \quad n = 0,2,4,\cdots （反谐振） \tag{7-26}$$

式(7-25)给出了环形天线的谐振周长(C)，以波长 λ 表示，式(7-26)给出了反谐振周长。

当环形天线的周长是 $\lambda/2$ 或更小时，天线既不存在谐振也不存在反谐振。如果以平衡的方式给这个电小环路馈电，则电流在环路边界周围是近似均匀的。在远场中，来自环路一侧的电流的辐射将与来自环路另一侧的电流的辐射相抵消。当小回路以不平衡方式（共模）馈电时，回路的两侧电流方向相同，辐射效率更高。

当环路的周长是一个波长（$n=1$）时，会发生第一次环路谐振，外环两边的电流类似于一对具有同相电流的平行弯曲单极子。

通过在大环的中心引入一个小环路耦合器，并与"双带"传输线相连，大环上将产生与单波长环形天线类似的电流分布，但天线的尺寸要小得多。内部回路是电小回路且不会产生有效辐射，连接的双带传输线也仅产生少量辐射。

图 7-49 所示为所需的电流分布。中心的回路为电小回路，并且具有均匀的电流分布。对于小环上的每个电流，在相反的一侧都有一个电流，该电流会抵消远场中的辐射。馈入小回路的双带传输线也具有相反的电流，这些电流在远场中也会相互抵消。中心的整个非辐射几何结构用作一个移相器，它将外部电流引到同一直线上从而使电流产生辐射。

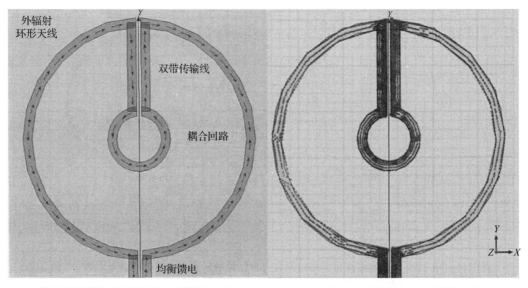

　　a）集成环形天线和环形耦合器上的理想电流分布　　　　b）通过HFSS（外径26mm）仿真的电流分布。
　　　　　　　　　　　　　　　　　　　　　　　　　　　　　　　该电流分布与理想的分布非常接近

图 7-49　所需的电流分布

　　LALC 的设计细节如图 7-50 所示。该天线使用 HFSS 进行设计，设计过程从获取 LALC 单元的馈电点阻抗开始。原天线具有较大的电容电抗，所以可以使用一对电感将其抵消，这样做是为了使馈电点阻抗变成一个纯电阻。然后，该电阻值用于设计一个格子式巴伦，它们将作为天线馈电点阻抗到 50Ω 微带传输线的阻抗变换器，而且还能将场结构从不平衡模式转换为平衡模式。格子式巴伦的设计方程式在附录 F 中的 F.2 节中给出。

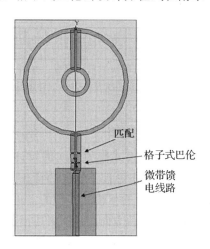

图 7-50　LALC 的设计细节。首先将天线匹配以产生实际输入电阻。天线是平衡结构，需要
　　　　　平衡-不平衡转换器来馈电。格子式巴伦既可以用作从不平衡微带到平衡天线的过
　　　　　渡，又可以用作阻抗变换器

　　LALC 的设计半径为 26mm，工作频率为 915MHz。介质基板为 1.524mm 厚的 FR4，平面微带的宽度为 3.168mm。中心耦合环的外半径为 7mm，带有 2mm 宽的平面微带。匹配的电感为 14.88nH，格子式巴伦的单元为 4.78pF 和 6.32nH。仿真的天线增益为 1.1dBi。这种设计的细节可以在文献中找到。

7.10　CPW 柔性单极子

　　有些设计可能需要一个在物理层面上灵活的天线。类似于 7.1 节的 OMA 可用薄的电介质材料，例如金属化的 Kapton 来设计。极薄的基板通常会导致天线设计效率极低，可用薄的单面柔性电介质来创建共面波导(Coplanar Waveguide，CPW)馈电的单极天线来解决这个问题。在某些情况下，柔性天线可用于紧凑外形布局或是对生物进行临时植入。

　　该天线的几何结构如图 7-51 所示。宽度为 W 和长度为 L 的上部平面单极单元通过两个长宽分别为 L_N 和 W_N 的缝隙过渡到 CPW。给单极子馈电的 CPW 末端需要一个电流陷波电路或一个巴伦结构，电流通常会试图流过与辐射单元相对的狭窄接地平面的外部。在单极天线中，大的接地平面将起到加强单极子模式的作用，并起着巴伦的作用。巴伦的长度和宽度参数为 L_B 和 W_B，其中 L_B 的长度约为波长的四分之一。如图 7-51 所示的天线可以用短同轴线进行馈电，也可以将 CPW 延伸到右侧边缘，通过边缘发射连接器或 IC 直接馈电。

　　该天线可以嵌入一个硅胶圆柱体中，以暂时植入生物体内，并保持柔性。当使用 Kapton 作为电介质时，会发生吸水现象并显著改变损耗和介电常数，但当嵌入疏水材料中时，这种情况可以得到缓解。一些薄膜电介质也会冷流，但可能不合适于某些应用。详情参见附录 A。

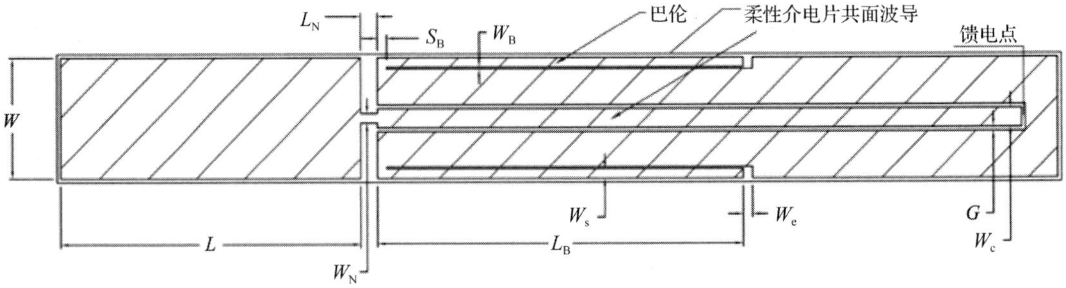

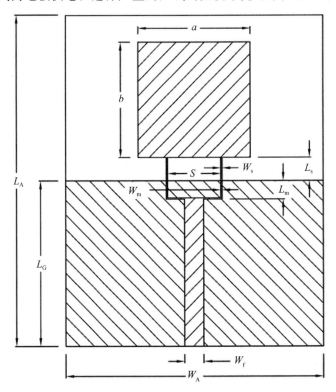

图 7-51 柔性共面波导单极子由面积为 $W \times L$ 的辐射单元组成，并由一条与 CPW 馈线相连的小馈线馈电。侧面的一对电流陷波电路充当平衡-不平衡变换器，以强制所有辐射电流都在单极辐射器上

7.11 特性模式天线

Cabedo-Fabrés 等人已经使用特征模式作为天线的设计方法，以满足宽带印刷单极天线的需求[54-55]。这个方法是研究描述矩形板上电流的特征向量，并非像单极天线一样简单地激励接地平面[56]，而是以与金属板上自然模式匹配的方式激励接地平面。完成此操作后，天线的带宽将非常宽，并具有单极天线的方向图。作者给出了在垂直矩形接地平面上的平面单极子，在中心单点馈电，并在中心线的两侧分叉。单馈天线提供大约 70% 的带宽，分叉馈电产生约 135% 的带宽。作者将此设计为同时具有分叉馈电和三叉馈电的平面版本。

图 7-52 给出了改制成平面设计的天线。天线具有一个普遍的正方形激励平面。天线由一条微带传输线馈电，该传输线分成一对较窄的微带线。之后这些线变成悬空的天际线，以其特征模式向地板供电。这样产生的天线的阻抗带宽通常大于一个倍频(2:1)。

图 7-52 具有分叉馈电的特征模式印刷天线的几何结构

例如，我们使用普通的 FR4 材料，其厚度为 1.524mm，$\varepsilon_r = 4.4$ 且 $\tan\delta = 0.2$。天线基板的尺寸为 40mm(L_A)×33mm(W_A)。较低的微带接地平面长度 L_G 为 20mm，分叉的微带馈线和天线均为 0.158mm 宽（$W_m = W_S$），每条分叉微带传输线的长度 L_m 为 2.06mm，两根天线 L_S 的长度均为 2.8mm，分叉的微带线与天线之间的距离 S 为 3.38mm。图 7-53 是用 HFSS 计算的 VSWR。

在 2.8：1 带宽下，VSWR 在 2.45～6.90GHz 范围内低于 2：1，远超过一个倍频。

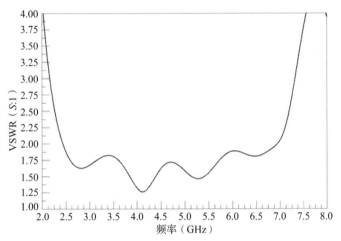

图 7-53 示例中模式印刷天线的 VSWR

图 7-54 给出了在 2.45GHz、4.675GHz 和 6.9GHz 处仿真出的天线方向图。

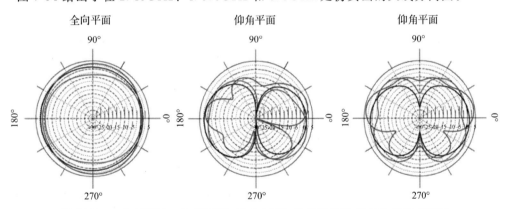

图 7-54 在 2.45GHz、4.675GHz 和 6.9GHz 处仿真出的 CMPA 辐射方向图

在整个带宽范围内，辐射效率非常好，从 2.45GHz 的 91.6% 到 6.9GHz 的 84.5%。模式的方向性系数度从 2.5GHz 时的 2.6dB 到 6.9GHz 时的 5.22dB。

参考文献

[1] Nesic，A.，and Nesic，D.，"Omnidirectional Uniplanar Electromagnetically Coupled Antenna Array，" Microwave and Optical Technology Letters，March 2004，Vol. 40，No. 6，pp. 516-518.

[2] Bancroft，R.，and Bateman，B.，"An Omnidirectional Microstrip Antenna，"IEEE Transactions on Antennas and Propagation，November 2004，Vol. 52，No. 11，pp. 3151-3153.

[3] Bancroft，R.，and Bateman，B.，US Patent No. 7 518 554 B2，April 14，2009.

[4] Bancroft，R.，"Design Parameters of an Omnidirectional Planar Microstrip Antenna，"Microwave and

Optical Technology Letters, December 2005, Vol. 47, No. 5, pp. 414-418.

[5] Jasik, H., Myslicki, R. L., and Rudish, R. M., US Patent No. 3, 757, 342.

[6] Rudish, R. M., "Comments on 'An Omnidirectional Planar Microstrip Antenna,'"IEEE Transactions on Antennas and Propagation, November 2005, Vol. 53, No. 11, p. 3855.

[7] Hill, R., "ATwin Line Omni-Directional Aerial Configuration," 8th European Microwave Conference, September 1978, pp. 307-311.

[8] Ono, M., Numazaki, T., and Mizusawa, M., "A High-Gain Omnidirectional Antenna Made of a Printed Element,"Transactions of the IECE of Japan, January 1980, Vol. E 63, No. 1, pp. 58-60.

[9] Wei, K. P., Zhang, Z. J., and Feng, Z. H., "Design of a Dualband Omnidirectional Planar Microstrip Antenna Array,"Progress in Electromagnetics Research, March 2012, Vol. 126, pp. 101-120.

[10] Yee, K. S., "Numerical Solution of Initial Boundary Value Problems Involving Maxwell's Equations in Isotropic Media," IEEE Transactions on Antennas and Propagation, 1966, Vol. 14, pp. 302-307.

[11] Bancroft, R., "Radiation Properties of an Omnidirectional Planar Microstrip Antenna,"Microwave and Optical Technology Letters, January 2008, Vol. 50, No. 1, pp. 55-58.

[12] Bancroft, R., and Bateman, B., "An Omnidirectional Microstrip Antenna with Low Sidelobes," Microwave and Optical Technology Letters, July 2004, Vol. 42, No. 1, pp. 68-69.

[13] Pozar, D. (Antenna Designer's Notebook, Hal Shrank ed.), "Directivity of Omnidirectional Antennas," IEEE Transactions on Antennas and Propagation Magazine, October 1993, Vol. 35, No. 5, pp. 50-51.

[14] McDonald, N., "Omnidirectional Pattern Directivity in the Presence of Minor Lobes: Revisited," IEEE Transactions on Antennas and Propagation Magazine, April 1999, Vol. 41, No. 2, pp. 63-65.

[15] Wong, H., and Chiou, T. "Omnidirectional Planar Dipole Array Antenna,"IEEE Transactions on Antennas and Propagation, February 2004, Vol. 52, No. 2, pp. 624-628.

[16] Duffley, M., and Mikavika, A., "A Wide-Band Printed Double-Sided Dipole Array," IEEE Transactions on Antennas and Propagation, February 2004, Vol. 52, No. 2, pp. 628-631.

[17] Gibson, P. J., "The Vivaldi Aerial,"Proceedings of the 9th European Microwave Conference, 1979, pp. 101-109.

[18] Shin, J., and Schaubert, D. H., "A Parameter Study of Stripline-Fed Vivaldi Notch-Antenna Arrays,"IEEE Transactions on Antennas and Propagation, May 1999, Vol. 47, No. 5, pp. 879-886.

[19] Deng, C., and Xie, Y., "Design of Resistive Loading Vivaldi Antenna," IEEE Antennas and Wireless Propagation Letters, 2009, Vol. 8, pp. 240-243.

[20] Cerny, C., Nevrly, J., and Mazanek, M., "Optimization of Tapered Slot Vivaldi Antenna for UWB Application," 19th International Conference on Applied Electromagnetics and Communications, 2007, ICE Com 2007, October 2017.

[21] Janaswamy, R., "Even Mode Characteristics of the Bilateral Slotline,"IEEE Transactions on Microwave Theory and Techniques, June 1990, Vol. 38, No. 6, pp. 760-764.

[22] Bancroft, R., and Chou, R.-C., "Vivaldi Antenna Impedance Bandwidth Dependence on Stripline to Bilateral Slotline Transition,"Microwave and Optical Technology Letters, April 2013, Vol. 5, No. 54, pp. 937-941.

[23] Wheeler, H. A., "Fundamental Limits of Small Antennas,"Proceedings of The I. R. E. (IEEE), December 1947, pp. 1479-1484.

[24] McLean, J. S., "A Re-Examination of the Fundamental Limits on The Radiation Q of Electrically Small Antennas,"IEEE Transactions on Antennas and Propagation, May 1996, Vol. 44, No. 5, pp. 672-675.

［25］ Sten, J. C. -E. , Hujanen, A. , and Koivisto, P. K. , "Quality Factor of an Electrically Small Antenna Radiating Close to a Conducting Plane," IEEE Transactions on Antennas and Propagation, May 2001, Vol. 49, No. 5, pp. 829-837.

［26］ Thiele, G. A. , Detweiler, P. L. , and Penno, R. P. , "On the Lower Bound of the Radiation Q for Electrically Small Antennas," IEEE Transactions on Antennas and Propagation, June 2003, Vol. 51, No. 6, pp. 1263-1268.

［27］ Harrington, R. F. , "Effect of Antenna Size on Gain, Bandwidth, and Efficiency," Journal of Research of the National Bureau of Standards-D, Radio Propagation, January-February 1960, Vol. 64D, No. 1, pp. 1-12.

［28］ Staub, O. , Zürcher, J. F. , and Skrivervlk, A. , "Some Considerations on the Correct Measurement of the Gain and Bandwidth of Electrically Small Antennas," Microwave and Optical Technology Letters, February 1998, Vol. 17, No. 3, pp. 156-160.

［29］ Ju, X. -D. , Fu, D. -M. , and Mao, N. -H. , "VHF TV Full Channel Loaded Circular Loop Antenna," IEEE Transactions on Antennas and Propagation, April 1984, Vol. AP-32, No. 4, pp. 425-428.

［30］ Harrington, R. , Field Computation by Moment Methods, Robert E. Krieger Publishing Company, 1968, pp. 85-87.

［31］ Gibson, J. J. , and Wilson, R. M. , "The Mini-State—A Small Television Antenna," IEEE Transactions on Consumer Electronics, Vol. CE-22, No. 2, May 1976, pp. 159-175.

［32］ Beverage, H. H. , U. S. Patent No. 2, 247, 743 1938-12-10.

［33］ Taga, T. , Tsunekawa, K. , and Sasaki, A. , "Antennas for Detachable Mobile Radio Units," Review of the ECL, NTT, Japan, January 1987, Vol. 35, No. 1, pp. 59-65.

［34］ Taga, T. , "Analysis of Planar Inverted-F Antennas and Antenna Design for Portable Radio Equipment," Analysis, Design, and Measurement of Small and Low-Profile Antennas, Hirasawa, K. , and Haneishi, M. (eds.), Artech House, 1992, pp. 160-180.

［35］ Zürcher, J. F. , Staub, O. , and Skrivervlk, A. K. , "SMILA: A Compact and Efficient Antenna for Mobile Communications," Microwave and Optical Technology Letters, November 2000, Vol. 27, No. 3, pp. 155-157.

［36］ Huynh, M. C. , and Stutzman, W. , "Ground plane effects on planar inverted-F antenna (PIFA) performance," IEEE Proceedings on Microwave, Antennas and Propagation, August 2003, Vol. 150, pp. 209-213.

［37］ Deshmukh, A. A. , and Kumar, G. , "Formulation of Resonant Frequency for Compact Rectangular Microstrip Antennas," Microwave and Optical Technology Letters, February 2007, Vol. 49, No. 2, pp. 498-501.

［38］ Boyle, K. R. , and Ligthart, L. P. , "Radiating and Balanced Mode Analysis of PIFA Antennas," IEEE Transactions on Antennas and Propagation, January 2006, Vol. 54, No. 1, pp. 231-237.

［39］ Milligan, T. A. , Modern Antenna Design, McGraw Hill, 1985, pp. 83-84.

［40］ Wong, K. -L. , Planar Antennas for Wireless Communications, John Wiley and Sons, 2003, p. 10.

［41］ Behdad, N. , and Sarabandi, K. , "A Novel Approach for Bandwidth Enhancement of Slot Antennas," Proceedings of the 2003 Antenna Appl. Symposium, Allerton Park, Monticello, IL, September 17-19, 2003, pp. 176-188.

［42］ Behdad, N. , and Sarabandi, K. , "Dual Resonator Slot Antennas for Wireless Applications," IEEE AP-S International Symposium Digest, Monterey, CA, June 20-25, 2004.

［43］ Behdad, N. , and Sarabandi, K. , "A Wide-Band Slot Antenna Design Employing A Fictitious Short

Circuit Concept,"IEEE Transactions on Antennas and Propagation, January 2005, Vol. 53, No. 1, pp. 475-482.

[44] Bancroft, R., "A Commercial Perspective on the Development and Integration of an 802.11a/b/g Hiper Lan/WLAN Antenna into Laptop Computers," IEEE Antennas and Propagation Magazine, August 2006, Vol. 48, No. 4, pp. 12-18.

[45] Milligan, T. A., Modern Antenna Design, McGraw-Hill, 1985, pp. 96-99.

[46] Oliner, A. A., "Equivalent Circuits for Discontinuities in Balanced Strip Transmission Line,"IRE Transactions on Microwave Theory and Techniques, Vol. MTT-3, March 1955, pp. 134-143.

[47] U. S. Patent No. 7, 098, 863.

[48] Al Basraoui, M., and Shastry, P. N., "Wideband Planar Log-Periodic Balun,"International Journal RF and Microwave Computer Aided Design, 2001, Vol. 11, pp. 343-353.

[49] Roberts, W. K., "A New Wide-Band Balun," Proceedings of The I. R. E. (IEEE), December 1957, pp. 1628-1631.

[50] Fitzgerrell, R. C., "Standard Linear Antennas, 30 to 1000 MHz,"IEEE Transactions on Antennas and Propagation, December 1986, Vol. AP-34, No. 12, p. 131.

[51] McLean, J., and Sutton, R., "The Minimization of Spurious Radiation from the Baluns and Feed Regions of Roberts Dipole Antennas,"Antenna Measurement Techniques Association 23rd Annual Meeting & Symposium, Denver, CO, October 21-26, 2001, pp. 217-223.

[52] Bancroft, R., "Design of an Integrated Loop Coupler and Loop Antenna for RFID Applications," Microwave and Optical Technology Letters, August 2009, Vol. 51, No. 8, pp. 1830-1833.

[53] Schekunoff, S. A., and Friis, H. T., Antennas Theory and Practice, John Wiley & Sons, 1952, pp. 269.

[54] Cabedo-Fabrés, M., Antonino-Daviu, E., Valero-Nogueria, A., and Bataller, M. F., "The Theory of Characteristic Modes Revisited: A Contribution to the Design of Antennas for Modern Applications," IEEE Antennas and Propagation Magazine, October 2007, Vol. 49, No. 5, pp. 52-68.

[55] Antonino-Daviu, C. M., Ferrando-Bataller, M., and Valero-Nogueira, A., "Wideband Double-Fed Planar Monopole Antenna,"Electronics Letters, November 2003, Vol. 39, No. 23, pp. 1635-1636.

[56] Ammann, M. J., "Impedance Bandwidth of the Square Planar Monopole,"Microwave and Optical Technology Letters, Vol. 24, No. 3, February 2000, pp. 185-187.

[57] Sievenpiper, D. F., Dawson, D. C., Jacob, M. M., et al., "Experimental Validation of Performance Limits and Design Guidelines for Small Antennas,"IEEE Transactions on Antennas and Propagation, January 2012, Vol. 60, No. 1, pp. 8-17.

[58] Hansen, R. C., Electrically Small, Super directive, and Superconducting Antennas, John Wiley & Sons, 2006, Section 1.

第 8 章

毫米波微带天线

8.1 毫米波设计的一般考虑

目前，商用毫米波频率都在 20～80GHz。汽车防撞雷达工作在 24GHz 和 77GHz。30GHz～300GHz 之间的频谱被称为极高频（Extremely High Frequency，EHF）。

在 EHF 下，介质基板的电厚度作为微带传输线辐射源可以忽略不计。6.4.6 节讨论了带有厚基板的微带传输线辐射。防止显著微带传输线辐射的"经验法则"是使介质基板厚度小于 $0.020\lambda_0$（自由空间波长）。表 8-1 中给出了自由空间波长、它们的近似频率，以及由"经验法则"估计出的允许微带传输线非辐射最大厚度。

表 8-1 具有最大允许微带传输线非辐射厚度和最大可用标准厚度的波长和频率

扩展 EHF 频率微带辐射极限			
波长 λ_0	频率	介质	
		非辐射厚度	标准厚度
15mm	20GHz	300μm	254μm
14mm	21GHz	280μm	254μm
13mm	23GHz	260μm	254μm
12mm	25GHz	240μm	175μm
11mm	27GHz	220μm	175μm
10mm	30GHz	200μm	175μm
9mm	33GHz	180μm	175μm
8mm	38GHz	160μm	127μm
7mm	43GHz	140μm	127μm
6mm	50GHz	120μm	100μm
5mm	60GHz	100μm	100μm
4mm	75GHz	80μm	50μm
3mm	100GHz	60μm	50μm
2mm	150GHz	40μm	25μm
1mm	300GHz	20μm	25μm

一般来说，大多数 PCB 外壳的蚀刻尺寸下限约为 $150\mu m$。方形微带天线的边缘电阻可高达 300Ω。通常采用四分之一波长的微带传输线将边缘电阻转换为 50Ω。这条线的特征阻抗通常在 125Ω 左右。$\varepsilon_r = 3.0$ 的 125Ω 和 50Ω 传输线的微带线宽度如表 8-2 所示。125Ω 微带传输线的宽度对于蚀刻来说太小。我们将调查几个选项。在许多情况下，阵列中使用 100Ω 微带线。人们应该实现低阻抗微带传输线，以得到可由印制电路板制造商实现的宽度。77GHz 的设计产生 50Ω 微带线，这些微带线比可靠蚀刻的更窄。

表 8-2　波长和频率、最大可用标准厚度和典型微带传输线设计宽度，$\varepsilon_r = 3.0$

扩展 EHF 频率微带传输线宽度				
波长 λ_0	频率	介质标准厚度	MS 宽度	
			125Ω	50Ω
15mm	20GHz	254μm	76μm	615μm
14mm	21GHz	254μm	76μm	615μm
13mm	23GHz	254μm	76μm	615μm
12mm	25GHz	175μm	49μm	420μm
11mm	27GHz	175μm	49μm	420μm
10mm	30GHz	175μm	49μm	420μm
9mm	33GHz	175μm	49μm	420μm
8mm	38GHz	127μm	32μm	301μm
7mm	43GHz	127μm	32μm	301μm
6mm	50GHz	100μm	23μm	235μm
5mm	60GHz	100μm	23μm	235μm
4mm	75GHz	50μm	7μm	112μm
3mm	100GHz	50μm	7μm	112μm
2mm	150GHz	25μm	3μm	52μm
1mm	300GHz	25μm	3μm	52μm

如前所述，在单层印制电路板的情况下，这将限制微带天线单元的厚度，进而限制其阻抗带宽。当人们选择在毫米波频率下使用两层印制电路板时，如果需要比单层印制电路板有更大的带宽，可选择耦合贴片天线。

关于毫米波微带天线设计的一个误区是传输线损耗大。James 和 Hall[1] 早在 1983 年就对这一问题进行了研究，他们的结论是"……与微波频率相比，微带在毫米波长上的损耗并不过分"。

大部分问题通常围绕着铜导体的表面粗糙度。20 世纪 70 年代人们提出了基于三角形凸起的表面粗糙度模型[2]。此模型的简单性和可实现性导致其不适用于一般工程用途。最近，Gold 注意到这个模型的不足之处，并提出了一个更基于物理的替代方案[3-5]。该模型使用均方根统计粗糙度测量值 R_q 来预测给定表面粗糙度的预期损失量。Gold 的梯度模型在计算机辅助设计中并不容易实现，但是所提供的信息允许人们计算等效表面阻抗，该阻抗可以在离散频率下与全波电磁分析软件(如 HFSS)一起使用。

梯度模型结果如表 8-3 所示。有趣的是，即使在 10GHz 的频率下，对于相当光滑的金属($R_q = 250$nm)，表面粗糙度也会导致损耗。

表 8-3　$H = 50$μm。传输线宽度为 126μm (Rogers Ultralam 3850)，$\varepsilon_r = 2.9$，$\tan\delta = 0.0025$(一)

梯度模型微带线损耗			
等效表面阻抗(HFSS)			
R_q(RMS)	10GHz(dB/100mm)	28GHz(dB/100mm)	60GHz(dB/100mm)
250nm	3.67	7.71	14.62
500nm	4.65	10.75	21.58
1000nm	6.73	16.82	30.59

为了进行比较，表 8-4 显示了传统闭合模型微带线损耗数值。与这种解决方案相比，即使是中等表面粗糙度也会大大增加传输线损耗。使用 dB/100mm 有助于比较差异，而且每个波导波长的损耗对于微带阵列和匹配网络设计是有用的。

表 8-4　$H=50\mu m$。传输线宽度为 126μm (Rogers Ultralam 3850)，$\varepsilon_r=2.9$, $\tan\delta=0.0025$(二)

传统闭合模型微带线损耗		
10GHz(dB/100mm)	28GHz(dB/100mm)	60GHz(dB/100mm)
2.58	4.62	7.35

与传统分析相比，表面粗糙度虽然会改变波导波长，但将其用于波导波长值，以及比较梯度模型预测的损耗是有指导意义的。

由梯度模型预测的每个微带波导波长的损耗值如表 8-5 所示。波长损耗随频率增加而降低。用包含色散的传统模型预测的波导波长来计算波导波长。Gold 和 Helmreich 指出，他们的模型根据表面粗糙度改变了波导波长。

表 8-5　$H=50\mu m$。传输线宽度为 126μm (Rogers Ultralam 3850)，$\varepsilon_r=2.9$, $\tan\delta=0.0025$(三)

梯度模型微带线损耗每个波导波长的微带损耗(HFSS)			
R_q(RMS)	10GHz(dB/$\lambda\varepsilon_e$)	28GHz(dB/$\lambda\varepsilon_e$)	60GHz(dB/$\lambda\varepsilon_e$)
250nm	0.721	0.541	0.476
500nm	0.913	0.754	0.704
1000nm	1.320	1.181	0.997

微带中的大损耗出现在毫米波频率的概念可能源于微带传输线的物理长度 dB/100mm 随频率快速增加的事实，如表 8-3 所示。当用波导波长 $\lambda\varepsilon_e$ 表示时，四分之一波长或半波长变换器等单元的损耗保持稳定。当损耗用微带传输线波导波长表示时，可以看到这一点。

8.2　共馈电贴片阵列

8.2.1　28GHz 示例

理论上，人们可以将低频设计的共馈电阵列扩展到毫米波频率。实际上，这将导致比 150μm 更窄的微带传输线宽度，这是印制电路板蚀刻的极限。一般来说，尤其是对于商业设计，随着频率的增加，为制造方面的考量变得至关重要。

人们重新设计馈电网络，使得在整个阵列中线宽均大于 150μm，如图 8-1 所示。介质基板的厚度为 254μm，这是在 28GHz 时不会从微带馈线产生显著辐射的最厚值。基板的相对介电常数为 3.0 (Rogers RO3003)。

对于常见的基底和厚度，基底表面的阻抗一般为 200Ω 左右。通常这将被转换为 100Ω，但在这种情况下，四分之一波长变换器的 141Ω 传输线宽度为 62μm，过窄，一般印制电路板外壳无法蚀刻。取而代之的是先将边缘电阻转换为 35Ω，这要求四分之一波长传输线的特征阻抗仅为 83Ω，宽度为 255μm。35Ω 线平行相加，在下一个交叉点产生 17.5Ω 阻抗。然后使用宽度为 481μm，59.14Ω 的四分之一波长变换器将其转换为 100Ω。两条线在最后一个接合点并联，形成 50Ω 阻抗。最后，连接 50Ω 馈线以完成设计。

天线阵列的效率为 90.23%。方向性系数为 11.91dB，增益为 11.46dBi。2∶1VSWR 带宽为 931MHz 或 3.33%。

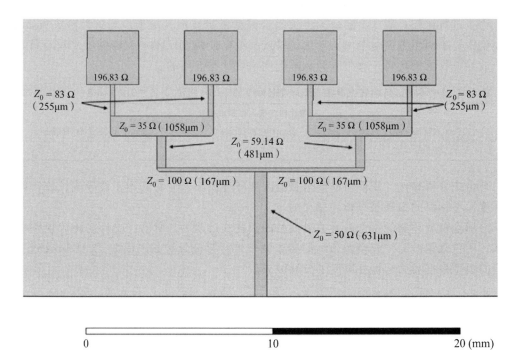

图 8-1　28GHz 共馈电微带阵列设计。每个贴片的边缘阻抗被变换到 35Ω，然后变换到 100Ω，使得所有互连的传输线具有大于 $150\mu m$ 的宽度，这是经常提到的蚀刻下限

8.2.2　60GHz 示例

　　在毫米波频率下使用薄基片的主要限制是蚀刻精度。一般来说，大多数印制电路板的限制在 $150\mu m$ 左右。蚀刻尺寸的精度将低于该值。在 $50\mu m$ 厚的 Rogers Ultralam 3000 上，一条 50Ω 的传输线的宽度约为 $126\mu m$，这低于普通蚀刻极限。为了将这 50Ω 的传输线宽度增加到大约 $240\mu m$，可以选择使用 $100\mu m$ 厚的材料。

　　在大多数共馈电阵列中，贴片在辐射边缘的中心馈电。谐振时的边缘电阻为 $200\sim250\Omega$，因此需要一个约为 112Ω 的四分之一波长变换器才能转换到 50Ω。该变换器的宽度需要小于 $150\mu m$ 蚀刻极限。一般来说，阻抗变换器的特征阻抗需要大于 50Ω，这就排除了蚀刻的可行性。

　　在这里我们介绍另一种共馈电[6]的方法。贴片在低阻抗馈电点沿其非辐射边缘馈电（如探针馈电）。然后，使用低阻抗微带传输线设计一个线宽均大于 50Ω 对应线宽的共同馈电结构。这就允许在印制电路板对线宽的限制内设计传输线。

　　图 8-2 给出了该阵列设计。线条是矩形的，沿着非辐射边缘馈电。长宽比将 TM_{01} 和 TM_{10} 模式分开，以在沿非辐射边缘馈电时保持纯贴片谐振。沿贴片边缘的馈电点电阻为 35Ω。从中心两侧的一对贴片引出一对 35Ω 微带传输线（$W=411\mu m$）。两条微带线到达一个接合点，在此处它们平行相加，形成 17.5Ω 的电阻。然后引入一个四分之一波长变换器，将阻抗从 17.5Ω 提升至 35Ω。变换器的特征阻抗为 24.75Ω，宽度为 $531\mu m$。然后，一对四分之一波长转换器与一条 35Ω 的线路相连。在中心处，它们形成了 17.5Ω 的电阻。然后使用一个 29.58Ω 四分之一波长转换器将阻抗从 17.5Ω 转换为 50Ω。使用 50Ω 馈线将其连接到印制电路板边缘，可在该处馈电。

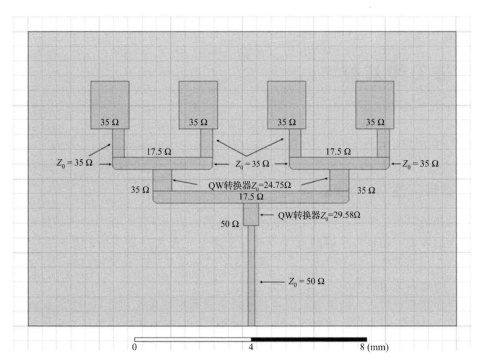

图 8-2　边缘共馈电阵列——所有微带线阻抗均小于 50Ω。50Ω 线的宽度为 240μm

参考文献

［1］ James，J. R.，and Hall，C. M.，"Investigation of New Concepts for Designing Millimetre-Wave Antennas，" Final Technical Report，Royal Military College of Sciences，AD-A137 350，September 1983.

［2］ Hammerstad，E. O.，and Bekkadal，F.，"Microstrip Handbook，" ELAB Report STF 44 A74169，University of Trondheim，Norwegian Institute of Technology，1975.

［3］ Gold，G.，and Helmreich，K.，"A Physical Surface Roughness Model and Its Applications，" IEEE Transactions on Microwave Theory and Techniques，October 2017，Vol. 65，No. 10，pp. 3720-3732.

［4］ Bailer-Jones，D. M.，Scientific Models in Philosophy of Science，University of Pittsburgh Press，2009.

［5］ Gold，G.，"A Physical Model for Skin Effect in Rough Surfaces，" Proceedings of the 42nd European Microwave Conference，2012.

［6］ Mahabub，A.，Rifat A. A.，and Toufikul，I.，"Gain Improvement of Micro Strip Antenna Using Dual Patch Array Micro Strip Antenna，" Journal of Emerging Trends in Computing and Information Sciences，December 2012，Vol. 3，No. 12，pp. 1642-1648.

附录 A

微带天线基板

A.1 微带天线/传输线基板

选择基板材料要考虑设计所需的电性能、机械性能和环境性能与经济条件限制之间的平衡。一般来说，如果有足够的设计空间，使用空气作为微带天线的基板是一个好的选择。与具有相同阻抗带宽的传统微带天线相比，这种天线效率高且增益最大。使用空气作为基板时的表面波损耗最小。

选择介质基板时，人们通常希望其材料具有最低损耗角正切值(tanδ)。损耗角正切值是电介质将电能转换为热能的度量标准。尽可能小的损耗角正切值可最大限度地提高天线效率(降低损耗)，这已在 2.6 节中讨论过。

基板的相对介电常数 ε_r 决定了贴片天线的物理尺寸。介电常数越大，单元尺寸越小，但阻抗带宽和方向性系数也越小，表面波损耗会随之增加。使用具有更高介电常数的基板也严格限制了加工时的误差[1]。

介电常数的误差对于制造成品率也非常重要。当已知蚀刻误差、基板厚度误差、馈电点位置误差和电介质误差时，使用空腔模型的蒙特卡罗型分析是估算矩形微带天线的天线成品率的好方法。基板的电参数和物理参数也随温度而变化。Kabacik 和 Bialkowski 的工作表明，聚四氟乙烯/玻璃纤维基板的介电常数在许多航空和航天应用中会发生显著变化[2]。与测量值相比，聚四氟乙烯/玻璃纤维的介电常数和损耗角正切值通常不同于制造商在其数据表中引用的值，并且相比于许多航空航天应用，其在更小的温度范围内才有效。性能变化是由材料介电性能的变化引起的，热膨胀对微带天线的性能影响很小。

市场上可获得的基板和层压板在处理上的要求不同。有关制造方面的问题和方法的详细信息可以在文献中找到，也可以直接从制造商那里找到[3]。也有其他的制造方法，如直接在基板上丝网印刷导电油墨[4]。最近几年，人们开始探索使用喷墨印刷的方法来制造天线，这可能会改变基板的设计范围[5]。

通常，相对介电常数 ε_r 和损耗角正切值 tanδ 随温度升高而增加。在空间应用中，湿气排出会产生较低的介电常数和损耗角正切值。

A.2 金属覆层

一般来说，附着在介质基板材料上的金属覆层是铜。两种类型的铜箔——轧制箔和电沉积箔被用作覆层。轧制箔多次穿过轧钢机，直至获得所需物理尺寸，然后黏合到基板上。轧制后的铜具有抛光的镜面外观，通常用于柔性电路。电沉积箔是将铜电沉积到惰性模具上而形成的，惰性模具通常是轧制钛或钢桶。不断地从模具中析出薄薄的一层铜，然后将其黏合到基板上[6]。

铜迹线的氧化是铜连接随着时间推移而失效的主要原因。铜迹线在迹线的两侧(顶部和底部)都被氧化。氧气在基板材料中的扩散会导致迹线的底部氧化。环境温度持续高于 $250°F$ 会将电路板表面的铜连接分解。减轻这种氧化的最有效方法是使用高温保形涂层。该涂层在空气与树脂表面和铜迹线之间提供屏障[7]。微带传输线的特征阻抗和损耗的计算(参见附录 C)取决于铜箔的厚度。铜覆层通常不表示为厚度,而是从给定面积上提供的质量间接求出。在表 A-1 中,给出了以 g/m^2 为单位的度量值。然后使用铜的密度($8.94mg/mm^2$)求得厚度。在美国,铜覆层早期描述为每平方英尺的质量,然后可以以英寸为单位得出覆层的厚度,如表 A-2 所示[8]。较细的铜迹线比较粗的铜迹线具有更小的蚀刻底切,与较粗的铜迹线相比,可以形成细(窄)迹线。较厚的铜具有更高的功率承载能力,这在迹线小横截面可能产生热量并最终导致故障的情况下非常重要。

表 A-1　标准铜箔质量和铜箔厚度

给定面积上的箔片质量	箔片厚度	误差
$150g/m^2$	$18\mu m$	$\pm 4.9\mu m$
$300g/m^2$	$34\mu m$	$\pm 4.9\mu m$
$600g/m^2$	$70\mu m$	$\pm 7.5\mu m$
$1200g/m^2$	$104\mu m$	$\pm 10.0\mu m$

表 A-2　美国铜箔重量和铜箔厚度

给定面积上的箔片质量	箔片厚度	误差
$1/2oz/ft^2$	0.000 7in	$\pm 0.000\ 2in$
$1oz/ft^2$	0.001 4in	$\pm 0.000\ 2in$
$2oz/ft^2$	0.002 8in	$\pm 0.000\ 3in$
$4oz/ft^2$	0.005 6in	$\pm 0.000\ 4in$

　　在较高的频率下,铜的粗糙表面会产生相当大的损耗。当铜的趋肤深度小于或等于铜覆层的表面粗糙度时,此影响非常明显。粗糙表面通常用来改善铜覆层与介质基板间的附着力。表 A-3 给出了常用铜覆层的表面粗糙度[9]。

　　表 A-4 给出了所选频率下的趋肤深度。高剖面电沉积铜的表面粗糙度仅大于 1GHz 时的趋肤深度。在 10GHz 时,必须使用低剖面电沉积铜,以防止表面粗糙度引入损耗。50GHz 是可以选择趋肤深度的铜箔类型的最高频率。

表 A-3　铜箔表面粗糙度

覆层类型	铜表面粗糙度(RMS)
高剖面电沉积铜	2400nm
标准电沉积铜	1200nm
低剖面电沉积铜	600nm
轧制退火铜	300nm

表 A-4　铜的趋肤深度与频率关系

频率/GHz	趋肤深度 δ
1	2063nm
10	652nm
50	292nm
77	235nm
110	197nm

除此之外,表面粗糙度将对微带传输线损耗产生重大影响。一旦表面粗糙度大于趋肤深度,产生的额外损耗将与表面粗糙程度成正比。因此,为了使损耗最小,应选择表面粗糙度最小的铜[10]。

A.3　电介质材料

可以将用于构成微带天线(和天线罩)的介质基板分组为氟聚合物等塑料,例如聚四氟乙烯[polytetrafluoroethylene(PTFE)]和交联聚苯乙烯(Rexolite 1422);陶瓷,例如氧化铝(Al_2O_3)或氮化硅(Si_3N_4);大多数聚四氟乙烯——玻璃纤维微波基板中使用的玻璃,例如 E-Glass。

在一些商业应用中,平面天线可以被封装在注塑天线罩内。在注塑天线罩的设计中,所用树脂的介电性能是需要着重考虑的因素。由于树脂的吸湿特性,在湿度变化的环境中,低吸湿性对于保持稳定的谐振频率和损耗特性十分重要。

材料通常被描述为疏水性材料和亲水性材料。疏水性材料不含水或只含有非常微量的水。蜡纸上的水珠表明了蜡的疏水性。亲水性物质对水具有亲和力并能吸收水。

水具有的特性给微带天线设计者造成了困难。在 5~10GHz 范围内,水的相对介电常数(ε_r)从 1.5℃时的 $\varepsilon_r\approx90$ 到 25℃时的 $\varepsilon_r\approx80$ 不等。在 10GHz 下,水的介电常数迅速降低,介电损耗接近峰值。在 10GHz 处损耗的最大值刚好出现在略高于冰点的位置。当温度进一步降低,水冻结时,介电常数变为 3 左右,介电损耗变得非常小[11]。

表 A-5 列出了微带天线设计中使用的一些常见基板材料以及相对介电常数和损耗角正切的典型值。

表 A-5　普通介质基板材料性能

材料	ε_r	tanδ
聚四氟乙烯	2.1	0.000 5
Rexolite1422	2.55	0.000 7
改性聚苯醚	2.6	0.001 1
FR-4	4.1	0.02
氧化铝(99.5 %)	9.8	0.000 3

A.3.1　塑料

PTFE 具有非常理想的电品质,但在许多空间应用中都不建议使用。有关 PTFE 基板及其制造的展开讨论可参见文献[12]。PTFE 柔软,易受蠕变(又名"冷流")的影响,这使其可以在低于其屈服点的应力作用下形变。

交联聚苯乙烯(Rexolite 1422)是最早用于制作平面传输线的材料之一[13]。Rexolite 1422 是一种非常好的空间应用材料,具有许多理想的机械性能[14]。Rexolite 1422 易于加工,介电常数在 100GHz 时仍保持稳定。Rexolite 2200 是玻璃纤维增强型材料,与未填充的 Rexolite 1422 具有相似的性能,但它更坚固,尺寸更稳定。

改性聚苯醚(Noryl)适用于许多商业微波应用领域。与 FR-4 相比,其损耗要低得多,并且成本相对较低,但是它很软,且熔化温度相对较低,这会造成焊接困难。对于某些应用来说,其机械性能并不适用。

A.3.2 陶瓷

对于要求较高相对介电常数 $\varepsilon_r \approx 10$ 和低损耗角正切的应用，氧化铝(Al_2O_3)具有理想的微波性能。它的缺点是加工的难度高和其脆性。氧化铝具有良好的导热性，在某些航空航天应用中，它比其他常见的微波基板更容易散热，并且能保持较低的温度。在某些导弹应用中，高温可能会损害焊点，所以氧化铝是散热的可行选择。氧化铝的介电常数对生产氧化铝的工艺非常敏感。

氧化铝以刚玉或 α-氧化铝的晶体形式存在。该晶体的各向异性介电常数可以在 9.3～11.5 之间变化，这使得它作为微波介质基板时用途有限。刚玉可以磨成粉末，粉末中每个颗粒都是微小的晶体，以这种方式随机分布时，它可以产生具有各向同性介电常数的材料。

将铝粉在低于熔点的温度下加热一段时间(烧结)，形成多晶材料。微小的晶体称为晶粒，晶粒之间的空隙称为孔隙。孔隙体积与材料在自然状态下总体积的比率称为材料的孔隙率(P)。孔隙率的值在 0～1 之间变化，或者有时用 0%～100% 表示。众所周知，两种材料的有效介电常数与混合物中每种材料的比例有关，因此，烧结氧化铝材料的孔隙率将影响该材料的介电常数。

烧结氧化铝的孔隙率直接影响介电常数。因此，对于烧结过程的理解对了解其电学性质至关重要[15]。烧结过程非常复杂。为了便于说明，我们假设氧化铝粉末由均匀的球形颗粒组成。随着它们的接触面越来越大，这些颗粒(晶粒)会缓慢融合。

伴随着烧结过程，材料中的晶粒尺寸随着孔隙尺寸的缩小而增大。晶粒生长一般分为正常晶粒生长和异常晶粒生长两种类型。当发生正常晶粒生长时，晶粒的平均尺寸增大，但是晶粒的尺寸和形状维持在很小的范围内。对于正常晶粒生长，晶粒尺寸分布随着时间的推移保持相对恒定。随着晶粒尺寸的增加，晶粒尺寸分布表现出自相似性。当发生异常晶粒生长时，少量较大晶粒的生长速度快于周围的较小晶粒。晶粒尺寸分布可分为两个峰值，其随时间推移的不变性消失了，不过在某些情况下，晶粒分布可能随时间推移恢复为正态分布。文献指出，晶粒尺寸对高密度(98.1%±0.5%)氧化铝的损耗角正切值有相当大的影响[16]。与较大尺寸的晶粒(5～7μm)相比，较小尺寸的晶粒(1～3μm)具有较高的损耗角正切值。

在某些情况下，将少量杂质引入氧化铝中有助于烧结并抑制异常晶粒的生长。这些材料通常称为溶质或掺杂剂。即使剂量很小，它们也仍可以对烧结速率和微结构发展产生相当大的影响。在烧结氧化铝(Al_2O_3)的情况下，有时将氧化镁(MgO)用作掺杂剂以抑制异常晶粒生长。文献指出，对于接近理论密度的样品，在 10GHz 下，用二氧化钛掺杂氧化铝可以将损耗角正切值从 0.000 027 降低到 0.000 020[17]。一个持续没有异常晶粒生长的烧结过程对于产生一致的相对介电常数至关重要。

A.3.3 玻璃化转变温度

用于微带天线基板和天线罩的高分子材料有塑料、橡胶和纤维。橡胶是一种柔软的材料，塑料也是柔软的，但其硬度更高。橡胶更适合称作弹性体。通常用玻璃化转变温度(T_g)这一参数将塑料与橡胶区分开。当 T_g 高于室温时是塑料，若 T_g 低于室温，则是橡胶。这种类型的低温材料可以认为是玻璃状固体[18]。

通常将炭黑引入橡胶中以增强其强度，提高其结构完整性，但硅胶除外，因为硅胶含有微小的气相二氧化硅颗粒[19]。

A.3.4 复合介质基板

当两种或多种介质材料结合在一起，并且每种都保留各自独立的介电特性时，我们将其称为复合介质材料。大部分市场上可买到的微波基板由两种或更多种介质材料组成。一种常见的组合是聚四氟乙烯和玻璃纤维。另一种是环氧树脂和玻璃纤维。例如，Rexolite 1422 是纯交联的聚苯乙烯，但也可以像 Rexolite 2200 一样通过玻璃纤维增加强度。聚醚酰亚胺(Ultem)的纯度可以为 100%，也可以用 10%、20%或 30%的玻璃纤维增强。

A.3.5 FR-4

FR-4 是一种昂贵的环氧玻璃纤维材料，可在许多商业应用(通常频率低于 1GHz)中使用。[⊖]FR-4 是热固性环氧树脂和玻璃纤维板的组合。FR-4 中的环氧树脂相对介电常数 $\varepsilon_r \approx$ 3.2，E-Glass 的相对介电常数 $\varepsilon_r \approx 6.2$。玻璃纤维与环氧树脂的比例决定了 FR-4 的介电常数。该材料可用于某些无线应用，但是当用于频率高于 1GHz 的基板时，必须格外小心，以尽量减少损失。FR-4 配方的相对介电常数在 3.9～4.6 之间变化很大[21]。

塑料类材料通常有两种：热固性材料和热塑性材料。热固性材料受热时经历的化学变化不可逆。重新加热时，热固性材料不会熔化，通常会开始炭化。FR-4 是由热固性材料制成的基板的一个例子。热塑性材料受热时会熔化，但不会发生不可逆的化学变化，成型后可重新熔化。热塑性材料可以多次加工。通常将再加工的材料与原始材料混合以产生再研磨材料。通常不建议将再研磨材料用作微波介质材料。经过大量的后处理循环后，聚合物将降解。改性聚苯醚是一个热塑性基板。

A.3.6 玻璃纤维

当玻璃被拉成细纤维(可以达到人的头发宽度的 1/100)时，它变得足够柔软，可以加工成"纱线"[22](见图 A-1)。然后可以将这些"纱线"编织成玻璃纤维布。普通玻璃布为 7628 型，其中每根丝的直径规定为 9.40μm(0.37mil)。每根"纱线"具有 408 根细丝。将 7628 型织成布时为 44 纱/英寸(经纱)×32 纱/英寸(纬纱)。因此这种玻璃布为 17 952 丝/英寸(经纱)×13 056 丝/英寸(纬纱)。7628 型玻璃布的典型厚度为 150～200μm(0.006～0.007 8 英寸)。图 A-2 所示为 7628 型的编织物。可将十层 7628 型材料浸入树脂中，然后堆叠和层压，形成 1575μm(0.062 英寸)厚的编织玻璃纤维材料。

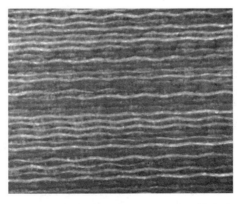

图 A-1　厚度为 12.7mm(1/2 英寸)的 FR-4 的横截面，显示了树脂(深色)层和玻璃布(浅色)层

⊖ FR-4 是 G-10 的阻燃剂。FR-4 通常在需要 G-10 的应用中使用，但在指定 FR-4 时不应使用 G-10。G-10 和 FR-4 的额定温度为 285°F。FR-4 不会在额定温度以上熔化，而是开始炭化。

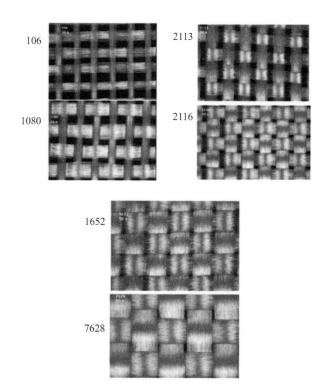

图 A-2 不同类型的玻璃纤维编织物

7628 型是使用一种电工玻璃 E-glass 制成的[23]，其视作一种通用玻璃纤维。在 10GHz 时，相对介电常数 $\varepsilon_r=6.1$，损耗角正切值为 0.002 6[24]。材料的有效介电常数取决于玻璃纤维与掺杂到玻璃布中的材料的比例。在填充 PTFE 以产生 6.0 的相对介电常数的情况下，层压板几乎是各向同性的。这是因为 E-Glass 具有 6.1 的介电常数，并且材料主要由玻璃纤维组成[25]。

当拉制玻璃纤维时，玻璃中可能存在气泡，这些气泡最终会在玻璃纤维中成为毛细管。这些玻璃纤维通常被称为"空心纤维"。这些空心纤维可以提供导电路径，从而形成导电细丝，进而可能导致电路板故障[26-27]。

一种用于在工业上生产相对介电常数接近 10 的复合基板的方法是将氟($\varepsilon_r=2.1$)、玻璃纤维($\varepsilon_r=6.1$)和粉末二氧化钛(TiO_2)组合。二氧化钛具有非常高的介电常数($\varepsilon_r\approx100$)，这将使复合材料的有效介电常数达到 10。

带有编织玻璃纤维的微波基板本质上是各向异性的。在大多数微波频段(1～10GHz)上，编织的间距是电小尺寸的，但到了毫米波频段(30～100GHz)，介电常数的周期性变化变得很明显。当微带传输线是由玻璃纤维基板构造而成时，在高频下会生成非均匀传输线(参见附录 F)。传输线的周期变化会产生谐振，从而增大插入损耗[28]。

A.3.7 绝缘泡沫

结构型泡沫是一种复合电介质材料，其中一种电介质为空气，另一种是塑料。用于生产结构型泡沫的塑料材料有聚氯乙烯(Polyvinyl Chloride，PVC)、聚氨酯、聚苯乙烯、苯乙烯丙烯腈、聚醚酰亚胺(Polyetherimide，PEI)和聚甲基丙烯酰亚胺(Polymethacrylimide，PMI)[29]。这些泡沫具有不同的密度和厚度。表 A-6 列出了许多市售结构型泡沫的密度和介电常数。

表 A-6 结构型泡沫材料

制造商	产品	ε_r	$\tan\delta$	密度
Styrofoam	—	1.02	—	32kg/m^3
Divinycell	H45	1.065	0.000 8	45kg/m^3
Divinycell	H60	1.075	0.001 0	60kg/m^3
Divinycell	H80	1.10	0.001 3	80kg/m^3
Divinycell	H100	1.10	0.001 6	100kg/m^3
Divinycell	H130	1.15	0.002 1	130kg/m^3
Divinycell	H200	1.23	0.003 2	200kg/m^3
Divinycell	H250	1.28	0.004 0	250kg/m^3
Klegecell	R100	1.08	—	100kg/m^3
Last-a-Foam	FR-3703	1.05	—	48kg/m^3
Last-a-Foam	FR-3704	1.05	—	67kg/m^3
Last-a-Foam	FR-3704.5	1.06	—	72kg/m^3
Last-a-Foam	FR-3705	1.07	—	80kg/m^3
Last-a-Foam	FR-6706	1.08	—	96kg/m^3
Last-a-Foam	FR-6707	1.12	—	112kg/m^3

泡沫材料分为开孔泡沫和闭孔泡沫。开孔泡沫具有相互连通的腔室,可以吸收水或其他液体。闭孔泡沫具有互不连通的腔室,这种类型的泡沫通常不吸水。如果要在高温环境中使用泡沫,则必须对其进行热稳定处理。在某些情况下,如果没有热稳定处理,泡沫可能会收缩至 10%。

使用氨基甲酸酯泡沫时必须小心。它们易燃,燃烧时会产生剧毒气体。人们不应使用热线切割从这种泡沫中生产所需的形状。由于产生的气体具有毒性,即使在空旷的地方,也切勿焚烧这种泡沫。当密度低于 60kg/m^3 时,聚氨酯泡沫也很容易碎,这是任何结构设计的下限值[30]。

PVC 泡沫在密度较低(40kg/m^3)时更坚固,在 96kg/m^3 前都略优于聚氨酯泡沫。高于 96kg/m^3 时,更高质量的聚氨酯泡沫相比于 PVC 泡沫具有更高的强度。

另一种选择是 PMI 泡沫,其名称为 Rohacell。在所有密度下,Rohacell 的机械性能均优于氨基甲酸酯和 PVC 泡沫。PMI 泡沫几乎可以抵抗所有溶剂和化学物质,并可以在 121℃下保持良好的性能。

复合泡沫被用作设计矩形微带天线的介质基板,该矩形微带天线被应用于铱星上的星载主任务天线(相控阵)[20]。复合泡沫是通过在塑料材料中填充小的塑料、玻璃或陶瓷球体制成的,这些球体可以是实心的也可以是空心的。相对介电常数范围为 1.2~2.5,其介电常数值介于结构型泡沫材料和固体介质材料之间。

A.4 天线罩材料

有很多塑料和复合介质材料用作天线罩来覆盖微带天线和印刷天线(请参阅表 A-7)。在某些情况下,微带天线可以使用注塑方法进行封装(二次成型)。在其他情况下,可以使用"翻盖式"电介质覆盖层保护天线免受环境影响。随着越来越多地使用喷墨印刷方法制造印刷天线,其中的一些材料可能会在将来用作微带天线基板。

表 A-7　常见的天线罩材料

材料	ε_r	$\tan\delta$
聚丙烯(Polypropylene，PP)	2.26	0.002 8
Nylon66	3.00	0.006 6
丙烯腈丁二烯苯乙烯(ABS)	2.74	0.005 1
聚碳酸酯(PC)Lexan	2.76	0.005 0
聚醚酰亚胺(PEI)Ultem2300	3.15	0.007 2
聚醚酮(Polyetheretherketone，Measurement)	3.16	0.000 6
缩醛(POM)	2.79	0.008 1

在塑料中添加着色剂对介电常数的影响很小。黑色颜料通常会增加介电常数。对于 PP，人们注意到天然 PP 的相对介电常数 $\varepsilon_r = 2.26$，但黑色颜料可以将该值增加到约 2.42。PP 的一个缺点是在 0℃ 左右会变脆。

诸如乙缩醛之类的材料会被紫外线降解。制造商可能会为了减少这种降解而引入炭黑，这可能会影响材料的介电性能。乙缩醛的摩擦系数较低，因此非常适合用于轴承和运动部件。

聚碳酸酯(Lexan)是应用最广泛的工程热塑性塑料之一。该聚合物首次生产于 1898 年。它具有非常好的机械性能，但易受多种溶剂的影响，如苯和甲苯。由于聚碳酸酯易受应力开裂的影响，因此必须注意不要用于设计具有紧密连接的零件。

聚醚酰亚胺(Ultem)是一种相对较新的材料，其已成为航空航天应用中天线罩设计的主流选择。它具有类似于聚酰亚胺(Kapton)的特性，这使其具有耐热性[31]。Ultem 可用于玻璃纤维和碳纤维的增强。

有许多耐热的结构热塑性塑料可用作天线设计的结构部件。PEEK 和聚乙基砜(Udel)是其中的两例。PEEK 可以承受无铅焊接操作所需的温度。未填充的 PEEK 的熔点为 370℃。这些塑料还可以与填充材料结合使用，以产生可抵抗高温的混合材料。

通常将塑料混合注塑成型以生产零件。塑料的比例会影响介电常数。在设计高 Q 值电小天线的情况下，这可能会引起很大变化。

A.5　吸水率

吸水率是指在受控环境下将聚合物浸入水中一定时间后，聚合物重量增长的百分比(％)。水具有很高的介电常数 $\varepsilon_r \approx 81$)，对材料的介电常数影响很大。

众所周知，Nylons(聚酰胺)易吸收水，这通常使其在许多应用中不可接受。吸水会导致 Nylons 的尺寸改变，这可能会使 Nylons 无法用于尺寸误差严格的零件。吸水还会产生介电变化。

聚碳酸酯不能长期暴露在热水中。当暴露于 33℃，相对湿度为 65％ 的环境中时，它能吸收其本身 0.2％ 重量的水[32]。

A.6　介质膜

在某些应用中，必须在给定的塑料部件周围形成印刷天线，例如某些 RFID 应用。为此，聚酰亚胺薄膜通常是优选材料，它具有出色的物理性能，可在恶劣的环境中使用。聚酰亚胺因其高熔点而倍受赞誉，可用于温度持续高达 260℃ 的应用环境中，这使得具有铜覆层的聚酰亚胺可以直接焊接而不被熔化[33]。

A.7 无源交调

通常，天线是线性无源设备，不被认为有助于交调[34]。交调发生于设备对信号具有非线性响应的时候，这种非线性响应产生的谐波不仅可以是频率的倍数，而且可以是频率的和与差。二极管是可以产生交调的无源器件。天线中的交调通常产生于天线紧固件的腐蚀，但在特定情况下也可能出现在印刷天线中。

尽管天线中的无源互调（Passive Intermodulation，PIM）问题通常与 100W 范围内的大功率发射机有关，但作者发现在仅传输 500 mW 的系统中存在明显的三阶交调。辐射产生的三次谐波足以阻止系统通过其监管输出测试。此天线设计中采用了一种 FR-4（$\varepsilon_r \approx 4.4$），并衰弱了在三次谐波处的无意义辐射程度。当天线的设计是用微波基板来产生低的 PIM 值时（TaconicTLX-7-0600-CL1/CL1，$\varepsilon_r = 2.6$），杂散三阶辐射降低了 25～30dB。该产品随后通过了监管输出测试。该设计是偶极子型印刷天线，很容易从 FR-4 重新设计为 TLX-7。

目前对于在天线中出现 PIM 的机制尚无明确的了解，但是有许多有助于减少 PIM 的因素：

1）异种金属。铜中含锌会导致天线交调。将锌添加到铜中能使其比纯铜更好地黏附到介质材料上。

2）铜介质接口。众所周知，微波 PCB 板上的铜迹线底部和电介质之间的小空气缝隙也会增加 PIM。本身固有的可减少空气缝隙数的黏接材料减小了这种影响。用于将铜黏附到电介质上的黏接材料（通常称为涂底）以及表面处理也有助于减少 PIM[35]。

3）铜的表面粗糙度。铜的表面粗糙度越大，产生的 PIM 越多。反向处理铜的应用会降低表面粗糙度。反向处理铜是电沉积铜，可以通过控制沉积速率和其他因素在一侧对铜进行平滑处理。如果需要得到比反向处理铜更光滑的铜表面，则可以改用轧制铜[36]。

4）介质材料。不同的介质材料也会对 PIM 产生影响[37]。

所有这些因素都需要加以控制，以减少微波板材产生的 PIM。用于连接天线的焊料也是需要考虑的原因。PIM 的数量也与微波传输线的长度成正比，与宽度成反比（即更宽的线含有更少的 PIM）[38]。较薄的天线 PCB 也有助于减少 PIM，因为功率密度集中在较小的导体区域。铜迹线蚀刻不足会使其在边缘产生树状结构。这种边缘粗糙会导致 PIM[39]。已经有资料表明，离子束铣削与化学蚀刻相比可以产生更一致的迹线宽度和更锋利的迹线边缘。对于低 PIM 应用，使用离子束铣削也许是一种可行的选择[40]。

A.8 阻焊层和保形涂层

在频率低于 1GHz 时，阻焊层的影响通常极小。阻焊层的化学变化很大，反过来会产生不同的相对介电常数值和损耗角正切值。一些阻焊层的材质是丙烯酸，其他的为环氧基。阻焊层的引入增加了微带线的色散及每单位长度的损耗[41]。在高频应用中，阻焊层仅可用于 PCB 的低频部分。在高频部分，通常使用化学镀镍（Electroless Nickel Immersion Gold，ENIG）。还可以选择银、锡和焊料。

ENIG 可能会降低插入损耗性能。ENIG 镀层包括在铜迹线顶部的镍合金镀层，然后是一层薄的沉金，用于保护镍层免于氧化。镍的厚度通常为 1910～7620nm，而金层仅为 80～200nm。镍合金因制造商而异，但导电性比铜低得多。一般估算镍合金导电性约为铜的三分之一。镍的相对磁导率(μ_r)在 $100\sim600$ 之间，而铜的相对磁导率接近 1。ENIG 供应商会改变镍的配方，以降低 μ_r，从而使 ENIG 镀层接近铜。

参考文献

[1] James, J. R., Henderson, A., and Hall P. S., "Microstrip Antenna Performance is determined by Substrate Constraints," Microwave System News(MSN), August 1982, pp. 73-84.

[2] Kabacik, P., and Bialkowski, M. E., "The Temperature Dependence of Substrate Parameters and Their Effecton Microstrip Antenna Performance," IEEE Transactions on Antennas and Propagation, June 1999, Vol. 47, No. 6, pp. 1042-1049.

[3] Laverghetta, T. S., Microwave Materials and Fabrication Techniques, Third Edition, Artech House, 2000.

[4] Bancroft, R., "Conductive Ink a Match for Copper Antenna," Microwaves & RF, February 1987, Vol. 26, No. 2, pp. 87-90.

[5] Vyas, R., Lakafosis, V., Rida, A., etal., "Paper-Based RFID-Enabled Wireless Platforms for Sensing Applications," IEEE Transactions on Microwave Theory and Techniques, May 2009, Vol. 57, No. 5, pp. 1370-1382.

[6] James, J. R., and Hall P. S., eds., Handbook of Microstrip Antennas Volume 2, Peter Peregrinus Ltd., London, 1989, Chapter 15.

[7] Guiles, C. L., "Everything You Ever Wanted To Know About Laminates…But Were Afraid To Ask," Eighth Edition, Version 3.0, Arlon Inc., 2000.

[8] Coombs, C. F., Printed Circuits Handbook, Second Edition, McGraw Hill, 1979, pp. 2-6.

[9] Coonrod, J., "Choosing Circuit Materials for Millimeter Wave Applications," High Frequency Electronics, July 2013, pp. 22-30.

[10] Horn, A. F, Reynolds, J. W., and Rautio, J. C., "Conductor Profile Effects on the Propagation Constant of Microstrip Transmission Lines," IEEE MTT-S International Microwave Symposium, 2010, pp. 868-871.

[11] Cruickshank, D. B., Microwave Materials for Wireless Applications, Artech House, 2011, pp. 44-46. 236 Microstrip and printed antenna design.

[12] Traut, G. R., "Advances in Substrate Technology," in James, J. R., and Hall P. S., eds., Handbook of Microstrip Antennas Volume 2, Peter Peregrinus Ltd., London, 1989, Chapter 15.

[13] Howe, H., Jr., "Dielectric Material Development," Microwave Journal, November 1978, pp. 39-40.

[14] Bouquet, F. L., Price, W. E., and Newell, D. M., "Designer's Guide to Radiation Effects on Materials for use on Jupiter Fly-Bys and Orbiters," IEEE Transactions on Nuclear Science, August 1979, Vol. NS-26, No. 4, pp. 4660-4669

[15] Rahaman, M. N., Sintering of Ceramics, CRC Press, 2008.

[16] Penn, S. J., Alford, N. M., Templeton, A., et al., "Effect of Porosity and Grain Size on the Microwave Dielectric Properties of Sintered Alumina," Journal of American Ceramic Society, Vol. 80, No. 7, pp. 1885-1888.

[17] Alford, N., and Penn S. J., "Sintered Alumina with Low Dielectric Loss," Journal of Applied Physics, November 1996, Vol. 80, No. 7, pp. 5895-5898.

[18] Harper, C. A., ed., Handbook of Plastics Technologies, McGraw Hill, 2006, pp. 1.4-1.5.

[19] Harper, C. A., ed., Handbook of Plastics Technologies, McGraw Hill, 2006, pp. 3.41.

[20] Rohwer, A. B., Desrosiers, D. H., Bach, W., Estavillo, H., Makridakis, P., and Hrusovsky,

R. , "Iridium Main Mission Antennas—A Phased Array Success Story and Mission Update,"2010 IEEE International Symposium on Phased Array Systems and Technology, Waltham, MA, October 12-15, 2010, pp. 504-511.

[21] Wang, C. , "Determining Dielectric Constant and Loss Tangent in FR-4,"UMR EMC Laboratory Technical Report: TR00-1-041, University of Missouri, Rolla, March 2000.

[22] Lamm, M. , "The Fiberglass Story,"Invention and Technology, Spring 2007, pp. 8-16.

[23] Wallenberger, F. T. , Watson, J. C. , and Li, H. , "Glass Fibers,"ASM Handbook, Vol. 21: Composites (♯06781G), www. asminternational. org.

[24] Hartman, D. , Greenwood, M. , and Miller, D. , "High Strength Glass Fibers,"AGY Inc Technical Paper, 1996 (Table 3).

[25] Olyphant, M. , and Nowicki, T. E. , "MICSUBSTRATES—AREVIEW," Paper prepared for presentation at ELECTRO-80, May 13, 1980, Boston, MA, p. 5.

[26] Rogers, K. , Van Den Driessche, P. , and Pecht, M. , "Do You Know That Your Laminates May Contain Hollow Fibers,"Printed Circuit Fabrication, April 1999, Vol. 22, No. 4, pp. 34-38.

[27] Rogers, K. , Hillman, C. , and Pecht, M. , "Hollow Fibers Can Accelerate Conductive Filament Formation,"ASM International Practical Failure Analysis, August 2001, Vol. 1, No. 4, pp. 57-60.

[28] Torres-Torres, R. , Romo, G. , Schauer, M. , Nwachukwu, C. , and Baek, S. , "Modeling Resonances in Transmission Lines Fabricated Over Woven Fiber Substrates,"IEEE Transactions on Microwave Theory and Techniques, July 2013, Vol. 61, No. 7, pp. 2558-2565. Microstrip antenna substrates 237.

[29] Black, S. , "Getting To The Core Of Composite Laminates,"Composites Technology, October 2003.

[30] Lee, S. M. , ed. , Handbook of Composite Reinforcements, John Wiley and Sons, 1992, pp. 173-176.

[31] Harper, C. A. , ed. , Handbook of Plastics Technologies, McGraw Hill, 2006, p. 2. 26.

[32] Harper, C. A. , ed. , Handbook of Plastics Technologies, McGraw Hill, 2006, p. 2. 20.

[33] Harper, C. A. , ed. , Handbook of Plastics Technologies, McGraw Hill, 2006, p. 2. 35.

[34] Coonrod, J. , "Materials Make the Difference in Low-PIM PCB Antennas,"Microwaves & RF, October 2016, pp. 51-54.

[35] Shitvov, A. P. , Olsson, T. , Francey, J. , Zelenchuk, D. E. , Schuchinsky, A. G. , and Banna, B. E. , "Effects of Interface Conditions and Long-Term Stability of Passive Intermodulation Response in Printed Lines," IET Microwaves, Antennas & Propagation, 2011, Vol. 5, No. 1, pp. 68-76.

[36] Schuchinsky, A. G. , Francey, J. , and Fusco, V. F. , "Distributed Sources of Passive Intermodulation on Printed Lines," Proceedings of the IEEE AP-S Symposium, Washington, DC, July 2005, pp. 447-450.

[37] Zelenchuk, D. E. , Shitvov, A. P. , and Schuchinsky, A. G. , "Effect of Laminate Properties on Passive Intermodulation Generation," Proceedings of LAPC 2007, Loughborough, April 2007, pp. 169-172.

[38] Shitvov, D. E. , Zelenchuk, D. E. , Schuchindky, A. G. , and Fusco, V. F. , "Passive Intermodulation in Printed Lines: Effects of Trace Dimensions and Substrate," IET Microwaves, Antennas & Propagation, 2009, Vol. 3, No. 2, pp. 260-268.

[39] Coonrod, J. , "Choosing Circuit Materials for Low-PIM Antennas,"Microwaves & RF, December 2017, pp. 54-59.

[40] Barrett, J. , and Perkins, T. , "Performance and Consistency Advantage of Ion Beam over Chemical Etching,"High Frequency Electronics, December 2017, pp. 28-37.

[41] Coonrod, J. , "Ambiguous Influences Affecting Insertion Loss of Microwave Printed Circuit Boards," IEEE Microwave Magazine, Vol. 13, No. 5, July/August 2012, pp. 66-75.

数值方法

B.1 数值积分

第 2 章中利用式(2-47)对矩形微带天线的方向性系数进行了积分,并且在第 3 章中对没有已知解析解的圆形微带天线的辐射电导和辐射 Q 值进行了积分。

当被积函数足够光滑且不含奇点时,高斯积分法是一种非常有效的数值积分方法。高斯积分法可用来积分多项式,该多项式可拟合被积函数的曲线。本书中给出的积分具有规则的被积函数(除了公式(C-21)),并且可以使用该方法进行积分。相关积分形式如下[1]:

$$\int_a^b f(x)\,\mathrm{d}x \quad 或 \quad \int_a^\infty f(x)\,\mathrm{d}x \tag{B-1}$$

$$\int_a^b f(x)\,\mathrm{d}x = \frac{b-a}{2}\sum_{i=1}^N W_i f\left(\frac{Z_i(b-a)+b+a}{2}\right) \tag{B-2}$$

$$\int_a^\infty f(x)\,\mathrm{d}x = 2\sum_{i=1}^N \frac{W_i}{(1+Z_i)^2} f\left(\frac{2}{1+Z_i}+a-1\right) \tag{B-3}$$

其中,N 是高斯积分点的个数,W_i 是权重系数,$\pm Z_i$ 是纵坐标。

对于 16 点的高斯积分,求和结果为

$$\int_a^b f(x)\,\mathrm{d}x = \frac{b-a}{2}\left(\sum_{i=1}^8 W_i f\left(\frac{Z_i(b-a)+b+a}{2}\right)+\sum_{i=1}^8 W_i f\left(\frac{-Z_i(b-a)+b+a}{2}\right)\right) \tag{B-4}$$

和

$$\int_a^\infty f(x)\,\mathrm{d}x = 2\sum_{i=1}^8 \frac{W_i}{(1+Z_i)^2} f\left(\frac{2}{1+Z_i}+a-1\right)+2\sum_{i=1}^8 \frac{W_i}{(1-Z_i)^2} f\left(\frac{2}{1-Z_i}+a-1\right) \tag{B-5}$$

对于 16 点的高斯积分,高斯权重 W_i 和纵坐标 $\pm Z_i$ 如下所示:

$\pm Z_i$				W_i			
0.09501	25098	37637	440185	0.18945	06104	55068	496285
0.28160	35507	79258	913230	0.18260	34150	44923	588867
0.45801	67776	57227	386342	0.16915	65193	95002	538189
0.61787	62444	02643	748447	0.14959	59888	16576	732081
0.75540	44083	55003	033895	0.12462	89712	55533	872052
0.86563	12023	87831	743880	0.09515	85116	82492	784810
0.94457	50230	73232	576078	0.06225	35239	38647	892863
0.98940	09349	91649	932596	0.02715	24594	11754	094852

本文中的积分都是使用 96 点的高斯积分计算的[2]。

B.2　求和评估

求序列的和时，用于估计相对误差的常用度量标准为[3]

$$\frac{|p - p^*|}{|p|} < 5 \times 10^{-t} \tag{B-6}$$

其中 p 不等于 0。

如果 t 是满足该标准的最大非负正数，则 p^* 为 p 近似到 t 个有效位（或数字）。假设已知 p 是要评估的最终值。该标准由于提供了对相对误差的连续度量，因此是有效的。然而，事实上许多求和收敛缓慢，因而在其充分收敛之前便可满足上述标准。例如，利用腔体模型计算矩形微带天线的输入阻抗需要计算式（B-7）：

$$Z_{drv} = \sum_{m=0}^{\infty} \sum_{n=0}^{\infty} \frac{j\omega\alpha_{mn}}{\omega_{mn}^2 - (1 - j\delta_{eff})\omega^2} \tag{B-7}$$

输入阻抗的实部和虚部应该分别考虑。高阶模式对输入阻抗的影响可能会使收敛缓慢。一般来说，最好是从大量的模式数开始，比如 100（0～99）；然后计算出大约该数量值的两倍，直至 199，之后计算出一个相对误差；第三次求和，模式数几乎再翻一番，达到 399。可以在求和的循环内的每次倍增后检查核验误差。一般来说，该方法即使表示为求和形式的收敛缓慢的格林函数也能够得到收敛的结果。通常情况下，检查 4～5 个有意义的相对误差就足够了。

该方法的数学表达式可总结如下：

$$Z_{drv}^i = \sum_{m=100(i-1)}^{(100i)-1} \sum_{n=100(i-1)}^{(100i)-1} \frac{j\omega\alpha_{mn}}{\omega_{mn}^2 - (1 - j\delta_{eff})\omega^2} \tag{B-8}$$

其中

$$i = 1, 2, 3, \cdots \qquad \frac{|Z_{drv}^i - Z_{drv}^{(i+1)}|}{|Z_{drv}^i|} < 5 \times 10^{-t}$$

其中 $t = 4$。

B.3　定点迭代

方程 $x = f(x)$ 的解称为函数 f 的定点。在计算方形贴片的谐振长度 $L(=W)$ 时，可以在式（2-88）、式（2-6）和式（2-7）上进行定点迭代，以求长和宽相等的方形贴片的解。它还可用于式（3-5）来计算圆形贴片天线的半径。

定点算法的伪代码如下所示[4]：

```
*****************************
** FIXED POINT ALGORITHM **
*****************************

A solution for $x=f(x)$ may be found
given an initial approximation $x_0$
for the solution of this equation:

The INPUT is an initial approximation of $x_0$,
a desired relative accuracy TOL
and a maximum number of iterations $N_0$.

The OUTPUT is an approximate solution $x$
or failure to locate a fixed point.
```

```
STEP 1 Set $i = 1$.

STEP 2 WHILE $i \le N_0$ DO STEPS 3 to 6

   STEP 3 SET $x_i = f(x_{(i-1)})$
   STEP 4 IF $\mid x_{(i-1)}-x_{i}\mid / \mid x_{i} \mid$ <
          TOL THEN
          OUTPUT SOLUTION: $x_{i}$
          STOP

   STEP 5 SET $i=i+1$

   STEP 6 SET $x_{i-1}=x_i$

STEP 7 OUTPUT ''No fixed point after,'' $N_0$,''iterations''
       STOP
```

B.4 二分法

通常，需要求出方程的根（即 x 的值，其中 $f(x)=0$）。微带天线的传输线模型可以用来预测矩形微带天线的输入阻抗。如果用 $Z(x)$ 表示阻抗函数，并且 x 是使得阻抗实部为 R_0 的值，则可以定义函数的根为 $f(x)=\mathrm{Re}(Z(x))-R_0$。$\mathrm{Re}(Z)$ 为复数的实部。

工作于最低阶模式的矩形微带天线，在辐射边缘处具有最大的输入阻抗并且在其中心降低为 0。这种边界条件为使用二分法确定具有特定输入阻抗的馈电位置提供了前提条件。二分法的代码如下所示：

```
Given a continuous function $f$ on the interval [$a$, $b$],
where $f(a)$ and $f(b)$ have opposite signs.
A solution to $f(x)=0$ may be found with this procedure:

*****************************
** THE BISECTION ALGORITHM **
*****************************

STEP 1 Set $a_1 = a$ and $b_1 = b$

STEP 2 Set $i = 1$

STEP 3 Set $p_i = {1\over 2}(a_i + b_i)$

STEP 4 IF $p_i$ is an acceptable approximation, GOTO STEP 10
       IF $p_i$ is not an acceptable approximation, GOTO STEP 5

STEP 5 IF $f(p_i)\cdot f(a_i) > 0$  GOTO STEP 6
       IF $f(p_i)\cdot f(a_i) < 0$  GOTO STEP 8

STEP 6 Set $a_{i+1} = p_i$ and $b_{i+1} = b_i$

STEP 7 Add 1 to $i$ and GOTO STEP 3

STEP 8 Set $a_{i+1} = a_i$ and $b_{i+1} = p_i$

STEP 9 Add 1 to $i$ and GOTO Step 3

STEP 10 The procedure is completed
```

B.5 MSA Q-效率计算

本节将详细介绍一种利用 HFSS 全波仿真数据结合空腔模型计算贴片天线损耗分量的

方法。

空腔模型将总腔体 Q、Q_T 及其组成部分 Q_S 之间建立了联系，关系式如下：

$$\frac{1}{Q_T} = \frac{1}{Q_c} + \frac{1}{Q_d} + \frac{1}{Q_R} + \frac{1}{Q_S} \tag{B-9}$$

其中 Q_c 是导体的 Q 值，Q_d 是介质的 Q 值，Q_R 是辐射的 Q 值，Q_S 是表面波的 Q 值。

利用 HFSS，可对式（B-9）进行消项，并且生成三个独立的方程。忽略表面波损耗，式（B-9）可重写为

$$\frac{1}{Q_T} = \frac{1}{Q_c} + \frac{1}{Q_d} + \frac{1}{Q_R} \tag{B-10}$$

首先设计一款采用探针馈电的方形贴片天线，该天线在预设的频点处匹配良好。然后，假设 HFSS 的 S_{11} 频率图的 Q 与 Q_{T_1} 相等，Q_{T_1} 可用式（B-11）表示。

其次，在 HFSS 模型中采用完美电导体替换铜导体（贴片和地板）。此时导体的 Q（即 Q_C）为无穷小，从而使得式（B-10）右边的第一项为 0。HFSS 的 S_{11} 频率图可用来计算 Q_{T_2}，Q_{T_2} 可用式（B-12）表示。

最后，将导体恢复为铜导体，并将介质基板的损耗角正切设置为 0。这将消除式（B-10）的第二项，并且获得式（B-13）。此时，HFSS 的 S_{11} 频率图的 Q 与 Q_{T_3} 相等，Q_{T_3} 可用式（B-13）表示。

$$\frac{1}{Q_{T_1}} = \frac{1}{Q_c} + \frac{1}{Q_d} + \frac{1}{Q_R} \tag{B-11}$$

$$\frac{1}{Q_{T_2}} = \frac{1}{Q_d} + \frac{1}{Q_R} \tag{B-12}$$

$$\frac{1}{Q_{T_3}} = \frac{1}{Q_c} + \frac{1}{Q_R} \tag{B-13}$$

因此，可以利用矩阵来表示以上方程：

$$\begin{vmatrix} 1 & 1 & 1 \\ 0 & 1 & 1 \\ 1 & 0 & 1 \end{vmatrix} \begin{vmatrix} A_1 \\ A_2 \\ A_3 \end{vmatrix} = \begin{vmatrix} B_1 \\ B_2 \\ B_3 \end{vmatrix}$$

其中

$$A_1 = \frac{1}{Q_c} \quad A_2 = \frac{1}{Q_d} \quad A_3 = \frac{1}{Q_R}$$

$$B_1 = \frac{1}{Q_{T_1}} \quad B_2 = \frac{1}{Q_{T_2}} \quad B_3 = \frac{1}{Q_{T_3}}$$

利用 HFSS 可以获得 B_1，B_2 和 B_3 的值，进而计算出 A_1，A_2 和 A_3 的值，从而获得 Q_c，Q_d 和 Q_R 的值。导体效率可通过式（B-14）计算：

$$\eta_c = \frac{Q_d Q_R}{Q_d Q_R + Q_c Q_R + Q_c Q_d} \tag{B-14}$$

介质效率的计算公式为

$$\eta_d = \frac{Q_c Q_R}{Q_d Q_R + Q_c Q_R + Q_c Q_d} \tag{B-15}$$

通过辐射效率方程计算的损耗量实际上是辐射损耗和表面波损耗的总和：

$$\eta_{SR} = \frac{Q_c Q_d}{Q_d Q_R + Q_c Q_R + Q_c Q_d} \tag{B-16}$$

对于考虑导体损耗和介质损耗的模型，利用 HFSS 仿真的辐射效率是不包含表面波损耗的真实辐射效率 η_r。HFSS 定义："辐射效率是辐射功率和接收功率之比……"。通过式 (B-16)计算的效率减去 HFSS 仿真的辐射效率就可获得表面波的效率 η_{sw}，如式(B-17)所示：

$$\eta_{sw} = \eta_{sw} - \eta_r \tag{B-17}$$

参考文献

[1] Hewlett-Packard，HP-41 User's Library Solutions High Level Math，pp. 35-41.

[2] Abramowitz, M., and Stegun, I. A., Handbook of Mathematical Functions，Dover，1972，pp. 916-917.

[3] Burden, R. L., and Faires, J. D., Numerical Analysis, Fourth Edition, PWS-Kent Publishing Company, Boston，1989，pp. 12-14.

[4] Burden, R. L., and Faires, J. D., Numerical Analysis, Fourth Edition, PWS-Kent Publishing Company, Boston，1989，p. 41.

附录 C

平面传输线

C.1 微带传输线设计

微带传输线设计和分析方程的方法有很多[1-7]。事实证明，由 Kajfez 和 Tew 提出的对微带传输线的分析非常方便[8-9]。图 C-1 给出了微带传输线结构。微带线的特征阻抗由式(C-1)给出：

$$Z_0 = \frac{42.4}{\sqrt{\varepsilon_r + 1}} \ln\left\{1 + \left(\frac{4h}{\acute{w}}\right)\left[b + \sqrt{b^2 + a\pi^2}\right]\right\} \qquad (\text{C-1})$$

其中 Z_0 是微带传输线的特征阻抗：

$$b = \left(\frac{14 + 8/\varepsilon_r}{11}\right)\left(\frac{4h}{\acute{w}}\right) \qquad (\text{C-2})$$

$$\acute{w} = w + a \cdot \Delta w \qquad (\text{C-3})$$

其中 $\acute{w}$ 是校正后的传输线宽度，t 是传输线导体的厚度（箔厚度），请参见附录 A：

$$\Delta w = \frac{t}{\pi}\left\{1 + \ln\left[\frac{4}{\sqrt{\left(\frac{t}{h}\right)^2 + \left[\frac{1}{\pi\left(\frac{w}{t} + 1.1\right)}\right]^2}}\right]\right\} \qquad (\text{C-4})$$

其中 Δw 是宽度校正因子：

$$a = \frac{1 + 1/\varepsilon_r}{2} \qquad (\text{C-5})$$

使用诸如二分法（参见附录 B）之类的求根方法，还可以将这组方程联立。

色散是微带线非常重要的属性，必须将其考虑在其中，微带才能成功实现传输线设计。微带传输线的波导波长随频率变化：

$$\lambda_g = \frac{\lambda_0}{\sqrt{\varepsilon_{eff}}} \qquad (\text{C-6})$$

λ_0 是给定频率下的自由空间波长。

相对有效介电常数用式(C-7)计算：

$$\varepsilon_{eff} = \varepsilon_r - \frac{\varepsilon_r - \varepsilon_{eff0}}{1 + G(f/f_p)^2} \qquad (\text{C-7})$$

$$G = 0.6 + 0.009Z_0 \qquad (\text{C-8})$$

$$f_p(\text{GHz}) = \frac{Z_0}{0.8\pi h(\text{mm})} \qquad (\text{C-9})$$

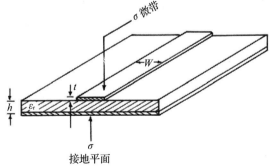

图 C-1　微带传输线结构

$$\varepsilon_{\mathrm{eff0}} = \left(\frac{Z_0^1}{Z_0}\right)^2 \qquad (\text{C-10})$$

其中 Z_0^1 是在去除电介质的情况下计算的特征阻抗，Z_0 是在存在电介质的情况下计算的特征阻抗。

使用以下关系式计算微带传输线损耗方法具有如下优点：可以使用不同的微带电导率和地板电导率：

$$\alpha(\mathrm{dB/m}) = 90.96\sqrt{\varepsilon_{\mathrm{eff}}} \cdot \frac{f(\mathrm{GHz})}{Q} \qquad (\text{C-11})$$

$$Q = \frac{1}{\dfrac{1}{Q_c} + \dfrac{1}{Q_d}} \qquad (\text{C-12})$$

$$\frac{1}{Q_c} = \frac{Z_0^2 - Z_0^1 + Z_0^3 - Z_0^1}{Z_0^1} \qquad (\text{C-13})$$

$$\frac{1}{Q_d} = \frac{1 - 1/\varepsilon_{\mathrm{eff}}}{1 - 1/\varepsilon_r}\tan\delta \qquad (\text{C-14})$$

表 C-1　Z_0^1，Z_0^2 和 Z_0^3 值的计算 ($\varepsilon_r = 1$)

阻抗	宽度	介质	金属镀层
Z_0^1	w	h	t
Z_0^2	w	$h + \delta_p/2$	t
Z_0^3	w	$h + \delta_s/2$	$t - \delta_s$

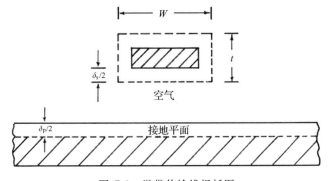

图 C-2　微带传输线损耗图

$$\delta(\mathrm{mm}) = \frac{1}{20\pi\sqrt{f(\mathrm{GHz}) \cdot 58 \cdot \delta_r}}(铜) \qquad (\text{C-15})$$

如表 C-1 中使用去除电介质的特征阻抗的三种计算方法(Z_0^1，Z_0^2 和 Z_0^3)对损耗进行了评估。第一个计算 Z_0^1 是具有完美电导体(趋肤深度为零)的传输线的特征阻抗。我们使用 h，w 和 t。第二个计算 Z_0^2 是用地板评估的，该地板的厚度已减去构成其材料的趋肤深度的一半。最后的计算值 Z_0^3 是针对微带传输线计算的，在微带传输线中，微带导体的所有侧面的凹陷深度是其导体材料趋肤深度的一半(见图 C-2)。然后可以计算导体 $Q(Q_c)$ 值。接下来，获得电介质 $Q(Q_d)$ 值。然后可以使用总 Q 值计算微带损耗。

C.2 不连续性补偿

当在微带传输线中实现诸如分支线混合器之类的微波结构时，由于不连续性（见图 C-3），它们会偏离理想的传输线模型。为了尽可能准确地设计这些结构，必须补偿其不连续性。在高频结构中，还必须考虑色散效应。

在图 C-4 中，当进行微带传输线设计时，有两种常见的不连续性。第一种情况是传输线断路。使用开路匹配单元时会遇到这种情况。传输线末端的边缘电容会导致其电长度大于其物理长度。我们通过减少线长 ΔL [10] 来削弱这种影响：

$$\Delta L = 0.412\left(\frac{\varepsilon_{\mathrm{re}} + 0.3}{\varepsilon_{\mathrm{re}} - 0.258}\right)\left(\frac{W/h + 0.262}{W/h - 0.813}\right)h \tag{C-16}$$

其中 h 是基板厚度，W 是微带线的宽度，$\varepsilon_{\mathrm{re}}$ 是微带传输线的有效介电常数。

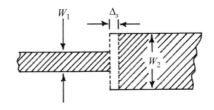

图 C-3　微带线不连续

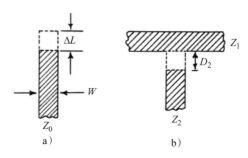

图 C-4　微带中的开路端校正（图 C-4a）和微带三通结的并联臂的缩短（图 C-4b）

第二种情况是三通结补偿。三通的分流臂的电长度必须减少长度 D_2。电流沿拐角附近的路径变短，需要补偿。减少分流臂的公式为

$$D_2 = \frac{120\pi}{Z_1\sqrt{\varepsilon_{\mathrm{re}}^1}}\left(0.5 - 0.16\frac{Z_1}{Z_2}\left[1 - 2\ln\left(Z_1/Z_2\right)\right]\right)h \tag{C-17}$$

其中 $\varepsilon_{\mathrm{re}}^1$ 是通臂的相对有效介电常数。

当一对微带线形成高阻抗线和低阻抗线的结点时，低阻抗（较宽）线的露出部分在电尺寸上要比其物理长度长，并且需要进行电容端校正。式（C-18）可用于计算近似校正长度。假设低阻抗（较宽）线的宽度为 W_2，较窄的高阻抗线的宽度为 W_1。Δ_s 是步进校正：

$$\Delta_s \approx \Delta L\left(1 - \frac{W_1}{W_2}\right) \tag{C-18}$$

当微带传输线形成尖锐的直角弯曲时，多余的电容会出现在传输线的拐角处。角电容将产生反射。为了削弱这种影响，通常会设计弯角，如图 C-5 所示。图 C-5a 给出了一条

微带传输线，该传输线具有直角弯曲和宽度阶跃。图 C-5b 显示了使用斜接以减少转角电容并减少其引起的反射。斜接分数 m 定义为

$$m = 1 - \frac{b}{\sqrt{W_1^2 + W_2^2}} \tag{C-19}$$

文献[11]中给出，当简化定义（$W_1 = W_2$）时，$m = 0.6$ 是不错的选择。

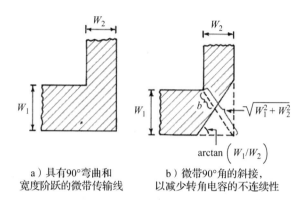

a）具有 90°弯曲和
宽度阶跃的微带传输线

b）微带 90°角的斜接，
以减少转角电容的不连续性

图 C-5 微带传输线的直角弯曲与微带斜接

C.3 介电覆盖微带线

6.4.6 节表明微带传输线的辐射随基底厚度的增加而增加。缓解方法是使用具有较高介电常数的薄基板微带传输线，以减少微带传输线的辐射，将较低的介电常数层放置在微带线上，将传输线导体嵌入两层之间。

此处的分析由 Bahl 和 Stuchly 提出[12]。所设计的几何结构如图 C-6 所示。

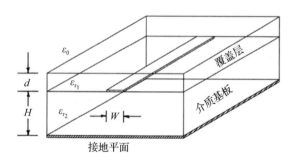

图 C-6 具有介电覆盖的微带传输线的结构图

介质基板层的厚度为 H，相对介电常数为 ε_{r_2}。覆盖层的厚度为 d，相对介电常数为 ε_{r_1}。假设顶部覆盖层上方为自由空间，微带传输线导体的宽度为 W。

通过计算存在和不存在介质时的每单位长度的电容，可以给出计算有效相对介电常数 ε_{r_e} 和特征阻抗 Z_0 的准静态解的方程式。

$$\frac{1}{C}=\frac{1}{\pi\varepsilon_0}\int_0^\infty\frac{\left[1.6\left\{\frac{\sin\left(\frac{\beta W}{2H}\right)}{\left(\frac{\beta W}{2H}\right)}\right\}+\frac{2.4}{\left(\frac{\beta W}{2H}\right)^2}\cdot\left\{\cos\left(\frac{\beta W}{2H}\right)-\frac{2\sin\left(\frac{\beta W}{2H}\right)}{\left(\frac{\beta W}{2H}\right)}+\frac{\sin^2\left(\frac{\beta W}{4H}\right)}{\left(\frac{\beta W}{4H}\right)^2}\right\}\right]^2}{\left[\varepsilon_{r_1}\frac{\varepsilon_{r_1}\tanh\left(\frac{\beta d}{H}\right)+1}{\varepsilon_{r_1}+\tanh\left(\frac{\beta d}{H}\right)}+\varepsilon_{r_2}\coth(\beta)\right]\cdot\beta}\mathrm{d}\beta$$

$$\text{(C-20)}$$

其中 C_0 是不存在介质时的电容，C 是存在介质时的电容，$\varepsilon_e=C/C_0$，$Z=1/cC_0$，$Z_0=Z/\sqrt{\varepsilon_e}$，$V_p=c/\sqrt{\varepsilon_e}$，$V_p$ 是相速度，c 是真空中的光速，ε_0 是自由空间的介电常数，ε_{r_1} 是覆盖层的相对介电常数，ε_{r_2} 是介质基板的相对介电常数。

式(C-20)的积分可以使用附录 B.1 和高斯积分方法来计算。表 C-2 中列出了具有高介电常数基板和低介电常数覆盖层的微带传输线的计算结果。

表 C-2　增加覆盖层厚度和恒定基板厚度的 50Ω 微带传输线

50Ω 介电覆盖微带线　覆盖层—ε_{r_1}　介质基板—ε_{r_2}					
ε_{r_1}	ε_{r_2}	H	d	W	ε_e
3.00	10.2	762μm	126μm	715μm	7.03
3.00	10.2	762μm	254μm	699μm	7.17
3.00	10.2	762μm	508μm	682μm	7.33
3.00	10.2	762μm	762μm	675μm	7.40
3.00	10.2	762μm	1524μm	666μm	7.48
3.00	10.2	762μm	3048μm	663μm	7.52

C.4　双带传输线

双带传输线是双引线传输线的印刷版本。通常，它由介质基板上的两个平行条组成。该传输线也称为共面带状传输线或平行带状线。它有时用于给平衡印刷天线馈电。

双带传输线结构的一般形式如图 C-7 所示。这种类型的传输线通常没有上层介质(即 $H_1=0$)。上下介质基板具有相同的相对介电常数。条带的中心到中心的间隔为 a，每个条的宽度为 W。

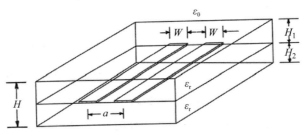

图 C-7　双带传输线的几何结构

Yamashita 和 Yamazaki [13] 已经分析了这种结构的电容。通过 C 和没有介质存在的结构电容 C_0，可以计算出特征阻抗 Z_0、导波波长 λ 和相对有效介电常数 ε_e。进行此分析的假设是，与自由空间波长(λ_0)相比，条带间距较小。导体的厚度 t 远小于厚度 H，并且 H 远小于自由空间波长($t\ll H\ll\lambda_0$)。

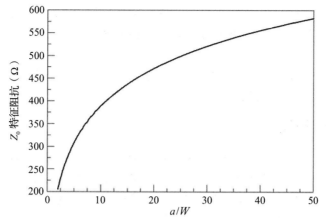

图 C-8　$\varepsilon_e = 2.55$，$H_1 = 0$mm 和 $H_2 = 1$mm 时的双带传输线的计算特征阻抗（Z_0）

这种结构的电容 C 由式（C-21）给出：

$$\frac{1}{C} = \frac{1}{\pi \varepsilon_r \varepsilon_0} \int_0^{\infty} \frac{\widetilde{F}(\beta)}{\beta} \left| \frac{f(\beta)}{Q} \right|^2 d\beta \tag{C-21}$$

$$\widetilde{F}(\beta) = \frac{[\varepsilon_r \cosh(\beta H_1) + \sinh(\beta H_1)][\varepsilon_r \cosh(\beta H_2) + \sinh(\beta H_2)]}{[\varepsilon_r^2 + 1]\sinh(\beta H) + 2\varepsilon_r \cosh(\beta H)} \tag{C-22}$$

$$\left| \frac{f(\beta)}{Q} \right|^2 = \frac{4}{\beta W} \sin\left(\frac{\beta W}{2}\right) \sin\left(\frac{\beta a}{2}\right) \tag{C-23}$$

可以从以下公式计算特征阻抗 Z_0：

$$Z_0 = \frac{120\pi \varepsilon_0}{(CC_0)^{\frac{1}{2}}} \tag{C-24}$$

波导波长：

$$\lambda = \left(\frac{C_0}{C}\right)^{\frac{1}{2}} \lambda_0 \tag{C-25}$$

相对有效介电常数：

$$\varepsilon_e = \left(\frac{C}{C_0}\right) \tag{C-26}$$

式（C-21）的积分可能无法使用高斯正交法精确计算。作者使用 Richardson 的推算方法[14]，计算了较小的积分间隔结果，并将其累加求得积分。

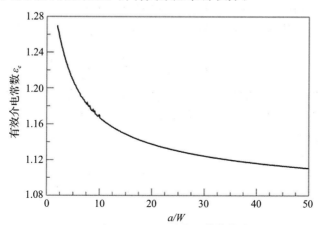

图 C-9　$\varepsilon_e = 2.55$，$H_1 = 0$mm 和 $H_2 = 1$mm 时的双带传输线的相对有效介电常数（ε_e）

图 C-8 给出了双带传输线相对于 a/W 的特征阻抗的计算结果。我们可以看出，双带传输线的 Z_0 随着双带之间的间距与微带宽度的比值增大而变大，这与双导线传输线一致。

图 C-9 是双带传输线相对于 a/W 的有效介电常数的计算结果。我们可以看出，随着双带之间的间距与微带宽度的比值变大，双带传输线的 ε_e 变得更小[15-16]。

C.5　平行板传输线

平行板传输线的结构如图 C-10 所示。宽度为 W 的两个金属条被高度为 H 的介质隔开，相对介电常数为 ε_e。该传输线可以支持 TEM 模式。电场是 Y 方向，磁场是 X 方向。电场跨过分离的金属板，其分布类似于电容器电场的分布。我们可以使用平行板电容器电容的公式将该传输线的每单位长度的电容 C 表示为

$$C = \varepsilon_0 \varepsilon_r \frac{W}{H} \mathrm{F/m} \tag{C-27}$$

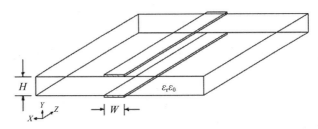

图 C-10　平行板传输线的结构图

TEM 波的相速度 v_p 为

$$v_\mathrm{p} = \frac{c}{\sqrt{\varepsilon_r}} = \frac{1}{\sqrt{\mu_0 \varepsilon_0 \varepsilon_r}} = \frac{3.0 \times 10^8}{\sqrt{\varepsilon_r}} \mathrm{m/s} \tag{C-28}$$

对于无损传输线，相速度由式(C-29)给出：

$$v_\mathrm{p} = \frac{1}{\sqrt{LC}} \mathrm{m/s} \tag{C-29}$$

我们可以使用式(C-29)来计算此平行板传输线每单位长度的电感：

$$L = \frac{1}{v_\mathrm{p}^2 C} = \mu_0 \frac{H}{W} \mathrm{H/m} \tag{C-30}$$

现在，我们可以使用导出的每单位长度的电容(式(C-27))和每单位长度的电感(式(C-30))来写出平行板传输线的特征阻抗的表达式：

$$Z_0 = \sqrt{\frac{L}{C}} = \sqrt{\frac{\mu_0}{\varepsilon_0 \varepsilon_r}} \frac{H}{W} = \frac{377}{\sqrt{\varepsilon_r}} \frac{H}{W} \Omega \tag{C-31}$$

我们假设表达式每单位长度的电容中的 $W \gg H$，并且边缘场对总电容的贡献可忽略不计。这一假设本质上是 $\pm W/2$ 处的开路或磁壁边界条件(坐标系位于传输线宽度 W 的中心，并位于两板之间)：

分析：

$$Z_0 = \frac{377}{\sqrt{\varepsilon_r}} \frac{H}{W} \Omega \tag{C-32}$$

综合：

$$\frac{W}{H} = \frac{377}{\sqrt{\varepsilon_r}\, Z_0} \tag{C-33}$$

再次利用相速度方程，可求得 ε_e：

$$\varepsilon_e = \left(\frac{c}{v_p}\right)^2 = \left(\frac{\left[\dfrac{1}{\sqrt{LC_0}}\right]}{\left[\dfrac{1}{\sqrt{LC}}\right]}\right)^2 = \frac{C}{C_0} \tag{C-34}$$

其中 C_0 是将介质换成空气，且具有相同结构的传输线每单位长度的电容（$\varepsilon_r = 1$）。它遵循以下关系：

$$\varepsilon_e = \frac{\varepsilon_0 \varepsilon_r \dfrac{W}{H}}{\varepsilon_0 \dfrac{W}{H}} = \varepsilon_r \tag{C-35}$$

该计算假设没有边缘场，当 $\dfrac{W}{H} \gg 1$ 时，结果较为精确。

参考文献

[1]　Wu，T. T.，"Theory of the Microstrip,"Journal of Applied Physics，March 1957，Vol. 28，No. 3，pp. 299-302.

[2]　Schneider，M. V.，"Microstrip Lines for Microwave Integrated Circuits,"Bell System Technical Journal，May-June 1969，Vol. 48，No. 5，pp. 1421-1444.

[3]　Lev，J. J.，"Synthesize and Analyze Microstrip Lines,"Microwaves & RF，January 1985，pp. 111-116.

[4]　March，S.，"Microstrip Packaging：Watch The Last Step,"Microwaves，December 1981，pp. 83-94.

[5]　March，S.，"Microstrip Errata：'Microstrip Packaging：Watch The Last Step'," Microwaves，February 1982，p. 9.

[6]　Pucel，R. A.，Massé，D. J.，and Hartwig，C. P.，"Losses in Microstrip,"IEEE Transactions on Microwave Theory and Techniques，June 1968，Vol. 16，No. 6，pp. 342-350.

[7]　Pucel，R. A.，Massé，D. J.，and Hartwig，C. P.，"Errata：'Losses in Microstrip'," IEEE Transactions on Microwave Theory and Techniques，Vol. 16，No. 12，December 1968，p. 1064.

[8]　Kajfez，D.，and Tew，M. D.，"Pocket Calculator Program for Analysis of Lossy Microstrip," Microwave Journal，December 1980，pp. 39-48.

[9]　Wheeler，H. A.，"Transmission Line Properties of a Strip on a Dielectric Sheet on a Plane," IEEE Transactions on Microwave Theory and Techniques，Vol. 25，No. 8，August 1977，pp. 631-647.

[10]　Hammerstad，E. O.，and Bekkadal，F.，A Microstrip Handbook，ELAB Report，STF 44 A74169，N7034，University of Trondheim，Norway，1975.

[11]　Edwards，T. C.，Foundations for Microstrip Engineering，John Wiley，New York，1981.

[12]　Bahl，I. J.，and Stuchly. S. S.，"Analysis of a Microstrip Covered with a Lossy Dielectric," IEEE Transactions on Microwave Theory and Techniques，February 1980，Vol. MTT-28，No. 2，pp. 104-109.

[13]　Yamashita，E.，and Yamazaki，S.，"Parallel-Strip Line Embedded in or Printed on a Dielectric Sheet," IEEE Transactions on Microwave Theory and Techniques，Vol. 16，No. 11，November 1968，pp. 972-973.

[14]　Booton, R. C. , Jr. , Computational Methods for Electromagnetics and Microwaves, John Wiley & Sons, 1999.

[15]　Di Paolo, F. , Networks and Devices Using Planar Transmissions Lines, CRC Press, 2000, Chapter 11.

[16]　Yildiz, C. , "New and Very Simple Synthesis Formulas for Coplanar Strip Line," Microwave and Optical Technology Letters, January 2005, Vol. 44, No. 2, pp. 199-202.

附录 $\mathbb{D}$

天线专题

D.1 Friis 传输公式

Friis[1] 提出了一个描述两根天线之间路径损耗的公式，该公式是以发射天线和接收天线的有效口径来引入的。

$$P_{\mathrm{r}} = \frac{A_{\mathrm{t}} A_{\mathrm{r}}}{\lambda^2 R^2} P_{\mathrm{t}} \tag{D-1}$$

其中，P_{r} 是接收天线输出端口的可用功率，P_{t} 是传输至发射天线输入端口的功率，A_{r} 是接收天线的有效口径，A_{t} 是发射天线的有效口径，R 是两条天线之间的距离，λ 是波长。

传输至接收天线的功率被定义为

$$P_{\mathrm{r}} = S A_{\mathrm{e}} \tag{D-2}$$

其中，S 是入射平面波在接收天线处的功率密度，单位为 $\mathrm{W/m^2}$，A_{e} 是接收天线的有效口径，单位为 $\mathrm{m^2}$。

天线的增益与其有效口径有如下关系：

$$G = \frac{4\pi}{\lambda^2} A_{\mathrm{e}} \tag{D-3}$$

则 Friis 方程可改写为

$$P_{\mathrm{r}} = G_{\mathrm{t}} G_{\mathrm{r}} \left(\frac{\lambda}{4\pi R} \right)^2 P_{\mathrm{t}} \tag{D-4}$$

其中，G_{t} 为发射天线的增益，G_{r} 为接收天线的增益。图 D-1 中展示了 Friis 传输公式的几何表征。

各向同性的增益 (G) 与相对于各向同性的以分贝表示的增益之间的关系 (G_{dBi}) 为

$$G_{\mathrm{dBi}} = 10 \log_{10} G \tag{D-5}$$

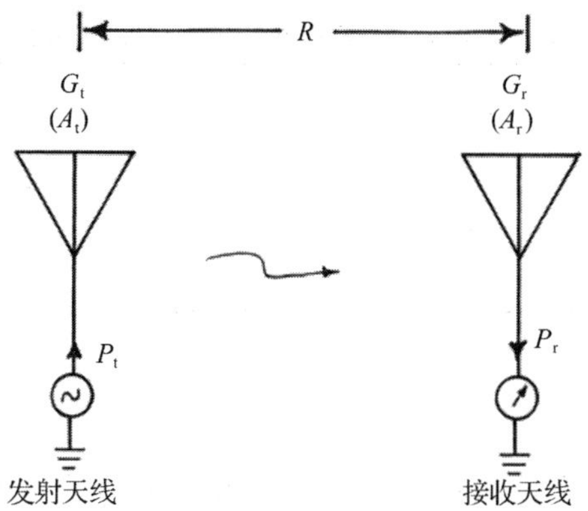

图 D-1　Friis 传输公式的几何表征

通常情况下，使用对数形式来写 Friis 方程以确定路径损失(Path Loss)：

$$\text{Path Loss(dB)} = 20 \log_{10}(FR) - 27.558 - G_r(\text{dB}) - G_t(\text{dB}) \tag{D-6}$$

其中，F 为频率，单位为 MHz，R 为天线之间的距离，单位为 m。

Friis 传输公式假设两天线的距离足够远(R 足够大)，从而使发射天线的球面波达到远处的接收天线时可近似为平面波。为了满足此要求，R 至少满足：

$$R > \frac{2d^2}{\lambda} \tag{D-7}$$

其中 d 为任一天线的最大线性尺寸，该公式还假设媒质为自由空间。

D.2　无线链路范围与功率输入

估算通信链路的有效距离通常是很有意义的。在给定输入功率 P_{t_0} 的情况下，如果我们假设在任何给定的距离上噪声环境保持不变，就可以写出通信链路最大距离 R_0 的方程，该方程恰好满足系统信噪比要求：

$$P_r = G_t G_r \left(\frac{\lambda}{4\pi R_0}\right)^2 P_{t_0} \tag{D-8}$$

如果我们希望将通信链路的范围增加到距离 R_1，且将 R_1 定义为 R_0 的倍数：

$$R_1 = \Delta R_0 \tag{D-9}$$

我们可以用 Friis 传输公式写出第二个方程：

$$P_r = G_t G_r \left(\frac{\lambda}{4\pi \Delta R_0}\right)^2 P_{t_1} \tag{D-10}$$

式(D-8)和式(D-10)相等，所以两种情况下的接收功率是相同的，化简后就变成了以下形式：

$$\frac{P_{t_1}}{P_{t_0}} = \Delta^2 \tag{D-11}$$

$$\text{Power}_{\text{dB}} = 10 \log_{10}\left(\frac{P_{t_1}}{P_{t_0}}\right) = 20 \log_{10}(\Delta) \tag{D-12}$$

为了使距离增加一倍，我们取 $\Delta = 2$。式(D-12)表明，发射天线的输入功率必须增加 6.02dB 才能使距离增加一倍。表 D-1 给出了天线增益(或系统增益)随链路距离系数增加的关系，如果天线的增益增加 6.02dB，那么链路的最大距离是原来距离的两倍。当增加 9.54dB 时，链路距离将增加 3 倍，这表明信噪比恒定不变。

表 D-1　功率(dB)随链路距离系数 Δ 增加的关系

功率	Δ
3.01	$\sqrt{2}$
6.02	2
9.54	3
12.04	4

D.3　分贝

分贝可以作为两个功率量的对数比较。P_r 作为参考功率电平值，将其与测量或计算出的功率 P 进行比较：

$$dB \equiv 10 \log_{10}(P/P_r) \qquad (D\text{-}13)$$

分贝是一种方便的表示功率的方法，因为对数的定义，把乘、除的数学运算转化为加、减法，平方和开方转化为乘法和除法。在转换为分贝之前，必须对数值进行加减运算，或者必须将其从分贝转换为数值。这可以通过式(D-14)得到：

$$P/P_r = 10^{(dB)/10} \qquad (D\text{-}14)$$

当功率参考值 P_r 与已知的绝对参考值关联时（如 1mW），称功率分贝值为相对于 1mW 的分贝值，写作 dBm。当用 1W 作为 P_r 时，则称相对于 1W 的分贝值，并写作 dBW。天线的增益值是相对于各向同性天线的功率水平而言的，称该增益为相对于各向同性辐射体的分贝值，写作 dBi。声压级也能用分贝来表示。

式(D-13)中分贝的定义可以用等效功率的单位表示。给定电路中电阻消耗的功率为 V^2/R。我们可以选择参考电压 V_r 和电阻 R_r。当替换为式(D-13)时，我们获得：

$$dB = 10 \log_{10}\left[\frac{V^2/R}{V_r^2/R_r}\right]$$
$$= 20 \log_{10}(V/V_r) - 10 \log_{10}(R/R_r) \qquad (D\text{-}15)$$

在 $R=R_r$ 的特殊情况下，该式可简化为

$$dB = 20 \log_{10}(V/V_r) \qquad (D\text{-}16)$$

分贝允许人们以一种易于理解的方式描述大的动态范围。当功率用分贝表示时，人们可以很容易地确定功率的大致变化。3dB 接近于功率变化 2 倍(1.995)，10dB 意味着功率变化 10 倍，13dB 意味着功率相差 10×2 倍，即相差约 20 倍(19.95)。

表 D-2 给出了分贝值与功率比估算的换算表。这些估计对于工程工作非常有用，可以快速查看数量的大小。准确的数值由式(D-14)给出。例如 39dB 约为 8000 的功率比（=10×10×2×2×2=$10^{39.03/10}$）。而实际功率比是 $10^{39/10}=7943.38$，准确值与估算值相差 0.71%。

表 D-2　分贝值与功率比估算换算表

dB	P/P_r
3	2
6	4
9	8
10	10
13	20
20	100
26	400
30	1000
39	8000
40	10000

分贝的历史渊源

分贝起源于电话行业。众所周知，一个人所能听到的声音级与主叫和被叫之间的电话线长度有关。这种损失用"每英里标准电缆"(Mile of Standard Cable，MSC)来量化。这种单位最早在 1904 年就开始使用了。电话线路使用一端有一个听筒的标准电路来评级，通过更换已知数量的电缆，直到被测设备的性能与规定的标准"等效"。一套新设备等效损耗可能是 16 英里或 16MSC。

每英里标准电缆的电阻为 88Ω，电容为 54nF。这种测量方法有明显的局限性，于是有人提出了一个关于功率的数学定义。1924 年，新的单位被称为 The Transmission Unit 或 TU。选择 TU 作为单位是为了让两个功率量相差 $10^{0.1}$，当它们的比例是 $10^{N(0.1)}$ 时，两个功率量相差 N 个单位，TU 的值为

$$N = 10 \log_{10} P_1/P_2 \tag{D-17}$$

该单位的提出是为了使其在空间体积上与"每英里标准电缆"的效果大致相等。TU 的定义与使用 1 英里标准电缆进行的感知测试有关。

通过对上述条件和各种单位的考量，最终采用 $10^{0.1}$ 作为最合适的比率，将其作为传输效率单位的基础。该传输单位采用对数形式，无失真，以功率比为基础，比值关系简单。其对语音所对应的电话功率传输的影响，比一英里标准电缆的影响小 6% 左右[5]。

1929 年，传输单位 TU 由贝尔系统改为分贝（以 Alexander Gram Bell 的名字命名）。

贝尔系统采用"分贝"（decibel）作为"传输单位"的名称，基于 $10^{0.1}$ 的功率比。这与十进制单位的术语一致，前缀 deci 表示十分之一。为方便起见，采用符号 db 作为分贝的符号[6]。

最初的 db 现已改为 dB。

D.4 天线增益和指向性

各向同性天线指具有全向辐射（与角度无关）的天线。各向同性天线在馈电点处接收功率（P_0）的效率为 100%，将其用作参考天线，并与物理上可实现的天线进行比较。各向同性天线的功率密度的数学描述为

$$S = \frac{P_0}{4\pi R^2} \tag{D-18}$$

其中 S 为单位面积功率或功率密度。

各向同性天线在馈电点处接收的输入功率平均分布在表面积为 $4\pi R^2$ 的球体上。如果一个各向同性源的辐射模式发生改变，使其只在上半球辐射，即上半球正常辐射，下半球不辐射，则相同的功率（P_0）分布在各向同性情况下的一半空间上。这意味着该半球上的辐射功率密度是各向同性情况下的两倍：

$$S = 2\frac{P_0}{4\pi R^2}(0 < \phi < 2\pi, 0 < \theta < \pi) \tag{D-19}$$

如果将辐射的上半球再分成两半，使辐射功率平均分布在整个（各向同性）球面的四分之一份上，而其他地方为零，则辐射功率密度将是各向同性天线辐射情况下的四倍。

$$S = 4\frac{P_0}{4\pi R^2}(0 < \phi < \pi, 0 < \theta < \pi) \tag{D-20}$$

因此，在每种情况下，我们都可以用一个系数 D 来描述球体上辐射功率密度的增加：

$$S = D\frac{P_0}{4\pi R^2}\left(0 < \phi < \frac{\pi}{2}, 0 < \theta < \pi\right) \tag{D-21}$$

我们把式（D-21）中天线的辐射范围限制在八分之一的球面上，即 $0 < \phi < \frac{\pi}{2}$，$0 < \theta < \pi$，此时 $D = 8$。系数 D 称为天线的方向性系数。

图 D-2 中展示了各向同性天线、半球形天线和四分之一球形天线的示意图。到目前为止，各向同性天线在物理上是无法实现的。在测量天线时，我们用函数 $D(\phi,\theta)$ 描述辐射模式的变化：

$$S = D(\theta,\phi)\frac{P_0}{4\pi R^2} \tag{D-22}$$

$D(\theta,\phi)$ 的最大值即为天线的方向性系数 D。

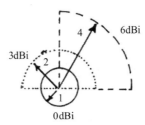

图 D-2　各向同性天线、半球形天线和四分之一球形天线

物理可实现天线的损耗会降低相对于输入功率 P_0 的总辐射功率。假设天线的辐射不受其结构的固有损耗的影响，则天线的增益（G）与天线的效率（e）和其方向性系数（D）有关：

$$G = eD \tag{D-23}$$

$$(\theta,\phi) = eD(\theta,\phi)\frac{P_0}{4\pi R^2} = G(\theta,\phi)\frac{P_0}{4\pi R^2} \tag{D-24}$$

与方向性系数一样，天线的增益为 $G(\theta,\phi)$ 在辐射球上的最大值。方向性系数是辐射方向图的独有属性，也被称为方向图增益，当考虑天线损耗时，称为天线增益。天线方向性系数的计算方法已经取得较大进展，这对测量前近似地估计天线预期增益非常有用。天线的增益单位为功率，以各向同性的天线为参考，分贝表示为

$$G_{\mathrm{dBi}} = 10\log_{10}(G) \tag{D-25}$$

增益通常是相对于各向同性天线而言的。在某些情况下，偶极子天线也可作为参考天线（dBd），得到的增益比 dBi 增益降低了 2.14dB。

我们可以将式（D-24）的两边乘以 R^2，得到辐射强度 U：

$$U(\theta,\phi) = G(\theta,\phi)\frac{P_0}{4\pi} \tag{D-26}$$

天线辐射的总功率 P_r 是整个辐射球的辐射强度的面积分：

$$P_\mathrm{r} = \int_0^{2\pi}\int_0^{\pi} G(\theta,\phi)\frac{P_0}{4\pi}\sin\theta\mathrm{d}\theta\mathrm{d}\phi \tag{D-27}$$

天线辐射的总功率与天线馈电点处接收功率的比值即为天线的效率 e。将式（D-27）除以 P_0，我们得到：

$$e = \frac{P_\mathrm{r}}{P_0} = \int_0^{2\pi}\int_0^{\pi}\frac{G(\theta,\phi)}{4\pi}\sin\theta\mathrm{d}\theta\mathrm{d}\phi \tag{D-28}$$

可以看出，天线材料的损耗会降低总辐射功率。

方向性系数也可以用辐射强度来定义。

$$\mathrm{Directivity} = \frac{天线最大辐射方向的辐射强度}{理想点源天线在同一方向的辐射强度} = \frac{U_{\mathrm{maximum}}}{U_0} \tag{D-29}$$

天线的平均辐射强度可以通过对整个球面的辐射强度进行积分，然后除以球体的面积

（以立体角为单位，即 4π）得到：

$$U_0 = \frac{1}{4\pi} \int_0^{2\pi} \int_0^{\pi} U(\theta, \phi) \sin\theta \mathrm{d}\theta \mathrm{d}\phi \tag{D-30}$$

平均辐射强度假设包含了电磁波的所有功率（即两个正交极化的总功率）。

D.5 衰减和电压驻波比

在某些无线应用中，在天线的馈电点和信号源之间可能存在相当数量的电缆，如果已知电缆长度造成的衰减，那么它对 VSWR 的影响就可以近似地等效为一个集总衰减器带来的影响[2]。一般来说，电缆的长度会对测量的驻波比产生波纹，而衰减器不会。在衰减量已知的情况下，如果原始馈电点 VSWR 已知，则可以用式（D-31）来预测输入端的 VSWR[3]。

$$\mathrm{VSWR}_{\mathrm{input}} = \frac{\sqrt{\left(\dfrac{\mathrm{VSWR}_{\mathrm{DP}} - 1}{\mathrm{VSWR}_{\mathrm{DP}} + 1}\right)^2 10^{-(A/5)} + 1}}{1 - \sqrt{\left(\dfrac{\mathrm{VSWR}_{\mathrm{DP}} - 1}{\mathrm{VSWR}_{\mathrm{DP}} + 1}\right)^2 10^{-(A/5)}}} \tag{D-31}$$

其中 A 为衰减器的衰减量，单位为 dB（正），$\mathrm{VSWR}_{\mathrm{DP}}$ 为天线（或负载）馈电点的 VSWR，$\mathrm{VSWR}_{\mathrm{input}}$ 为接上衰减器之后的 VSWR。

D.5.1 示例 1

一个 150Ω 的电阻式微波负载接到 50Ω 系统上，产生的 VSWR 为 3.0∶1。如果在负载和 50Ω 系统之间放置一个 7dB 的衰减器，测得的 VSWR 是多少？利用式（D-31），我们得到：

$$\mathrm{VSWR}_{\mathrm{input}} = \frac{\sqrt{\left(\dfrac{3-1}{3+1}\right)^2 10^{-(7/5)} + 1}}{1 - \sqrt{\left(\dfrac{3-1}{3+1}\right)^2 10^{-(7/5)}}} = 1.22$$

就回波损耗而言，式（D-31）为

$$\mathrm{RL}_{\mathrm{input}} = \left[\mathrm{RL}_{\mathrm{DP}} + 2A\right] \tag{D-32}$$

D.5.2 示例 2

电阻式负载产生的回波损耗为 2.922dB（VSWR 为 6.0∶1），如果在负载和 50Ω 系统之间放置一个 7dB 的衰减器，在衰减器的输入端测得的回波损耗是多少？如下所示：

$$\mathrm{RL}_{\mathrm{input}} = 2.922\mathrm{dB} + 2 \times 7\mathrm{dB} = 16.922\mathrm{dB}$$

D.6 回波损耗和反射损耗

回波损耗这个词有一个不为人知的起源。在 1924 年 7 月的 *Bell System Technical Journal* 中，W.H.Martin 在讨论 TU（后来被称为分贝）时，在第 407 页中写到：

……功率比为 2 代表增益 3.01dB，功率比为 0.5 代表损失 3.01dB。

这可能提供了一个线索：损耗为正值，而上文的损耗缺少一个负号。因此 3.01dB 的损耗为 $-3.01\mathrm{dB}$。另外，3.01dB 增益为 $+3.01\mathrm{dB}$。

IEEE 对"回波损耗"一词的定义为

$$\mathrm{RL} = 10 \log_{10} \left(\frac{P_{\mathrm{incident}}}{P_{\mathrm{reflected}}}\right) \tag{D-33}$$

其中，P_{incident} 是向被测天线（Antenna Under Test，AUT）馈电点方向传输的入射功率，$P_{\text{reflected}}$ 是向电源方向反射的功率。

当 $P_{\text{reflected}} < P_{\text{incident}}$ 时，回波损耗是一个正值。回波损耗是失配状态下入射功率与反射回来的功率之比，用分贝表示。对于无源器件，我们可以用反射系数来表示这个比率：

$$\left(\frac{P_{\text{in}}}{P_{\text{ref}}}\right) = \left|\frac{1}{\Gamma^2}\right| \tag{D-34}$$

代入式（D-33）后，我们得到：

$$\text{RL} = 10\log_{10}\left|\frac{1}{\Gamma^2}\right| = -20\log_{10}|\Gamma| \tag{D-35}$$

回波损耗在技术文件中经常为负值，而不是按照其定义要求表示为正值，该术语在 1960 年之后才普及[4]，它的定义有悖于字面含义，与其一般的用法不相符合。为了避免该定义所带来的缺点，作为一种变通的方法，在技术论文和文件中，回波损耗通常以负值的形式出现，例如有 $|S_{11}|_{\text{dB}}$、$10\log_{10}|\Gamma^2|$ 和 LogMag。

显然，回波损耗以入射功率作为参考值更加自然：

$$\text{RL} = 10\log_{10}\left(\frac{P_{\text{reflected}}}{P_{\text{incident}}}\right) \tag{D-36}$$

许多作者本能地以这种方式表示回波损耗。如果入射功率为回波损耗的分贝定义中的参考功率，以测量得到的反射功率为测量值，那么回波损耗的分贝值即为负数，即为常见的回波损耗的定义：

$$\text{RL} = 20\log_{10}|\Gamma| \tag{D-37}$$

在技术论文中有许多不同的名词术语来表达某一相同的数值，这表明许多作者对回波损耗的定义有所了解，但认为负值更直观、更实用。由于回波损耗的分贝值定义和字面含义的混淆，许多人在文章和教科书中错误地使用负值来表示回波损耗，和术语定义不一致[4]。

如今，工程师已经使用了回波损耗这个术语，它的定义与用分贝表示的反射系数一致，对测量值的描述更加直观有意义。

$$\text{回波损耗} = 20\log_{10}|\Gamma| \tag{D-38}$$

我希望 IEEE 重新审视"回波损耗"的定义，并将其改为与式（D-38）相同的形式。因为反射损耗和回波损耗这两个术语缩写均为 RL，但两者的含义却不同，这里推荐用回波损耗来代替反射损耗。如果你在某一张图上看到反射损耗，而根据定义这里应该是回波损耗，在我看来，这并没有什么错误，因为应该改变的是定义，这样更加直观。

$|S_{11}|_{\text{dB}}$，$10\log_{10}|\Gamma^2|$ 等通常用来取代回波损耗的负值定义，在本书中，我们尝试使用回波损耗来表示反射系数，单位为分贝，这将为 $|S_{11}|_{\text{dB}}$，$10\log_{10}|\Gamma^2|$ 等提供统一的术语。

D.7 衰减器

在某些情况下，比如一些 RFID 接收机，天线的 VSWR 对接收机的灵敏度有很大影响，尽管匹配度很高，但效率损失较大的天线和 VSWR 较好的天线也能比匹配度较高的天线表现更好。通过在天线的馈电点附近引入一个最佳的衰减量，可以最大限度地提高系统的整体灵敏度。衰减器通常被称为衬垫或匹配衬垫[2,7]。

图 D-3a 是 Tee 型衰减器，这种衰减器常与微带和共面波导一起使用，当使用双带或其他平衡式传输线时，应使用平衡式 H 型衰减器（见图 D-3b）。

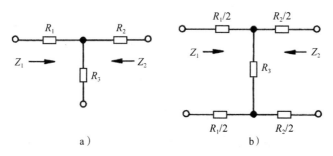

a)
b)

图 D-3 非平衡式 Tee 型衰减器和平衡式 H 型衰减器

参数计算公式如下：

$$N = 10^{-\text{RL}/10} \tag{D-39}$$

$$R_3 = \frac{2\sqrt{NZ_1 \cdot Z_2}}{N-1} \tag{D-40}$$

$$R_2 = Z_2 \left(\frac{N+1}{N-1} \right) - R_3 \tag{D-41}$$

$$R_1 = Z_1 \left(\frac{N+1}{N-1} \right) - R_3 \tag{D-42}$$

在某些情况下，Tee 型衰减器不适合在非平衡应用中使用。Pi 型衰减器是一种非平衡式衰减器，它是 Tee 型衰减器的一种替代方案，如图 D-4a 所示；图 D-4b 是一个平衡式 O 型衰减器，它是 H 型衰减器的一种替代方案。

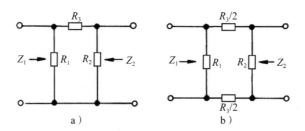

a)
b)

图 D-4 非平衡式 Pi 型衰减器和平衡式 O 型衰减器

参数计算公式如下：

$$R_3 = \frac{N-1}{2} \sqrt{\frac{Z_1 \cdot Z_2}{N}} \tag{D-43}$$

$$\frac{1}{R_1} = \frac{1}{Z_1} \left(\frac{N+1}{N-1} \right) - \frac{1}{R_3} \tag{D-44}$$

$$\frac{1}{R_2} = \frac{1}{Z_2} \left(\frac{N+1}{N-1} \right) - \frac{1}{R_3} \tag{D-45}$$

在某些情况下，人们需要从一个给定特征阻抗的传输线路连接到另一个特征阻抗不相同的传输线路上，通常会引入一个最小损耗衰减器来作为过渡。图 D-5 是最小损耗衰减器在非平衡式（见图 D-5a）和平衡式（见图 D-5b）情况下的拓扑结构。

其公式为

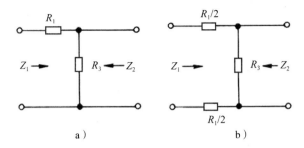

图 D-5 非平衡式最小损耗衰减器和平衡式最小损耗衰减器

$$R_1 = Z_1 \sqrt{1 - \frac{Z_2}{Z_1}} \tag{D-46}$$

$$R_3 = \frac{Z_2}{\sqrt{1 - \frac{Z_2}{Z_1}}} \tag{D-47}$$

$$N = \left(\sqrt{\frac{Z_1}{Z_2}} + \sqrt{\frac{Z_1}{Z_2} - 1} \right)^2 \tag{D-48}$$

衰减器损耗(dB)$= 10 \log_{10} N (Z_1 > Z_2)$。

示例 3

广电行业一般使用 75Ω 同轴电缆,但大多数测试设备为 50Ω,因此一般在 50Ω 测试设备和 75Ω 被测设备之间放置一个最小损耗垫。利用式(D-46),计算得到 $R_1 = 43.30\Omega$,通过式(D-47)计算得到 $R_3 = 86.60\Omega$。由式(D-48)计算出 N 为 3.732 05,插入损耗为 5.72dB。

参考文献

[1] Friis, H. T., "A Note on a Simple Transmission Formula," Proceedings of The I. R. E. (IEEE), Vol. 34, No. 5, May 1946, pp. 254-256.

[2] Reference Data for Radio Engineers, Howard W. Sams, 1982, Chapter 11.

[3] Rizzi, P. A., Microwave Engineering Passive Circuits, Prentice Hall, 1988, p. 267.

[4] Bird, T. S., " Definition and Misuse of Return Loss," IEEE Antennas and Propagation Magazine, April 2009, Vol. 51, No. 2, pp. 166-167.

[5] Martin, W. H., "The Transmission Unit and Telephone Transmission Reference Systems," Bell System Technical Journal, July1924, Vol. 3, No. 3, pp. 400-408.

[6] Martin, W. H., "Decibel—The Name for the Transmission Unit," Bell System Technical Journal, Vol. 8, No. 1, January 1929, pp. 1-2.

[7] Lewart, C., Science and Engineering Programs for the IBM PC, Micro Text Publications, New York, NY, 1983, Chapter 15.

附录 **E**

阻抗匹配技术

E.1 λ/8 传输线变换器

1967 年，麻省理工学院的 Donald Steinbrecher 发表了使用 λ/8 传输线的论文[1]。他在这项工作中表示："任何负载阻抗都可以被一个 λ/8 变换器转换成一个实阻抗，其特征阻抗的大小等于负载阻抗。"

如果一个阻抗为 $Z_L = R_L + jX_L$ 或是写成极坐标 $|Z_L| \angle \theta$ 的形式，当将 λ/8 传输线部分连接到此负载并且其特征阻抗 $Z_0 = |Z_L|$ 时，输入阻抗将变为纯实数。

很多情况下 $Z_0 = |Z_L|$ 所产生的 Z_0 值对于微带的实现来说是过大且不切实际的，但仍应将其作为一种选择，尤其是在低阻抗的情况下。四分之一波长阻抗变换器可以与八分之一波长变换器一起使用，以使得复阻抗匹配到所期望的电阻值。

E.1.1 示例：组合的 λ/8 和 λ/4 变换器匹配

我们将使用图 E-1 中所示的负载阻抗作为使用 λ/8 传输线截面进行复阻抗到实阻抗变换的示例。该电路由工作在 2.715GHz 下的 55.7Ω 电阻和 3.01nH 电感组成，负载阻抗为 $Z_L = 55.7 + j51.36\Omega$，极坐标形式为 $|75.765| \angle 42.678°$。

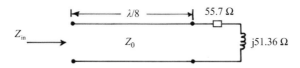

图 E-1 将示例负载阻抗 55.7+j51.36Ω 连接到八分之一波长变换器，当 λ/8 匹配变换器的特征阻抗等于负载幅值时，它将产生纯实数的输入阻抗

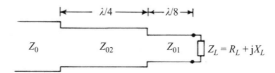

图 E-2 四分之一波长阻抗变换器与八分之一波长阻抗变换器一起使用，以使负载与所需的系统阻抗匹配[1]

无损耗传输线方程为

$$Z_{in} = Z_{in} \frac{Z_L + jZ_0 \tan(\beta L)}{Z_0 + jZ_L \tan(\beta L)} \tag{E-1}$$

在传输线为 λ/8 的情况下，Z_{in} 将减少到

$$Z_{in} = Z_0 \frac{Z_L + jZ_0}{Z_0 + jZ_L} \tag{E-2}$$

我们使用 $\lambda/8$ 匹配变换器，其中 $Z_0 = |Z_L| = 75.765\Omega$。输入阻抗变为

$$Z_{in} = 75.765\frac{55.7 + j51.36 + j75.765}{75.765 + j(55.7 + j51.36)}$$

$$Z_{in} = 173.0 - j89.6 \cdot 10^{-6}\,\Omega$$

$$Z_{in} \approx 173.0\Omega$$

现在，我们需要将此纯实阻抗值转换为 50Ω 以匹配系统参考阻抗。由于当前的输入阻抗是纯实数，因此可以使用图 E-2 中所示的四分之一波长变换器来完成。

$$Z_{02} = \sqrt{50 \cdot R_{in}} = 93.0\Omega$$

本例中的传输线阻抗在大多数使用普通介质基板的微带传输线介质中都是很容易实现的。

E.1.2 双 $\lambda/8$ 传输线变换器

如图 E-3 所示，可以使用两个 $\lambda/8$ 变换器和一个 $\lambda/4$ 变换器来共轭匹配总截面长度为 $\lambda/2$ 的源阻抗和负载阻抗。

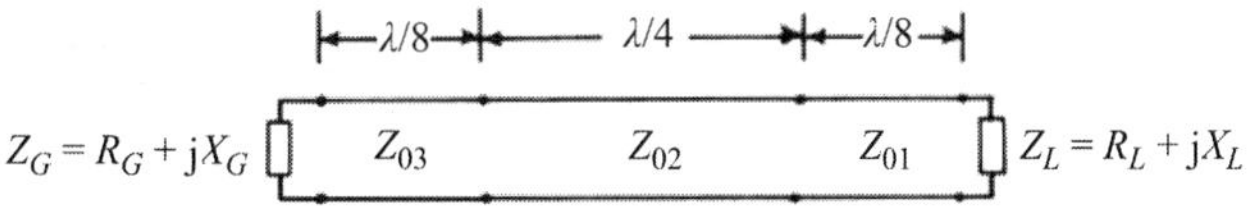

图 E-3 可以使用两个 $\lambda/8$ 和一个 $\lambda/4$ 变换器同时共轭匹配的源阻抗和负载阻抗[1]

可利用以下关系以完成匹配：

$$Z_{01} = |Z_L| \tag{E-3}$$

$$Z_{02} = \sqrt{\frac{R_L R_G |Z_L| |Z_G|}{(|Z_L| - X_L)(|Z_G| - X_G)}} \tag{E-4}$$

$$Z_{03} = |Z_G| \tag{E-5}$$

E.2 Q 与 $\lambda/8$ 传输线变换器匹配

在某些设计中可能希望最大限度地减少用于匹配负载的物理面积，可以使用具有集总单元 Q 匹配的 $\lambda/8$ 变换器来代替图 E-2 中的四分之一波长变换器，以减少匹配网络的占用面积。

Q 匹配是基于串联电路到并联电路的转换。在之前提出的示例中，我们从一个由 $\lambda/8$ 变换器产生的纯实数负载开始，加上并联电抗以产生所需的在串联等效电路中的 50Ω 实部电阻，然后再串联添加第二个电抗以抵消串联电抗，从而获得所需的 50Ω 的纯实数电阻。

White 详细介绍了 Q 匹配的使用[2]。

示例：组合 $\lambda/8$ 变换器和 Q 匹配

我们把 E.1.1 节中的负载与 $\lambda/8$ 变换器一起使用。在设计频率下，$\lambda/8$ 变换器输入端的输入阻抗变换为 173Ω 的实阻抗值，如图 E-4 所示，可以将此网络视为阻值为 173Ω 的单个电阻负载。

现在，我们使用 Q 匹配将阻抗值从 173Ω（而不是使用四分之一波长的变换器）转换为 50Ω 的系统参考阻抗。

如图 E-5 所示是控制这两种情况（串联和并联）的等效电路。我们可以利用并联和串联电路之间的电阻转换的并联关系来计算电路 Q：

$$R_P = R_S(1 + Q^2) \qquad \text{(E-6)}$$

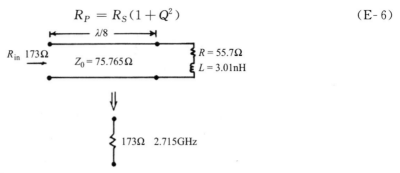

图 E-4 阻抗转换为纯实数的 $\lambda/8$ 变换器可以看作单一的电阻单元

我们知道 $R_P = 173\Omega$，要求串联电阻 $R_S = 50\Omega$。利用式(E-6)，可以得到电路 Q：

$$Q = \sqrt{\frac{173}{50} - 1} = 1.568$$

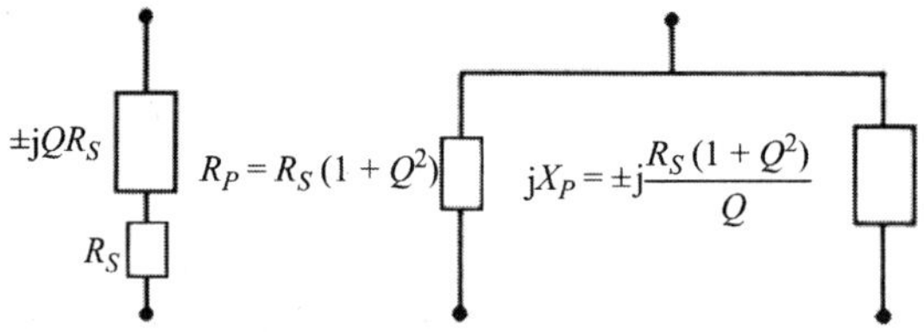

图 E-5 Q 匹配法中采用的串并联等效电路

现在，我们需要确定在并联电路中并联多少电抗才能产生实部为 50Ω 的串联电路。电抗为

$$X_P = \frac{R_S(1 + Q^2)}{Q} \qquad \text{(E-7)}$$

$$X_P = \frac{50(1 + (1.568)^2)}{1.568} = 110.288\Omega$$

如果我们选择并联电感作为并联电路的电抗，则可以根据电感 $|X_L|$ 计算电感为 6.45nH：

$$L = \frac{|X_L|}{2\pi f} = \frac{110.288}{2\pi(2.715 \cdot 10^9)} = 6.45\text{nH}$$

串联电路的电抗由电路 Q 决定：

$$X_S = QR_S = 1.568 \cdot 50 = 78.4\Omega$$

我们将需要一个串联容性电抗 $|X_C|$ 来消除串联感性电抗，计算可得电容值为 0.750pF。这是在实际电路中可实现的极小电容，但可以用于说明：

$$C = \frac{1}{2\pi f |X_C|} = \frac{1}{2\pi(2.715 \cdot 10^9)78.4} = 0.75\text{pF}$$

最终的匹配电路如图 E-6 所示。在某些情况下，Q 匹配设计可以选择使用带有串联电感的并联电容来替代，这可能得到更理想的拓扑或阻抗值。

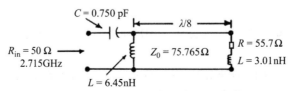

图 E-6 使用带有 Q 匹配的 $\lambda/8$ 变换器代替 $\lambda/4$ 变换器的阻抗匹配设计

利用电路仿真对这两种设计以进行分析比较，结果如图 E-7 和图 E-8 所示。原始阻抗在史密斯圆图和负回波损耗图中用三角形表示；八分之一波长和四分之一波长变换器匹配的阻抗用正方形标记；具有 LC 的 Q 匹配电路的八分之一波长变换器用菱形表示。三者的匹配结果几乎完全相同。一般而言，传输线部分的 Q 值比离散单元大（损耗更低），而电感的 Q 值在电路中产生的损耗可能比期望的更大。当然，这是尺寸和匹配效率之间的权衡，在某些情况下，人们甚至可以将 Q 匹配直接用于更简单的匹配电路设计。

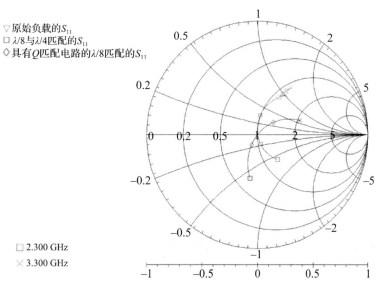

图 E-7　原始阻抗（三角形），$\lambda/8$ 与 $\lambda/4$ 匹配（正方形）和具有 Q 匹配电路的 $\lambda/8$ 匹配（菱形）的史密斯圆图

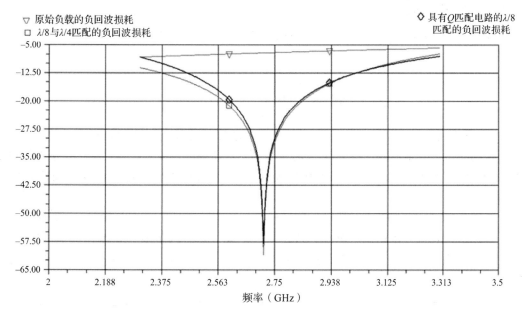

图 E-8　原始阻抗（三角形），$\lambda/8$ 与 $\lambda/4$ 匹配（正方形）和具有 Q 匹配电路的 $\lambda/8$ 匹配（菱形）的负回波损耗图

E.3   单节串联 T 线阻抗变换器

图 E-9 所示的单节变换器无法匹配所有复杂的负载，但其简单性使其成为具有吸引力的匹配网络的候选方法，该网络在 Orfanidis 的在线专著中有详细介绍[3]。为了匹配具有特征阻抗 Z_0 且归一化长度 $L_1 = l_1/\lambda_1$（l_1 是物理长度而 λ_1 是传输线波长）的单节阻抗变换器的复负载 $Z_L = R_L + \mathrm{j}X_L$，$Z_0$ 的参考值（通常为 50Ω）必须满足以下条件之一：

$$Z_0 < R_L \text{ 或 } Z_0 > R_L + \frac{X_L^2}{R_L} \tag{E-8}$$

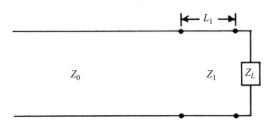

图 E-9   单节串联阻抗变换器

当 Z_L 为纯实阻抗时总是有解的，这表明将这种类型的传输线匹配解决方案与 $\lambda/8$ 变换器一起使用可能是有用的。

当满足单线匹配的条件时，变换器的阻抗和长度由式（E-9）给出：

$$Z_1 = \sqrt{Z_0 R_L - \frac{Z_0 X_L^2}{Z_0 X_L}} \tag{E-9}$$

$$L_1 = \frac{1}{2\pi}\arctan\left[\frac{Z_1(Z_0 - R_L)}{Z_0 X_L}\right] \tag{E-10}$$

示例：单节阻抗匹配

按式（E-9）和式（E-10）计算出的单节阻抗匹配的变换器阻抗和长度分别为 Z_1 和 L_1。

$$Z_1 = \sqrt{50 \cdot 55.76 - \frac{50\,(51.36)^2}{50 \cdot 55.7}} = 160.269\Omega$$

$$L_1 = \frac{1}{2\pi}\arctan\left[\frac{160.269(50 - 55.7)}{50 \cdot 51.36}\right] = -54.924 \cdot 10^{-3}$$

其中 L_1 的解为负，并对波长归一化。我们通过增加传输线的 1/2 波长得到 $L = 0.4451\lambda$，从而得到一个可实现的解。Orfanidis 的 MATLAB 代码可在线上获得，其可用于求解单节串联传输线变换器的这些方程，该代码使用 mod() 函数产生可物理实现的长度：$L_1 = \mathrm{mod}(L_1, 0.5)$。

在图 E-10 和图 E-11 中，我们比较了到目前为止用于匹配 E.1.1 节中示例天线阻抗的不同方法。与其他方法相比，单线分段法有许多缺点，它的传输线长度比其他方法更长，因此将需要更多的物理面积来实现，并且与其他方法相比，单线部分的阻抗带宽有所减小。

在某些情况下，该方案可能比其他解决方案要短，因此应总是检查其是否具有可行性。

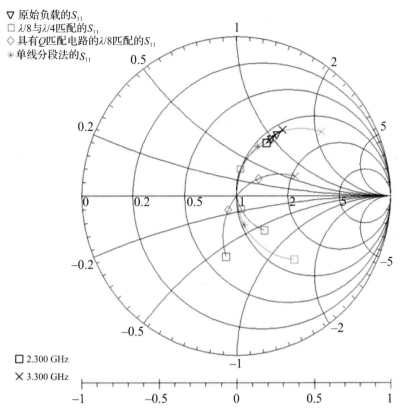

图 E-10 原始阻抗（三角形），$\lambda/8$ 与 $\lambda/4$ 匹配（正方形），具有 Q 匹配电路的 $\lambda/8$ 匹配
（菱形）和单线分段法（星形）的史密斯圆图

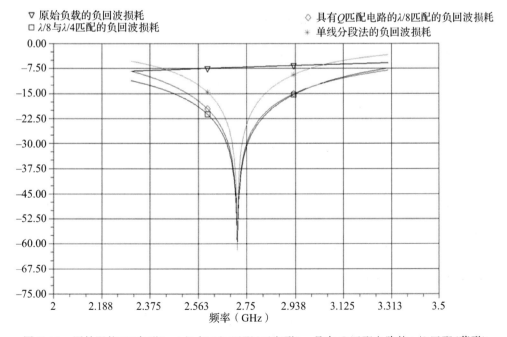

图 E-11 原始阻抗（三角形），$\lambda/8$ 与 $\lambda/4$ 匹配（正方形），具有 Q 匹配电路的 $\lambda/8$ 匹配（菱形）
和单线分段法（星形）的负回波损耗图

E. 4　Bramham-Regier 两段式阻抗变换器

1959 年，Bramham 发明了一种可用于匹配两条传输线之间的特征阻抗的两段式阻抗变换器（见图 E-12）。它的总长度通常为 $\lambda/6$，这使其成为能在狭窄的频率范围内解决该问题的一种紧凑型方法[4]。Regier 扩展了该解决方案，以便可以将复杂的终端阻抗与传输线匹配[5]。这两个部分的长度与单个四分之一波长变换器的长度相同，但是其能使复杂的负载与实际馈电点阻抗匹配。

复合负载的传输线部分的系统阻抗为 Z_0，通常为 50Ω，长度为 L_0。另一部分的特征阻抗受设计公式的限制为 Z_{01}，长度为 L_1。Z_{01} 的值归一化为系统阻抗，并指定 n 为

$$n = \frac{Z_{01}}{Z_0}$$

对于实际大多数设计，n 的值必须始终大于或小于 1。负载阻抗 Z_L 归一化为系统阻抗，记为 $\overline{Z}_L$：

$$\overline{Z}_L = \frac{Z_L}{Z_0} = \overline{R}_L + \mathrm{j}\overline{X}_L$$

选择了变换器阻抗 n 的值后，必须计算出 B 的值。如果 B 是虚数，则无物理解，需要相应地调整 n：

$$B = \pm \sqrt{\frac{k}{m - k}}$$

$$k = \frac{(\overline{R}_L - 1)^2 + \overline{X}_L^2}{\overline{R}_L}$$

$$m = \left(n - \frac{1}{n}\right)^2$$

选择为正的 B 值将产生最短的物理解决方案。A 的值可由下式计算：

$$A = \frac{\left(n - \dfrac{\overline{R}_L}{n}\right)B + \overline{X}_L}{\overline{R}_L + \overline{X}_L nB - 1}$$

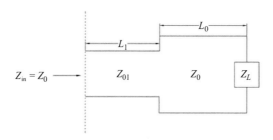

图 E-12　两段式 Bramham-Regier(BR) 传输线变换器设计

值 A 和 B 与线长有关：

$$A = \tan(\beta_0 L_0)$$
$$B = \tan(\beta_1 L_1)$$

其中 β_0 和 β_1 分别是波导波长为 λ_0 和 λ_1 传输线的相位常数。

线长为

$$L_0 = \arctan(A)\frac{\lambda_0}{2\pi}$$

$$L_1 = \arctan(B)\frac{\lambda_1}{2\pi}$$

示例：BR 传输线变换器设计

首先，确定 n 的值，获得 $m > k$ 的值以使 B 的值不是复数。我们将再次匹配先前示例中使用的负载阻抗：

$$Z_L = 55.7 + j51.36\Omega$$

将其对 $Z_0 = 50\Omega$ 进行归一化，我们得到

$$\overline{Z}_L = 1.114 + j1.027\ 2$$

因此，$k = 0.958\ 829$，$B = 0.861\ 745$，这使我们能够确定 $A = 1.205\ 02$。线长为 $L_0 = 0.139\ 755\lambda_0$ 和 $L_1 = 0.113\ 203\lambda_0$。假设传输线介电常数为 1（自由空间），并且波长为 110.5mm(2.715GHz)，则传输线长度为

$$L_0 = 15.44\text{mm}$$

$$L_1 = 12.51\text{mm}$$

E.5　两节 Chebyshev 阻抗变换器

如果有可用的物理空间来实现一个比通常存在于许多无线应用中的更复杂的阻抗变换器，则可以将 $\lambda/8$ 变换器与两个 $\lambda/4$ 截面的 Chebyshev 阻抗变换器结合使用，如图 E-13 所示。

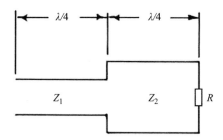

图 E-13　两节 Chebyshev 四分之一波长传输线变换器设计

两节 Chebyshev 阻抗变换器的设计归一化公式为[6]

$$Z_1 = (RS)^{\frac{1}{4}} \tag{E-11}$$

其中 R 为归一化负载电阻，S 为最大允许驻波比 $S:1$，Z_0 为变换器输入端（第一部分）的归一化特征阻抗。获得 Z_1 后，可以使用以下公式计算 Z_2：

$$Z_2 = \frac{R}{Z_1} \tag{E-12}$$

其中 Z_2 为归一化负载电阻 R 连接截面的归一化阻抗。归一化阻抗是系统参考阻抗，在此示例中为 $50\Omega(Z_0 = 50\Omega)$。

示例：$\lambda/8$ 带两段 Chebyshev 变换器

使用式(E-11)式(E-12)，可以计算归一化匹配阻抗值。我们将再次使用 E.1.1 节中的 RL 电路作为匹配的示例负载。从先前的计算中，我们知道八分之一波长变换器的输入电阻为 173.0Ω：

$$R = \frac{173.0}{50.0} = 3.46$$

我们将允许最大 VSWR 为 1.7∶1($S = 1.7$):

$$Z_1 = (3.46 \cdot 1.7)^{\frac{1}{4}} = 1.5573$$

$$Z_2 = \frac{3.46}{1.5573} = 2.221$$

将 Z_1 和 Z_2 的值乘以 50Ω,得到最终的设计参数:

$$Z_1 = 78.0\Omega$$

$$Z_2 = 111.1\Omega$$

像以前一样,使用电路模拟器来实现和分析变换器。图 E-14 给出了上述所有匹配方案,并给出了带有八分之一波长串联变换器的两节 Chebyshev 变换器。当使用两节 Chebyshev 变换器时,我们看到带宽显著增加。当然,在带宽上获得的收益要与线长进行权衡,并且频带上的失配更大。

在许多设计中,匹配部分的长度非常重要。表 E-1 比较了实现这些替代匹配方案所需的长度。

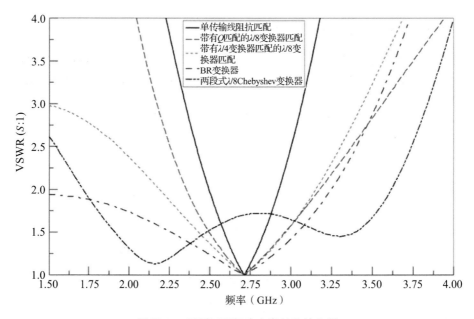

图 E-14 不同匹配解决方案的驻波比图

可以看到,要在长度和带宽性能之间做权衡。这种匹配选项绝不是穷尽的,文献中还有更多的匹配选项[7]。

表 E-1 匹配方法与所需的线长

匹配方法	线长
单传输线阻抗匹配	49.18mm
带有 Q 匹配的 $\lambda/8$ 变换器匹配	16.00mm
带有 $\lambda/4$ 变换器匹配的 $\lambda/8$ 变换器匹配	41.44mm
BR 变换器	27.95mm
两段式 $\lambda/8$ Chebyshev 变换器	69.06mm

E.6 Bode-Fano 限制/匹配概述

关于阻抗匹配的经典教科书是 *Microwave Filters，Impedance-Matching Networks，and Coupling Structures*[8]。在这本书第 5 页的脚注中说到：

> "简单的匹配网络可以极大地改善阻抗匹配，并且随着匹配单元数量的增加，每增加一个附加单元后匹配网络所获得的改善就会越来越小。"基于这个原因，简单的匹配网络可以为无限数量的阻抗匹配单元提供接近理论上的最佳性能。

这对于用最大匹配带宽来实现最小占用空间的匹配网络来说是一个好消息。设计匹配网络时，必须记住一些基本的权衡取舍，这些被称为 Bode-Fano 标准。Pozar 对阻抗匹配限制进行了很好的讨论，我们将通过一组光泽点来提供阻抗匹配限制[9]：

1) 只有在较大的频率范围内以较差的匹配为代价才能实现较宽的频带匹配。

2) 匹配带宽只能在一个点上才能完美匹配，这意味着一个完美匹配只能匹配有限个频点。

3) 高 Q 电路比低 Q 电路更难匹配。

随着阻抗匹配带宽的增加，匹配程度降低(即引入了更多的失配)，有人将此称为增益带宽乘积，这是查看此限制的一种近似但相当准确的方法。为了保持恒定的增益带宽乘积，必须放弃带宽匹配，或者放弃匹配带宽。

一个主频单模(线极化)矩形微带天线有一个馈电点阻抗，其非常类似于一个 RLC 电路。在第 4 章中已经表明，通过使用具有 2 : 1VSWR 匹配要求的阻抗匹配网络，可以将阻抗限制为不匹配天线带宽的四倍。

E.5 节中阐述了两节 Chebyshev 阻抗变换器的设计，与上述其他方法相比，这种设计大大提高了(2 : 1VSWR)带宽。众所周知，Chebyshev 阻抗变换器是匹配带宽中的失配纹波与可实现的最大带宽之间的最佳权衡方案。1981 年，Carlin 和 Amstutz 挑战了这一假设[10]，研究人员提供了一些负载示例，他们首先使用 Chebyshev 阻抗变换器作为匹配网络，然后继续使用一种称为"实频率技术"的方法来匹配负载，从而获得更好的结果。显然，切比雪夫匹配并非最佳选择。该技术在数学上非常密集，并且已经提出了也是数学密集型的"简化的实频技术"，Gerkis 详细介绍了这种简化方法[11]。

如今创建双频匹配网络的双频天线的需求越来越多，但不幸的是，关于该主题的文献似乎很少。Castaldi 等人撰写的有关双频 Chebyshev 阻抗变换器设计的论文对双频带匹配进行了有益的讨论[12]：没有任何成熟的匹配两个独立频带的分析方法，只有计算机优化是可行的求解方法。

设计匹配网络时可能会遇到很多陷阱。在某些情况下，可以设计一种匹配网络，该网络的组件具有有效串联电阻(Effective Series Resistance，ESR)，从而产生大量的能量消耗。在某些情况下，天线看起来可能与一个电路匹配，但是如果将天线从此匹配电路中移开，则测得的回波损耗不会急剧变化，这表明网络相比匹配电路而言更像是一个衰减器。匹配电路是一个谐振电路，并且具有自己的 Q，这可以掩盖该电路的作用更像谐振衰减器而不是匹配电路的事实。

匹配网络的设计和实现仅取决于所使用的物理电感和电容的质量，且任何电路仿真的精度都取决于这些物理设备对电路仿真器中使用的理论值的反映程度。人们需要用测量或非理想模型来表征集总单元，以获得良好的结果。通常在分析和测量之中会发现偏差，这是由于在电路模拟器中使用理想的电阻、电感和电容，而物理单元通常是不理想的。Kielkowski 详细讨论了器件表征对成功的电路设计的重要性[13]。

　　细心的读者可能已经注意到，用于说明先前方法的负载阻抗($Z_L = 55.7 + j51.36\Omega$)的实部非常接近 50Ω，并且可以使用单个串联电容来匹配馈电点阻抗。实际上，这样做是为了匹配锥形全向微带天线的馈电点阻抗[14]。一个表面贴装的 1pF 电容器被用作穿过电路板的"过孔"，与天线的馈电点阻抗串联，以消除存在的串联电感电抗，并产生可接受的匹配。

参考文献

[1]　　Steinbrecher, D. H., "An Interesting Impedance Matching Network," IEEE Transactions on Microwave Theory and Techniques, June 1967, Vol. 15, No. 6, p. 382.

[2]　　White, J. F., High Frequency Techniques, John Wiley and Sons, 2004, pp. 67-74.

[3]　　Orfanidis, S. J., Electromagnetic Waves and Antennas, www. ece. rutgers. edu/orfanidi/ewa/.

[4]　　Bramham, P., "A Convenient Transformer for Matching Co-axial Lines," CERN 59-37, November 1959.

[5]　　Regier, F. A., "Impedance Matching with a Series Transmission Line Section," Proceedings of The IEEE, Vol. 59, No. 7, July 1971, pp. 1133-1134.

[6]　　Wheeler, G. J., Microwave Engineer's Handbook. Vol. 1, Artech House, 1971, 17 pp.

[7]　　Hall, L. T., Hansen, H. J., Davis, B. R., and Abbott, D., "Performance Analysis of a Series Transformer for Complex Impedance Matching," Microwave and Optical Technology Letters, June 2005, Vol. 45, No. 6, pp. 491-494.

[8]　　Matthaei, G., Young, L., and Jones, E. M. T., Microwave Filters, Impedance-Matching Networks, and Coupling Structures, Artech House, 1980 (Reprint).

[9]　　Pozar, D. M., Microwave Engineering, McGraw Hill, 1990, pp. 325-327.

[10]　Carlin, H. J., and Amstutz, P., "On Optimum Broad-Band Matching," IEEE Transactions on Circuits and Systems, May 1981, Vol. CAS-28, No. 5, pp. 401-405.

[11]　Gerkis, A. N., "Broadband Impedance Matching Using the 'Real Frequency' Network Synthesis Technique," Applied Microwaves and Wireless, July/August 1988, pp. 26-36.

[12]　Castaldi, G., Fiumara, V., and Pinto, I. M., "A Dual-Band Chebyshev Impedance Transformer," Microwave and Optical Technology Letters, October 2003, Vol. 30, No. 2, pp. 141-145.

[13]　Kielkowski, R., Spice Practical Device Modeling, McGraw Hill, 1995, Chapter 2.

[14]　Bancroft, R., and Bateman, B., "An Omnidirectional Microstrip Antenna with Low Sidelobes," Microwave and Optical Technology Letters, July 2004, Vol. 42, No. 1, pp. 68-69.

印刷天线的巴伦

F.1 传输线理论

在附录 E 中，我们介绍了几种阻抗匹配方法。阻抗匹配的概念有一个潜在的假设，它可能掩盖了产生微波跃迁的重要物理方面。例如，假设我们取一根特征阻抗为 50Ω 的同轴电缆，并将它连接到同样具有 50Ω 特征阻抗的双导线传输线上。显然边界两边的阻抗是相同的，那么我们应该担心会发生失配吗？

从电磁场的角度来看，同轴传输线的电场和磁场与双导线传输线的电场和磁场有很大的不同。为了保证在 50Ω 同轴电缆和 50Ω 双导线传输线接口上匹配，我们需要一个电磁模式转换器。同轴传输线常被称为不平衡传输线，因为它的外屏蔽层与地电势相同，而内屏蔽层比地电势高。在双导线传输线的情况下，两个导体在地板上和地板下的电势是对称的。双导线传输线被认为是平衡的(±)，同轴电缆被称为不平衡的(0，＋)。当两者连接时，同轴电缆模式的外屏蔽层处于地电位，而双导线模式则不是。

我们已经描述了具有相同特征阻抗但场不匹配的两条 TEM 传输线之间可能发生的失配现象。从分布式电路分析的角度来看，很明显会发生失配。

传输线理论建立在 Chipman 所详细描述的若干假设之上[1]。

Chipman 写到：

> 关于均匀传输线的分布式电路分析，由 William Thomson(开尔文勋爵)在 1855 年开始，并由 Oliver Heaviside 在 1885 年完成，用以下假设来描述。
>
> **假设 1** 统一的系统或线路由两个直的平行导体组成。
>
> 形容词"统一"的意思是线路及其周围介质的材料、尺寸和横截面几何形状在线路的全部长度上保持不变。通常，信号源连接在系统的一端，终端负载连接在另一端……

该假设不要求两个导体具有相同的材料或具有相同的横截面形状。因此，该分析适用于包裹任何材料和横截面的另一导体的任意材料和横截面的导体，也适用于平行于任何导电平面或条带的金属线，以及除了两根直径和材料相同的圆截面平行导线的简单案例外的许多其他有用的结构……

该假设要求传输线的横截面几何形状保持不变。一种同轴电缆具有给定直径的外导体和内导体，并且介质材料沿同轴电缆保持不变。只要传输线是由这些材料制成并且沿其长度保持不变(即截面几何形状和材料保持不变)，那么一根同轴电缆就有两种不同的材料，如铁的外导体和铜的内导体。如果同轴线由长度为 1m 的铜内外导体制成，然后接下来的 1m 的同轴线外导体变成铁，内导体仍为铜，具有相同的几何形状和介电常数；这被看作连接在一起的两条独立的均匀传输线。这种区别在实际案例中可能非常重要。Chipman 写到：

> 一般来说，传输线中的扭曲或弯曲违反"均匀性"假设，并产生分布式电路理论无法解释的效应。如果扭曲或弯曲的速率不超过线长与线导体约1°的分离度，那么这些影响将是微不足道的。

> 一条线中的任何不连续点也违反了均匀性假设，例如原本均匀的系统的终点，或是在某些物理参数上不同的两条均匀传输线之间的连接点。在这些不连续点附近，会发生不符合分布电路理论的现象。这些异常行为通常被限制在不连续点的两侧，其距离不大于导线间隔的几倍。

> **假设2**　导线中的电流只沿导线长度方向流动，这基本上将其限制为了 TEM 模传输线。

> **假设3**　在任意横平面与传输线导体相交处，两个导体中的瞬态总电流大小相等、流动方向相反。

> **假设4**　在任意横平面与传输线导体相交处，导体之间的电势差在任何时刻都有一个唯一值，该值等于电场在横平面内导体上任意一点和外导体上任意一点之间沿所有路径的线积分。

> 假设3和假设4也将模式限制为沿传输线的 TEM 模式。

> **假设5**　线路的电特性完全由四个分布式的电路系数来描述，每条线路单位长度的系数在线路上处处是常数。这些电路系数是电阻和电感沿线路长度均匀分布的串联电路单元，是电容和漏电导沿线路长度均匀分布的并联电路单元。

可以看到，当一根同轴电缆与具有相同特征阻抗的双导线传输线连接时，由于横截面几何形状的改变，违反了假设1。由于同轴电缆和双导线传输线单位长度的电感和电容值不同，违反了假设5。分布式电路分析表明，即使它们都有 50Ω 特征阻抗，我们仍然需要某种类型的电路在两种不同的传输线之间过渡。

将电磁场和阻抗从不平衡传输线转换为平衡传输线模式的转换器被称为巴伦[2]。在天线工程中有许多需要不平衡馈电的情况。对于印刷偶极子和印刷环天线来说确实如此。

F.2　L-C 格子式巴伦

在频率低于 1GHz 的情况下，集总单元格子式巴伦(见图 F-1)极具实用价值。它可用于从微带传输线给印刷环天线和印刷偶极子馈电。

巴伦本质上是一个具有两个电容和两个电感的电桥，它们可以产生 $\pm90°$ 的相移[3]。该巴伦的设计方程为

$$\omega = 2\pi f \tag{F-1}$$

$$Z_c = \sqrt{R_i \cdot R_L} \tag{F-2}$$

$$L = \frac{Z_c}{\omega} \tag{F-3}$$

$$C = \frac{1}{Z_c \cdot \omega} \tag{F-4}$$

由这些设计方程，人们可以直接得到从 50Ω 同轴电缆到 50Ω 双导线的过渡。假设设计频率为 1GHz，我们得到 $L=7.96\text{nH}$，$C=3.18\text{pF}$。

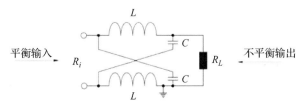

图 F-1 集总单元格子式巴伦

对于 489.25MHz（频道 17）的经典 75Ω 同轴电缆到 300Ω 双导线，我们得到 $L=$ 48.80nH 和 $C=2.17$pF。

格子式巴伦的优点是任何输入或输出电阻都可以任意匹配。然而，集总单元巴伦在高频下的效率较低。高阶格子式巴伦的设计可以在文献[4]中找到。

F.3 耦合微带传输线巴伦

用微带传输线制作的简单巴伦是一对四分之一波长的长边耦合微带线。如图 F-2 所示，微带传输线馈送一个不平衡输入，另一个输入侧端口短接地。从输入微带线到耦合侧的耦合，激励起了微带上的差分（奇）模式。本设计没有封闭形式的 CAD 方程，因此其实现是实验性的。

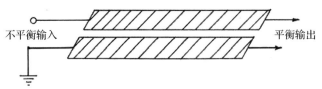

图 F-2 耦合微带传输线巴伦

应用这种巴伦的一个例子是电小射频识别环天线的激励。图 F-3 给出了射频识别近场耦合环天线上的电流分布，该环天线由耦合微带传输线巴伦馈电。小图为由巴伦驱动的小环天线上的均匀电流。

图 F-4 给出了耦合器输入端馈电点匹配曲线图（图 F-3 底部的微带线）、耦合器到被视为双端口设备的 RFID 标签之间的插入损耗曲线以及 RFID 标签的馈电点匹配曲线。RFID 标签是 2mm 以上的耦合环。该设计清楚地证明了耦合微带传输线巴伦的有用性。

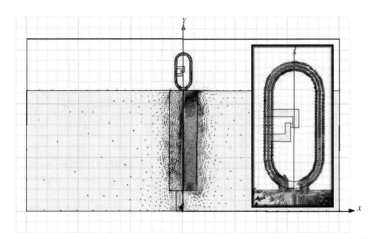

图 F-3 RFID 近场耦合环天线采用耦合微带传输线巴伦。小图显示了环上有电流，RFID 标签位于回路上方 2mm

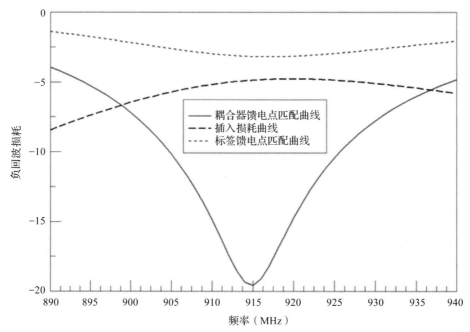

图 F-4　耦合器的输入端馈电点匹配曲线，耦合器到 RFID 标签的插入损耗曲线以及标签的馈电点匹配曲线

F.4　微带传输线 Marchand 巴伦

与耦合微带传输线巴伦相比，利用微带传输线版本的 Marchand 巴伦[5]可以获得更好的性能。与 F.3 节的耦合微带传输线巴伦相比，这种设计对低耦合比的敏感性较低。

印刷 Marchand 巴伦如图 F-5 所示。在设计频率处，每个耦合段长度为四分之一波长。虽然印刷 Marchand 巴伦优于耦合微带传输线巴伦，但其拓扑结构也更大。

微带 Marchand 巴伦可以被改进为在共模（不平衡）时为 50Ω 负载，而在差模（平衡）时在其输出端口处保持透过[6]。在加载天线的情况下，这种设计可以用来加强印刷天线上所需的电流，并且以此来加强所需的辐射方向图。

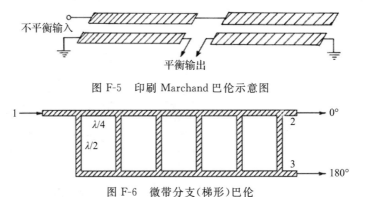

图 F-5　印刷 Marchand 巴伦示意图

图 F-6　微带分支（梯形）巴伦

F.5　微带分支（梯形）巴伦

微带分支巴伦能产生相当大的带宽。在 7.8 节的印刷偶极子天线设计中使用了微带分

支巴伦。由两节微带分支巴伦馈电的印刷偶极子，能够产生 25％的 2∶1 驻波比阻抗带宽。

如图 F-6 所示，该巴伦是由 N 段长度为四分之一波长的平行微带线和长度为半波长的分流线组成[7]。巴伦的带宽随节数的增大而增大。但在添加了六节之后，带宽就没有了显著的提升。这种类型的巴伦设计也是根据经验实现的。

参考文献

[1]　Chipman, R. A. , Transmission Lines, Shaum's Outline Series in Engineering, McGraw Hill, 1968.

[2]　Hu, S. , "The Balun Family,"Microwave Journal, September 1987, pp. 227-229.

[3]　www. rfic. co. uk.

[4]　Kuylenstierna, D. , and Linner, P. , "Design of Broad-Band Lumped-Element Baluns with Inherent Impedance Transformation," IEEE Transactions on MTT, December 2004, Vol. 52, No. 12, pp. 2739-2745.

[5]　Marchand, N. , "Transmission-line Conversion Transformers,"Electronics, December 1944, Vol. 17, pp. 142-146.

[6]　Kooho, J. , Campbell, R. L, Hanaway, P. , et al. , "Marchand Balun Embedded Probe," IEEE Transactions on Microwave Theory and Techniques, Vol. 56, No. 5, May 2008, pp. 1207-1214.

[7]　Al Basraoui, M. , and Shastry P. , "Wideband Planar Log-Periodic Balun,"International Journal of RF & Microwave Computer Aided Design, Vol. 11, No. 6, November 2001, pp. 343-353.

推 荐 阅 读

集成电路测试指南

作者：加速科技应用工程团队 ISBN：978-7-111-68392-6 定价：99.00元

将集成电路测试原理与工程实践紧密结合，测试方法和测试设备紧密结合。

内容涵盖数字、模拟、混合信号芯片等主要类型的集成电路测试。

Verilog HDL与FPGA数字系统设计（第2版）

作者：罗杰 ISBN：978-7-111-57575-7 定价：99.00元

本书根据EDA课程教学要求，以提高数字系统设计能力为目标，将数字逻辑设计和Verilog HDL有机地结合在一起，重点介绍在数字设计过程中如何使用Verilog HDL。

FPGA Verilog开发实战指南：基于Intel Cyclone IV（基础篇）

作者：刘火良 杨森 张硕 ISBN：978-7-111-67416-0 定价：199.00元

以Verilog HDL语言为基础，详细讲解FPGA逻辑开发实战。理论与实战相结合，并辅以特色波形图，真正实现以硬件思维进行FPGA逻辑开发。结合野火征途系列FPGA开发板，并提供完整源代码，极具可操作性。

FPGA Verilog开发实战指南：基于Intel Cyclone IV（进阶篇）

作者：刘火良 杨森 张硕 ISBN：978-7-111-67410-8 定价：169.00元

以Verilog HDL语言为基础，循序渐进详解FPGA逻辑开发实战。理论与实战案例结合，学习如何以硬件思维进行FPGA逻辑开发，并结合野火征途系列FPGA开发板和完整代码，极具可操作性